地空导弹武器系统概论

主　编　王　宏
参　编　赵英俊　王　欣　王瑞君　魏　桥　罗　增
　　　　寇文娟　张浩为　任学尧

国防工业出版社
·北京·

内 容 简 介

本书主要介绍地空导弹武器系统的定义、分类、组成、作战过程及发展历程，分6个分系统分别介绍其功能、组成、原理及战技术参数，结合地空导弹武器系统的应用，从防空型、防空兼反导型及反导型3个方面分别介绍了典型的地空导弹武器系统。

本书适用于本科相关专业课程教学，也可作为相关专业研究生的辅助教材，并可供军队和国防工业的技术人员参考使用，对院校研究所的教学科研人员也有一定的参考价值。

图书在版编目（CIP）数据

地空导弹武器系统概论 / 王宏主编． -- 北京：国防工业出版社，2025.2. -- ISBN 978-7-118-13571-8

Ⅰ．E92

中国国家版本馆CIP数据核字第2025P30Q80号

※

国防工业出版社出版发行
（北京市海淀区紫竹院南路23号　邮政编码100048）
北京富博印刷有限公司印刷
新华书店经售

＊

开本 787×1092　1/16　印张 7　字数 295 千字
2025年2月第1版第1次印刷　印数 1—2000 册　定价 98.00 元

（本书如有印装错误，我社负责调换）

国防书店：(010) 88540777　　书店传真：(010) 88540776
发行业务：(010) 88540717　　发行传真：(010) 88540762

前 言

地空导弹武器系统是现代战争中不可缺少的精确制导武器，由于现代防空作战体现出了鲜明的体系对抗特色，因此对地空导弹武器系统的理解应从系统的角度进行。本书从系统的角度，全面论述了地空导弹武器系统的总体结构和功用，以制导回路为总线，论述了地空导弹武器系统各组成部分的基本原理和作战使用等内容。

全书共分8章，第1章主要阐述地空导弹武器系统的定义与分类、系统构成、作战过程、主要战术技术性能及发展历程等内容；第2章主要阐述雷达工作基本原理、雷达方程、雷达战术技术参数、雷达技术等内容；第3章主要介绍导弹系统功能组成、导弹运动学原理、导弹控制方法，以及导弹的机动性和操纵性等内容；第4章主要阐述制导系统功能与组成，制导体制分类和基本原理，制导回路与稳定回路，引导方法分类与基本原理，制导体制与引导方法发展趋势等内容；第5章主要介绍发射系统组成功能、地空导弹发射方式、导弹发射装置、发射控制设备、发射系统战术技术参数、导弹发射流程及相关准则等内容；第6章主要阐述指挥控制系统作用与层次，指挥控制系统的功能与组成，指挥控制流程和系统软件等内容；第7章主要介绍地空导弹支援保障系统的主要构成、典型使用保障装备和典型维修保障装备等内容；第8章按防空型、防空兼反导型以及反导型分别介绍部分地空导弹武器系统典型型号。

本书由王宏担任主编并拟制纲目，赵英俊全程参与纲目拟制，并对全书内容进行审校把关。第1章由王宏、魏桥编写，第2章由王瑞君、魏桥编写，第3章由王瑞君、王欣编写，第4章由王瑞君编写，第5章由王宏、罗增编写，第6章由寇文娟编写，第7章由张浩为编写，第8章由王宏、任学尧编写。全书由王宏统稿，魏桥对全书的排版做了大量工作，罗增、寇文娟对书稿进行了认真校对。在本书编写过程中，还得到了防空反导学院周林教授、谢军伟教授、赵保军副教授、邵雷副教授、姜军副教授、唐晓兵副教授的大力支持和帮助，在此一并表示诚挚的感谢。本书引用了国内外专家学者的学术成果，编者对列入或未列入参考文献的专家学者在该领域所作出的贡献表示崇高的敬意，对能引用他们的成果感到十分荣幸并表示由衷的谢意。

地空导弹武器系统大量采用新体制和新技术，同时编者对武器系统的理解还不够深入，加之时间紧、任务重，书中难免有值得商榷及不足之处，敬请读者批评指正。

编 者

2024年12月

目 录

第1章 概述 1
  1.1 地空导弹武器系统的定义与分类 1
    1.1.1 导弹的诞生及定义 1
    1.1.2 地空导弹武器系统的诞生及定义 2
    1.1.3 地空导弹武器系统的分类 2
  1.2 地空导弹武器系统构成及作战过程 4
    1.2.1 地空导弹武器系统构成 4
    1.2.2 地空导弹武器系统典型作战过程 7
  1.3 地空导弹武器系统主要战术技术指标 9
    1.3.1 基本术语 10
    1.3.2 主要战术指标 11
    1.3.3 主要技术指标 18
  1.4 地空导弹武器系统发展历程 20
    1.4.1 第一代地空导弹武器系统（1945—1959年） 21
    1.4.2 第二代地空导弹武器系统（1960—1969年） 23
    1.4.3 第三代地空导弹武器系统（1970年至今） 28
  思考题 33

第2章 搜索跟踪系统 35
  2.1 雷达工作原理 35
    2.1.1 雷达工作基本条件 36
    2.1.2 雷达测量原理 37
    2.1.3 雷达的基本组成 38
    2.1.4 雷达的分类 41
  2.2 雷达方程 44
    2.2.1 雷达作用距离方程 44
    2.2.2 雷达方程的讨论 45
    2.2.3 环境因素对雷达作用距离的影响 47
  2.3 雷达主要战术参数与技术参数 49
    2.3.1 主要战术参数 49
    2.3.2 主要技术参数 52
  2.4 目标搜索与跟踪 56
    2.4.1 目标搜索 57

  2.4.2 目标检测 ·· 58
  2.4.3 目标截获 ·· 60
  2.4.4 目标跟踪 ·· 60
 2.5 地空导弹雷达技术 ·· 61
  2.5.1 相控阵雷达技术 ·· 61
  2.5.2 单脉冲测角技术 ·· 63
  2.5.3 脉冲多普勒技术 ·· 63
  2.5.4 连续波调频技术 ·· 64
  2.5.5 脉冲压缩技术 ·· 64
  2.5.6 雷达组网技术 ·· 65
  2.5.7 雷达反隐身技术 ·· 65
  2.5.8 雷达抗干扰技术 ·· 66
  2.5.9 指令编码技术 ·· 67
  2.5.10 雷达成像技术 ··· 68
 思考题 ·· 69

第3章 导弹系统 ··· 70
 3.1 导弹系统功能与组成 ··· 70
  3.1.1 导弹系统功能 ·· 70
  3.1.2 导弹系统组成 ·· 70
 3.2 导弹运动学原理 ··· 88
  3.2.1 导弹飞行常用坐标系 ···································· 88
  3.2.2 作用在导弹上的力 ······································ 93
  3.2.3 作用在导弹上的力矩 ···································· 99
  3.2.4 导弹运动方程组 ······································· 103
 3.3 导弹控制方法 ·· 106
  3.3.1 导弹控制力的产生 ····································· 106
  3.3.2 导弹的控制方法 ······································· 110
 3.4 导弹机动性和操纵性 ·· 111
  3.4.1 导弹的机动性 ··· 111
  3.4.2 导弹的操纵性 ··· 114
 3.5 导弹技术发展趋势 ·· 114
  3.5.1 导弹性能提高 ··· 114
  3.5.2 导弹轻小型化 ··· 115
  3.5.3 引信性能改进 ··· 115
  3.5.4 战斗部性能改进 ······································· 116
 思考题 ··· 117

第4章 制导系统 ·· 118
 4.1 制导系统功能和组成 ·· 118
  4.1.1 基本功能 ··· 118

4.1.2　基本组成 …………………………………………………………… 118
　　　4.1.3　对制导系统的要求 …………………………………………………… 119
　4.2　制导体制分类及基本原理 …………………………………………………… 119
　　　4.2.1　自主制导体制 ………………………………………………………… 120
　　　4.2.2　遥控制导体制 ………………………………………………………… 122
　　　4.2.3　寻的制导体制 ………………………………………………………… 125
　　　4.2.4　复合制导体制 ………………………………………………………… 126
　4.3　制导回路与稳定回路 ………………………………………………………… 127
　　　4.3.1　制导回路 ……………………………………………………………… 127
　　　4.3.2　稳定回路 ……………………………………………………………… 129
　4.4　引导方法分类及基本原理 …………………………………………………… 131
　　　4.4.1　按位置导引的引导方法 ……………………………………………… 131
　　　4.4.2　按速度导引的引导方法 ……………………………………………… 139
　4.5　制导体制与引导方法发展趋势 ……………………………………………… 144
　　　4.5.1　制导体制与引导方法的联系及要求 ………………………………… 144
　　　4.5.2　制导体制发展趋势 …………………………………………………… 145
　　　4.5.3　引导方法发展趋势 …………………………………………………… 146
　思考题 ………………………………………………………………………………… 147

第5章　发射系统 …………………………………………………………………… 148
　5.1　发射系统概述 ………………………………………………………………… 148
　　　5.1.1　导弹发射方式分类 …………………………………………………… 148
　　　5.1.2　发射系统功能与组成 ………………………………………………… 151
　5.2　导弹发射装置 ………………………………………………………………… 152
　　　5.2.1　发射装置的功能 ……………………………………………………… 152
　　　5.2.2　发射装置的组成 ……………………………………………………… 152
　5.3　发射控制设备 ………………………………………………………………… 155
　　　5.3.1　发射控制设备的功能 ………………………………………………… 156
　　　5.3.2　发射控制设备的组成 ………………………………………………… 156
　5.4　发射系统战术技术参数 ……………………………………………………… 157
　5.5　导弹发射流程及相关准则 …………………………………………………… 159
　　　5.5.1　导弹发射过程的约束条件 …………………………………………… 159
　　　5.5.2　导弹发射控制的一般程序 …………………………………………… 160
　思考题 ………………………………………………………………………………… 162

第6章　指挥控制系统 ……………………………………………………………… 163
　6.1　指挥控制系统作用与层次 …………………………………………………… 163
　　　6.1.1　指挥控制系统的作用 ………………………………………………… 163
　　　6.1.2　指挥控制系统的层次 ………………………………………………… 164
　6.2　指挥控制系统功能与组成 …………………………………………………… 165
　　　6.2.1　战术单元指挥控制系统 ……………………………………………… 165

  6.2.2 火力单元指挥控制系统 ………………………………………… 168
 思考题 ……………………………………………………………………… 171

第7章 支援保障系统 ………………………………………………… 172
7.1 支援保障系统概述 ………………………………………………… 172
  7.1.1 支援保障系统构成 ……………………………………………… 172
  7.1.2 使用保障装备 …………………………………………………… 172
  7.1.3 维修保障装备 …………………………………………………… 173
7.2 典型使用保障装备 ………………………………………………… 173
  7.2.1 半自动运输装填车 ……………………………………………… 173
  7.2.2 导弹运输车 ……………………………………………………… 174
  7.2.3 吊车 ……………………………………………………………… 174
7.3 典型维修保障装备 ………………………………………………… 175
  7.3.1 机械维修车 ……………………………………………………… 175
  7.3.2 电子维修车 ……………………………………………………… 175
  7.3.3 通用备件车 ……………………………………………………… 176
 思考题 ……………………………………………………………………… 177

第8章 典型型号介绍 …………………………………………………… 178
8.1 防空型地空导弹武器系统 ………………………………………… 178
  8.1.1 С-300ПМУ 地空导弹武器系统 ……………………………… 178
  8.1.2 С-300ПМУ-1 地空导弹武器系统 …………………………… 180
8.2 防空兼反导型地空导弹武器系统 ………………………………… 182
  8.2.1 С-300ПМУ-2 地空导弹武器系统 …………………………… 182
  8.2.2 С-400（凯旋）地空导弹武器系统 …………………………… 183
  8.2.3 С-500 地空导弹武器系统 ……………………………………… 187
  8.2.4 PAC-3（"爱国者"3）地空导弹武器系统 …………………… 189
8.3 反导型地空导弹武器系统 ………………………………………… 193
 思考题 ……………………………………………………………………… 198

参考文献 …………………………………………………………………… 199

第 1 章 概　　述

精确制导武器是现代战争中的利器，是实施远程精确打击的主要手段，其主要组成部分是各种导弹。

1.1 地空导弹武器系统的定义与分类

导弹有近 80 年的历史，其出现比火箭晚约 1000 年，比火炮晚 600~700 年。中国在宋代就有了火箭武器的雏形。

1.1.1 导弹的诞生及定义

1. 导弹的诞生

最早研制出导弹的国家是德国。在第二次世界大战后期，德国为了取得战争的主动权，开始研制火箭武器，并于 1942 年 10 月成功研制了 V-2 导弹的火箭发动机。1944 年，V-2 导弹投入使用，对伦敦进行袭击，对英国人造成了极大的心理恐慌。

当时德国所研制的导弹武器称为 "复仇武器" 1 号和 "复仇武器" 2 号。前者称为 V-1，是一种射程约 300km 的巡航导弹；后者称为 V-2，是一种射程约 320km 的弹道导弹。此外，德国还研制了用来对付英美轰炸机群，比高射炮更有效的地空导弹，如 "莱茵女儿" 和 "瀑布" 地空导弹等。"莱茵女儿" 地空导弹是一种两级火箭导弹，弹体最下端有 4 片尾翼，中部有 6 片稳定翼，头部有 4 片操纵翼，尾部装助推火箭发动机，上部装巡航发动机；采用无线电指令控制；有Ⅰ型和Ⅲ型两种型号；射程约为 18km，拦截高度为 14km，最大飞行速度为 350m/s，但该型地空导弹未来得及装备部队。"瀑布" 是 V-2 导弹的缩小型，其弹头装有非触发引信，该引信最终未能达到实用状态；导弹装有质量为 250kg 的破片杀伤式战斗部；导弹采用液体火箭发动机，推力约为 78.5kN；最大作战高度为 18km，最大飞行速度为 780m/s，于 1944 年 2 月交付试验，但未获成功。受当时的技术条件限制，德国所研制的地空导弹还未进入实用阶段，战争就结束了。但是，研制这些导弹的经验和资料，成为其他国家研发导弹的借鉴和参考。

2. 导弹的定义

导弹是指装有战斗部，依靠自身动力装置推进，由制导系统导引、控制其飞行轨迹的精确制导武器。它的出现，是武器发展史中的一次质的飞跃，对战略思想、战争规模、作战方式、指挥通信系统、军队组织编制以及作战心理等方面均产生了重大的影响，同时也给未来战争带来一系列新的特点。第二次世界大战以来历次局部战争的实践和世界军事形势的发展变化，都说明了这一点。

1.1.2 地空导弹武器系统的诞生及定义

1. 地空导弹武器系统的诞生

地空导弹武器系统是 20 世纪 40 年代，因防空作战的需要而发展起来的一种新型地面防空武器系统，至今已发展成为一个庞大的武器系统家族。作为一种以打击空中飞行目标为主的精确制导武器，地空导弹武器系统能够以很高的精度毁伤各种高性能飞行器，从而成为现代防空作战中的主战兵器。地空导弹武器系统在现代战场的出现，极大地影响着空中突防的攻击样式，改变了空防斗争的格局，促进了空袭和防空的发展，使防空作战进入了一个高技术对抗的全新阶段。随着现代化作战样式的发展，地空导弹武器系统已成为防空的重要力量，在现代空防对抗中发挥着重要的作用。从 20 世纪 60 年代开始，在历次局部战争中，地空导弹武器系统都获得了广泛应用，并对战争中的空中斗争形势产生了巨大影响。同时，作为导弹家族中的重要成员，地空导弹武器系统在今天也已形成了一个多种类、多型号的武器系统系列。

2. 地空导弹武器系统的定义

地空导弹武器系统是指从地面发射，用于拦截空中来袭目标的导弹武器系统。从海（舰）面发射，用来攻击空中来袭目标的导弹武器系统，称为舰空导弹武器系统。由于从地、海面发射的地空导弹技术原理、结构和工作过程基本相同，因此，将它们统称面空导弹武器系统。

地空导弹武器系统是一种用来对付空中威胁的制导武器，它所拦截的目标包括大气层内飞行的各种军用飞机、巡航导弹、空地导弹等空气动力目标和在大气层外飞行的弹道导弹、军用卫星以及其他空间飞行器。

1.1.3 地空导弹武器系统的分类

从不同的角度出发，各国对地空导弹武器系统分类的方法和标准不尽相同，目前通常按拦截目标的类型、作战范围、机动能力、制导体制等对地空导弹武器系统进行分类。

1. 按拦截的目标类型分类

按武器系统拦截的典型目标类型，可将地空导弹武器系统划分为防空型、防空兼反导型、反导型 3 种类型。

防空型武器系统的典型目标为空气动力目标，空气动力目标利用空气动力在大气层内飞行，飞行速度慢，但机动能力强。为了有效拦截空中目标，要求导弹的速度和过载能力优于目标。防空型武器系统的导弹飞行速度特性、机动能力和杀伤机理都是根据杀伤空气动力目标（主要是飞机）的要求设计的，当前服役的大多数地空导弹武器系统均属于这一类。

防空兼反导型武器系统除了具有良好的反空气动力目标的能力之外，还具有一定的拦截战术弹道导弹的能力，这类武器系统一般在较大的射程范围内具有很高的飞行速度和机动能力，战斗部破片更具杀伤动能。如美国的 PAC-3、俄罗斯的 C-300ПМУ-2 等。

反导型武器系统的典型目标是弹道导弹，弹道导弹射程远，再入速度高，但弹道相对固定，由于拦截弹的速度通常小于弹道导弹的再入速度，因此对弹道导弹的可拦截基础在于弹道的可预测性。反导型导弹的弹道规律与防空型不同，拦截弹具有较高的加速度和较高的平均飞行速度，战斗部按杀伤反导要求通常采用直接碰撞杀伤方式，具有很高的制导精度。

2. 按作战范围分类

按武器系统的作战范围分类是指按地空导弹武器系统的射程和射高进行分类，分为高空远程、中空中程、低空近程和超低空超近程。这种分类方式在国际上被广泛采用，但各国的分类标准略有不同，国内学者也未形成统一标准，加之新型空袭武器的不断出现和不同作战模式的形成，作战范围的划分也一直在变化。

3. 按机动能力分类

按武器系统的机动能力分类，可分为固定式、半固定式和机动式。

1) 固定式、半固定式

固定式或半固定式武器系统需要固定的发射阵地，作战设备不能机动或需要较长时间的准备和拆装才能转移，这种地空导弹武器系统多用于要地防空或区域防空，其使用灵活性及生存能力差，现已基本淘汰。例如美国的第一代地空导弹武器系统"奈基"和苏联的第一代地空导弹武器系统С-25、С-75。

2) 机动式

机动式武器系统的主要作战设备分别装载在机动车辆或拖车上，或安装在标准方舱内，可以方便地通过吊装安装在机动车辆上，武器系统的主要作战设备可以在较短的时间内完成机动转移，不需要固定的发射阵地。可进一步分为自行式、牵引式和便携式。

机动车辆可以是履带式的，也可以是轮式的。这些机动车辆还可以装载在火车上、舰船上、飞机上通过铁路运输、海运、空运进行转移，进一步提高了武器系统的机动范围和机动速度。目前，世界各国装备的地空导弹武器系统型号大多都是机动式的，如俄罗斯的С-300ПМУ系列和美国的"爱国者"系列地空导弹武器系统。

4. 按制导体制分类

地空导弹武器系统按制导体制的不同可分为自主制导、遥控制导、寻的制导和复合制导4种类型。自主制导是指导弹不需要从目标或制导站获取信息，弹上制导设备敏感元件不断测量规定参数，经处理后产生引导指令，控制导弹沿预定弹道飞向目标的制导体制；遥控指令制导是由地面制导站测量目标、导弹的位置和运动参数，依据选定的引导方法形成引导指令，发送给导弹，导引导弹飞行的制导体制；寻的制导是由弹上制导设备测量目标、导弹的相对运动参数，依据选定的引导方法形成引导指令，导引导弹飞行的制导体制；复合制导是将两种以上制导体制组合起来实现对导弹制导，以取长补短，提高制导精度。

除了以上几种分类方式外，还可按目标通道数量将地空导弹武器系统分为单目标通道和多目标通道两种。每次只能拦截一个目标的地空导弹武器系统，称为单目标通道武器系统，如SA-2；可同时拦截两个及以上目标的地空导弹武器系统，称为多目标通道武器系统，如美国的"爱国者"系列和俄罗斯的С-300ПМУ系列。另外，国际上还习惯按不同的发展时期来划分地空导弹武器系统，从20世纪40年代到目前为止，地空导弹武器系统大致经历了3个发展时期，研制了3代地空导弹武器系统，这也是一种经常使用的分类方式。

1.2 地空导弹武器系统构成及作战过程

地空导弹武器系统发展至今，已有数十种型号，形成了各种不同性能、不同用途的庞大武器系统家族。

1.2.1 地空导弹武器系统构成

由于地空导弹武器系统的作战任务、技术战术性能、使用原则以及所采用的技术不同，其组成不尽相同，一般由搜索跟踪系统、制导系统（包括地面制导设备和弹上制导装置，有些则仅有制导上制导装置）、导弹系统、发射系统、指挥控制系统和支援保障系统等分系统构成。

1. 搜索跟踪系统

搜索跟踪系统用于搜索、发现和识别空中目标，测定目标的坐标和运动参数并向武器系统的其他设备指示空中目标，提供空中目标的参数，它是地空导弹武器系统不可缺少的组成部分。该系统按设备特征可分为雷达、光学和光电 3 种；按工作方式可分为主动式和被动式（无源探测）两种。

地空导弹武器系统的搜索跟踪系统通常由目标搜索、识别和指示等设备组成。

1) 目标搜索设备

目标搜索设备用于探测、发现和跟踪空中目标。目前所用的大多数目标搜索设备是雷达设备，也有采用光学或光电装置的搜索设备，光学搜索设备有望远镜和各种光学瞄准具，用于白昼能见度较好时观测目标。光电搜索设备有电视、红外和激光等基本类型，电视与红外设备属于被动式系统，一般作为雷达的辅助系统，在强电子干扰情况下雷达无法正常工作时使用，单独使用时需要与测距装置（测距雷达或激光测距仪）配合工作，由于气象条件对光电搜索设备的影响较大，因此单独使用的光电搜索设备多用于近程地空导弹武器系统。

2) 目标识别设备

目标识别设备用来确定被发现目标的类型和属性。目标的类型识别是在分析所发现目标特征的基础上，将目标定为一定等级（类型）的识别设备，如判断目标是轰炸机还是侦察机。目标的类型识别还可根据目标的外廓形状和尺寸、反射和辐射特性、运动规律等进行区分。目标的属性识别指目标的敌我属性识别，目标的敌我属性识别由敌我识别器完成。敌我识别器一般由专用的天线发射和接收装置、相应的密码形成和校对系统组成，在地空导弹武器系统中，敌我识别器（询问和应答收发装置）通常安装在警戒或制导雷达上。如没有安装敌我识别器，敌我识别工作则由战勤（操作）人员根据上级（友邻）空情通报和经验判定。

3) 目标指示设备

目标指示设备用于将目标搜索设备所获得的空情（经分析处理后的目标信息）以一定的方式及时、准确地传输给指挥控制中心，供指挥员确定射击决心，实施射击指挥，还可以将信息直接传输至地空导弹武器系统的制导系统，为其提供制导所需的相关信息。

不同类型的地空导弹武器系统,其搜索跟踪分系统具有不同的结构形式。

(1) 将搜索跟踪分系统集成到地空导弹武器系统的整体结构中。如苏联的SA-8和法、德联合研制的"罗兰特",将搜索跟踪、制导、发射、导弹以及指挥控制分系统等集成在一辆车上,在结构上实现了一体化。

(2) 将搜索跟踪分系统与地空导弹武器系统分散配置,即在功能上与地空导弹武器系统的其他分系统紧密结合,但在结构上则单独配置,如法国的"响尾蛇"、意大利的"斯帕达"和苏联的 C-300ПМУ 地空导弹武器系统,其搜索跟踪功能主要是由结构上独立配置的相关雷达设备实现的。

2. 制导系统

制导系统是地空导弹武器系统最重要的组成部分,它工作的实质是通过对导弹姿态的控制,实现对导弹质心运动的导引,即根据搜索跟踪系统测量的目标和导弹坐标及运动参数,导引和控制导弹沿着选定的引导方法所确定的理想弹道飞向目标。

通过连续不断地测定目标、导弹的坐标和两者相对运动的参数并传输给解算装置;解算装置按选定的引导方法完成测量信息的运算处理,形成修正导弹弹道的导引指令;指令传输设备用于将导引指令传输给导弹上的制导装置;自动驾驶仪是弹上制导装置的基础,用于将导引指令与自身感受的弹体姿态信息进行综合处理,形成控制指令;控制指令由执行机构(一般为舵机)执行。执行机构的动作改变了作用在导弹上的力与力矩,从而改变了导弹的飞行方向和姿态,使导弹按指令的导引沿理想弹道飞向目标。导弹按指令改变了飞行弹道,测量装置又测定了导弹在空中新的坐标,从而开始下一循环的制导控制过程,这一控制过程是一个典型的闭环控制过程。

地空导弹武器系统的制导系统通常由地面跟踪制导设备和弹上制导装置构成,有的制导系统仅包括弹上跟踪制导装置,如全程主动寻的或被动寻的制导系统。地面制导设备和弹上制导装置之间所构成的闭环控制回路称为制导回路。在制导回路中,导弹被视为质点,这是雷达测量的局限性所致。因此,在制导回路中,导弹只具有位于导弹质心的3个直角坐标 x、y、z,或极坐标 R(斜距)、ε(高低角)、β(方位角),此时导弹具有3自由度,导引指令是以质点控制原理形成的,控制导弹质点沿着理想弹道飞行。导弹上的自动驾驶仪和弹体所构成的闭环控制回路称为稳定回路。在稳定回路中,导弹被视为刚体,此时导弹除具有位于导弹质心的3个直角坐标或极坐标外,还具有刚体绕质心运动的3个姿态,即俯仰、偏航和滚转,此时导弹具有6自由度,导弹上的自动驾驶仪通过陀螺和加速度仪感受导弹自身的运动,通过计算,与地面制导系统的导引指令合成形成控制导弹的控制指令。控制指令要完成两项工作:一是保持导弹自身稳定;二是遵照地面制导系统的导引指令沿理想弹道飞行。制导回路和稳定回路是地空导弹武器系统中最重要的两个基本概念,是从总体角度了解地空导弹武器系统最重要的两个基本概念。

地空导弹武器系统的制导系统的一般形式是制导雷达,有的地空导弹武器系统的制导雷达同时还担负对目标的照射任务,因此又称为照射制导雷达。

3. 导弹系统

导弹系统是实现地空导弹武器系统作战目的的最终设备单元。导弹系统的主要构件有弹体、弹上制导装置、导引头、战斗部、引信、推进装置和电气源设备等。

弹体是承力的结构系统，由壳体和空气动力面组成。壳体用于安装战斗部、推进装置、弹上控制装置和电、气源等。空气动力面分为翼面和舵面。

弹上制导装置是地空导弹制导系统的一部分或全部，根据制导体制的不同，弹上制导装置的组成也不同。对于采用主动、半主动和被动制导体制的地空导弹，弹上制导装置主要由导引头、自动驾驶仪和执行机构组成。对于采用指令制导体制的地空导弹，弹上制导装置主要由自动驾驶仪和执行机构组成。

导引头用来测量导弹与目标的相对位置，并依据选定的引导方法形成导引指令；自动驾驶仪用来测量导弹的瞬时姿态。自动驾驶仪（包括敏感元件、变换放大器）综合处理地面制导系统或弹上导引头产生的制导信息与自动驾驶仪自身感受的姿态信息，形成控制导弹姿态的控制指令发送给执行机构（舵机）执行。弹上制导装置的功能和具体组成因制导体制的不同而有很大的差别。

战斗部是导弹的有效载荷，用于直接杀伤目标。战斗部通常由壳体、装药、安全机构、引信和传爆装置组成。地空导弹的战斗部多采用常规装药，通常以其壳体在爆炸瞬间形成的破片和冲击波杀伤目标。

引信是地空导弹接近目标时控制战斗部适时起爆的一种装置。引信和战斗部的配合称为引战配合，引战配合对于射击小目标、高速目标、高机动目标十分重要。地空导弹一般采用非触发（近炸）引信。

推进装置是发动机及其附件的统称，又称为动力装置。推进装置用于产生足够的推力，提供导弹飞行所需的能量，保证导弹达到必要的飞行速度、高度和射程。地空导弹采用的动力装置一般为固体火箭发动机和固体冲压组合发动机，早期的地空导弹采用液体火箭发动机和固体助推器。除主航发动机外，部分地空导弹还装有起飞发动机（又称助推器），两者的结合形式有并联和串联两种。

电气源设备为导弹上的设备提供起动、控制和运转的能源，通常采用蓄电池和高压气瓶并附有相应的二次电源和气体分配装置。

导弹的构成、所选用的气动外形、制导装置、推进装置以及战斗部组成形式等，不仅取决于地空导弹的作战任务和与之相适应的战术技术性能，还取决于地空导弹武器系统的工作体制和所采用的技术手段。

4. 发射系统

发射系统是对导弹进行支撑、发射准备、随动跟踪、发射控制及发射导弹的专用设备的总称，是地空导弹武器系统不可缺少的地面设备。由于地空导弹武器系统类型、制导系统、发射方式和地面装置的不同，发射系统结构形式多种多样，具体结构取决于地空导弹武器系统作战要求和系统结构形式，其发射方式有倾斜发射和垂直发射两种。

倾斜发射方式指导弹发射时处于倾斜状态，不同型号地空导弹武器系统的倾斜发射装置，其组成不完全相同。

垂直发射方式指导弹发射时处于垂直状态，垂直发射的地空导弹通常装在发射筒（或发射箱）内，发射时靠导弹自身的动力或外加动力使导弹飞离发射筒。与倾斜发射相比，垂直发射具有全方位发射、反应时间短、发射率高等优点。垂直发射技术是对付多方位、多批次饱和攻击、加大射击密度的有效途径，新型的地空导弹武器系统多采用垂直发射方式。

5. 指挥控制系统

指挥控制系统是用于收集、处理、显示空中情报，进行威胁估算、目标指示、目标参数和射击诸元计算、目标分配和辅助决策，并对火力拦截过程指挥控制的人机系统。它既是武器系统不可分割的组成部分，又是统一的防空指控系统的重要组成部分。

指挥控制系统是一种多层次系统，按国际上一般通行的概念，它通常分为国家战略层、战役战区层、武器系统层三个层次，而武器系统层指挥控制系统主要由战术单元指挥控制系统和火力单元指挥控制系统两级构成，多层多级的指挥控制系统互连组成一个统一的指挥控制体系，呈现出"三层四级"的结构形式。三个指挥控制层次逐级展开，对应不同的指挥控制级别、火力范围和火力配系。各级指挥控制中心既是上级指挥控制系统的控制节点，又是下级指挥控制系统的指挥控制中心，并通过通信网络完成与友邻之间的信息交换。

地空导弹武器系统的指挥控制分系统包括指挥控制设备、相应的传感器或传感器网、配套的通信系统和各种外部接口。

6. 支援保障系统

支援保障系统是地空导弹武器系统的重要组成部分，它的基本功能是保证导弹的贮存、运输和装填，以及整个武器系统的装载、运输、维修和维护。支援保障系统的性能直接影响导弹武器系统的作战能力、生存能力、机动性、可靠性、维修性和可用性。

地空导弹武器系统发展至今，已形成了各种不同性能、不同用途的庞大的武器系统家族，地空导弹武器系统的支援保障系统随着武器系统的发展变化逐渐现代化、自动化。

1.2.2 地空导弹武器系统典型作战过程

地空导弹武器系统的种类、型号繁多，构成和所采用的技术手段不同，因此其作战过程存在着一定的差异。但任何地空导弹武器系统的作战过程，大体上都可分为搜索发现识别和指示目标，跟踪目标和射击诸元计算，发射导弹和制导导弹飞向目标，起爆战斗部摧毁目标4个主要阶段。这4个阶段包括目标搜索、目标识别、威胁判定、拦截适宜性检查、目标分配、稳定跟踪、发射决策、跟踪制导、杀伤效果判定、转移火力等10项内容，如图1-1所示。

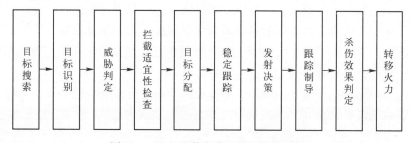

图 1-1 地空导弹武器系统的作战过程

1. 搜索发现识别和指示目标

搜索发现识别和指示目标的过程包括目标搜索、目标识别、威胁判定、拦截适宜性检查和目标分配等内容，这些工作是作战指挥的重要内容。

目标搜索可采用自主搜索或接收上级空情通报，当无目标指示或目标指示数据不明确时，搜索跟踪装置波束在空间做大范围扫描搜索；如目标指示较明确，则波束在指示空间位置附近做小范围扫描搜索。上级空情通报可视为预警信息，由于地球曲率的限制，雷达的直视距离有限，因此为了尽早获得预警信息，为地空导弹武器系统提供更多的反应时间，可采用地面雷达网接力的方法提供预警信息，先进的情报体制采用预警机或预警卫星提供预警信息。对于抗击战术弹道导弹、巡航导弹等高速、低空、远距离的目标，及时的预警信息起着至关重要的作用。

目标识别的任务是判别目标属性、类型等。

威胁判定的目的是判别目标的威胁程度，防空作战中的威胁判定是指对来袭目标对被保卫对象威胁程度的预测，以确定射击的顺序。威胁判定是防空作战指挥控制过程中进行目标优化分配的主要依据之一。

拦截适宜性检查的内容是判别目标是否适宜拦截；目标分配的任务就是根据目标信息和武器状态，按预定的准则，向下属火力单元或目标通道指示射击目标，以最大限度地发挥武器系统的作战效能。

2. 跟踪目标和射击诸元计算

当搜索跟踪器搜索发现目标后，则控制搜索跟踪波束和相应电路在角度、距离、速度上对准目标并不断测出目标的数据，此过程称为跟踪。搜索跟踪装置不断对目标进行跟踪，指挥控制装置根据搜索跟踪装置送来的目标数据，不断计算目标高度（H）、目标的航路捷径（P）、目标在发射区内的停留时间和瞬时遭遇点的位置等，这些统称为射击诸元。

因此，跟踪目标就是指对目标进行稳定跟踪，并计算射击诸元。在稳定跟踪目标的同时，指挥员做出发射决策，发射决策的工作内容是定下发射决心、确定射击一个目标的导弹数量、确定导弹通道、确定引导方法等，这一项工作由指挥员根据实际情况和预先制定的预案完成。

3. 发射导弹和制导导弹飞向目标

在稳定跟踪并计算出射击诸元后，目标进入发射区即可下达发射指令，导弹发射起飞后，进入制导雷达波束，被制导雷达截获，制导雷达对导弹进行跟踪制导。

对全程采用雷达半主动寻的制导体制的导弹，在发出发射指令前的准备发射阶段，指挥控制系统控制弹上导引头将工作频率调谐到照射频率上，并使导引头天线在角度上对准目标。在引导阶段，地面照射装置不断照射目标，弹上导引头接收目标反射的照射能量，并按比例导引法形成导引指令，送至控制系统（自动驾驶仪），控制系统控制弹上飞行操作机构，使导弹沿理想弹道飞向目标。

对采用遥控指令制导体制的导弹，导弹飞离发射架后先处于自由飞行阶段，然后才被搜索跟踪器的波束截获（飞入波束并被搜索跟踪装置跟踪），然后搜索跟踪装置不断测出目标、导弹的位置数据和运动参数，根据规定的引导方法（如三点法、前置点法），由指令产生装置产生引导指令，经指令发射装置发射给导弹。导弹接收引导指令后，由控制系统给出控制信号，控制执行机构和操纵面，产生控制力，使导弹沿理想弹道飞行。

对采用复合制导体制的导弹，如采用垂直发射，采用初段程序制导+中段指令制导+

末段 TVM（track via missile，经由导弹跟踪）制导的 C-300ПМУ-1 地空导弹武器系统，当弹动（导弹出筒）后，发动机点火，导弹则按预先装载的数据程序转弯，飞至一定距离后导弹被搜索跟踪器截获；中段采用遥控指令制导体制，由搜索跟踪器发出引导指令，将导弹引向预定空间；导弹飞到距目标一定距离（或至遭遇时刻前一定间隔时），转为 TVM 制导，由搜索跟踪器照射目标，弹上导引头接收目标信息和弹目相对运动信息，这些信息再下传至制导站，经地面处理后，按预定引导方法形成引导指令，再由制导站发送至导弹，弹上控制系统控制导弹飞向目标。

4. 起爆战斗部摧毁目标

当导弹飞至离目标一定距离（如 SA-2 约为 535m）或离遭遇时刻前一定时间间隔（如 SA-10 为 0.15s）时，依据指令解除引信保险，弹上引信开始工作，当引信接收的目标信号强度、频率达到一定值时，引信形成引爆指令，引爆战斗部，毁伤目标。

导弹战斗部引爆后，由地面制导雷达根据目标跟踪数据的变化、地面与导弹的通信变化等情况，评估是否杀伤目标，而后根据上级的指示进行火力转移，射击下一批目标或停止射击。

若导弹穿越目标而未爆炸，则显示器上导弹信号仍然存在，目标信号正常移动，且导弹信号超越目标信号。在这种情况下，当导弹飞离目标一定距离或导弹飞行时间超过预定界限时，导弹自毁电路接通，战斗部起爆自毁。导弹自毁的目的一是保密，二是避免造成地面伤害。

1.3 地空导弹武器系统主要战术技术指标

地空导弹武器系统的战术技术指标是描述地空导弹武器系统的作战性能和技术参数的一系列综合指标，地空导弹武器系统的战术技术指标集中体现了地空导弹武器系统的作战能力和技术结构特征。

地空导弹武器系统的作战性能通常是指敌方以不同的空袭密度、使用电子压制、实施机动和其他对抗手段的条件下，地空导弹武器系统作战准备状态的转换能力，以及毁伤不同航向、不同距离、不同高度和不同速度范围目标的能力。地空导弹武器系统的作战性能与作战环境条件、执行任务的性质、攻击目标的特性、对抗措施及武器系统的固有技术性能、战斗过程的应变能力等密切联系。在不同的射击条件下，针对不同的目标，地空导弹武器系统所体现的作战性能不同，通常用一系列综合指标描述地空导弹武器系统与作战使用有关的性能。这一系列综合指标通常称为地空导弹武器系统的战术指标，主要包括目标特性、杀伤区（高界、低界、远界、近界、最大高低角、最大航路角、最大航路捷径）、武器系统反应时间及作战准备时间等。

为使地空导弹武器系统具有预期的战术性能，在设计和制造时需要确定达到的技术参数，这些参数统称为技术指标。技术指标主要描述武器系统的工作方式和具体的技术参数，如抗干扰措施和性能，各组成部分（导弹、制导系统、指挥控制系统和支援保障系统等）的工作状态及性能，设备的重量、几何尺寸，载车的类型等。例如，制导系统的技术指标包括雷达的工作体制、频率、重复频率、辐射功率、雷达威力、精度、抗干扰措施及性能、目标和导弹通道数等。此外，除了有形的技术参数外，还包括武器系统的可靠性、维修性、保障性等技术参数。

1.3.1 基本术语

地空导弹武器系统是一个结构复杂、技术含量很高的系统，涉及许多领域的知识。在其发展过程中，逐渐形成了一些基本的术语，这些术语是学习和掌握战术技术指标之前应了解的知识。

1. 地空导弹弹道

地空导弹弹道也称地空导弹飞行轨迹，它描述了地空导弹飞行时，导弹质心在空间相对于选定坐标系所经过的连续路线。地空导弹弹道包括射入段、引入段和引导段。导弹命中目标的准确程度取决于导弹的弹道性能。导弹的弹道性能综合反映了弹体、动力装置、制导系统及发射装置等几乎全部分系统的性能。地空导弹弹道取决于所攻击目标的运动规律和飞行参数，所采用的导弹引导方法和发射时的各项初始条件。采用不同引导方法，攻击不同飞行参数的目标，会得出不同的导弹弹道。在地空导弹的设计和分析评定过程中，研究的较多的有运动学弹道、理论弹道和实际弹道。研究弹道可以用理论方法和试验方法，理论方法是对导弹运动方程组进行分析和求解；试验方法是通过导弹飞行试验，对导弹的运动参数进行实测。飞行试验费用很高，但数据较为准确可靠，主要用以校准数学模型和验证理论计算的结果。

2. 地空导弹理论弹道

地空导弹理论弹道也称地空导弹理想弹道或地空导弹质点理论弹道。在假设控制系统无惯性，将地空导弹视为完全按理想引导方法飞行的质点的基础上，地空导弹理论弹道描述的是导弹质心在空间相对于选定坐标系的运动轨迹。理论弹道属于动力学弹道的范畴，考虑了作用在导弹上的重力、发动机推力和空气动力。假设目标为直线运动或做规律性的机动运动，导弹飞行控制系统是在无误差、无延迟、无惯性的理想条件下工作，大气参数是标准参数，导弹性能参数和结构外形均为理论设计值，飞行过程中无随机扰动，按给定的各项初始条件对目标运动方程、导弹运动方程（包括动力学方程和导引运动学方程）联立求解，得出的导弹质心运动的轨迹，就是地空导弹理论弹道。

3. 地空导弹实际弹道

地空导弹实际弹道也称地空导弹真实弹道，描述的是地空导弹在实际飞行中的质心运动轨迹。在地空导弹的实际飞行中，作用在导弹和飞行控制系统上的随机扰动因素很多，如射入偏差与假设的初始条件不相符、大气参数不标准、飞行控制系统存在惯性与延迟、引导指令中存在起伏噪声、阵风引起的空气动力扰动、发动机的推力波动、导弹制造的工艺偏差、目标机动所具有的随机性以及对目标和导弹测量的随机误差等。这些因素综合作用的结果必将使导弹的实际弹道偏离理论弹道，实际弹道只能在每一发导弹实际飞行过程中测得。

4. 线偏差

遥控导弹的制导误差通常用制导误差表示。在导弹实际飞行中，由于各种误差因素的存在，导弹实际飞行弹道不会与理想弹道重合。实际弹道上的一点与理想弹道上对应的点之间的距离称为制导误差，也称为导弹飞行的线偏差，简称线偏差。线偏差还可用导弹与制导站之间的距离与角偏差的乘积表示。

5. 脱靶量

脱靶量是评价导弹系统命中精度的一个重要指标。定义为地空导弹在接近目标过程中，导弹与目标相对距离的最小值，即导弹与目标遭遇点的线偏差。

6. 导弹与目标遭遇点

导弹在制导系统的作用下飞向目标的过程中，当制导站至导弹的斜距与制导站至目标的斜距相等时，称为导弹与目标遭遇；斜距相等的瞬间称为遭遇瞬间，以这个瞬间的线偏差计算遭遇点线偏差，该距离称为遭遇距离。一般情况下，战斗部起爆点即为遭遇点。如果导弹与目标遭遇时战斗部未起爆，则定义在地空导弹接近目标过程中，目标质心至导弹相对于目标运动轨迹最小距离的空间位置点为遭遇点。遭遇点的脱靶距离即为脱靶量。

7. 导弹截获

导弹在发射后，制导系统并不能马上对导弹进行控制，导弹先"自由"飞行一段时间后，进入制导雷达波束，制导雷达截获导弹的应答信号后，制导雷达才能对导弹进行控制。这一过程称为导弹截获。对于采用寻的制导体制的导弹，不存在导弹截获过程。

8. 航路捷径

如图 1-2 中所示建立直角坐标系，OS 轴与目标速度方向相反，OH 轴垂直向上，OP 轴与 OS、OH 轴成右手系。航路捷径的定义为制导站 (O) 到目标航路 (ML) 在地面投影 ($M'L'$) 的垂直距离 (P)。

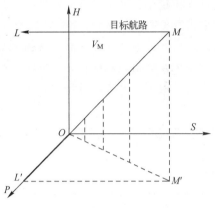

图 1-2 航路捷径示意图

1.3.2 主要战术指标

1. 目标特性

地空导弹武器系统的作战对象是空中目标，因此武器系统必然要与空中目标的特性相联系，而且时刻受到武器系统所处的电磁环境和空气动力环境的影响。目标特性是指目标的类型、运动学特性和电磁特性等，是地空导弹武器系统设计时首先应考虑的参数。任何一种地空导弹武器系统在设计时均有一个典型目标，以此典型目标为主要射击对象确定地空导弹武器系统的战术指标。如 SA-2 的典型目标为 U-2 侦察机。

目标的类型通常指地空导弹武器系统能拦截目标的类型，典型空袭体系中的主要空袭兵器分为两大类，即飞机类目标和导弹类目标。飞机类目标包括轰炸机、歼击轰炸机（多用途战斗机或战斗轰炸机）、强击机（攻击机）、歼击机（截击机）、电子对抗飞机、侦察机、攻击直升机、预警机等；导弹类目标包括空地导弹（反辐射导弹）、巡航导弹、战术弹道导弹等。由于不同类型的目标具有不同的特性，因此地空导弹武器系统能拦截的目标类型越多，其性能就越好。目前世界上尚没有一种能有效拦截空中所有类型目标的地空导弹武器系统，目前系统拦截高速、小反射截面目标（如 TBM、巡航导弹、空地导弹等）的能力有限。

目标的运动学特性包括目标的速度特性和机动特性。目标的速度特性是指能拦截目标的最大速度和最小速度。目前，地空导弹武器系统能拦截目标的速度约为40~3000m/s，一般为200~750m/s。地空导弹能拦截的目标速度越高，说明其战术性能越好，因为新型作战飞机的速度在日益提高，特别是战术弹道导弹（tactical ballistic missile，TBM）通常具有3000m/s以上的速度，而目前世界上能有效拦截TBM的武器系统只有地空导弹武器系统。

采用机动规避是空袭目标突防的主要手段之一，目标的机动能力越强，说明其逃避地空导弹射击的能力越好，通常用机动过载来描述目标的机动能力。目前，地空导弹武器系统拦截的目标过载可达$2g$~$7g$。

目标的电磁特性主要是指目标的雷达截面积（radar cross section，RCS），目标的雷达截面积越小，地空导弹武器系统探测发现、跟踪目标的距离就越小，地空导弹武器系统射击准备时间就越短，跟踪射击难度就越大。不同类型目标的雷达截面积如表1-1所列。目前，地空导弹武器系统拦截的典型目标雷达截面积一般为1~$2m^2$，当拦截截面积小于典型雷达截面积的目标时，对目标的探测、跟踪距离要减小，实际的探测、跟踪距离可由雷达方程计算得到。

表1-1 不同类型目标的雷达截面积

类 型	侦察机	强击机	歼击机	歼击轰炸机	有翼导弹
雷达截面积/m^2	8~20	8~15	1~3	3~5	0.01~1
典型目标	SR-71	A-10	F-16	F-15	飞毛腿

2. 目标容量

目标容量也称目标通道数，是指地空导弹武器系统能同时跟踪并拦截的目标数量。每次只能拦截1个目标的地空导弹武器系统称为单目标通道武器系统，如SA-2；可同时拦截2个及以上目标的地空导弹武器系统称为多目标通道武器系统，如"爱国者"、С-300ПМУ系列地空导弹武器系统。

地空导弹武器系统的目标容量，由其结构特性决定，即搜索跟踪设备能探测并跟踪的目标数量、照射雷达的数量、发射装置的数量等。现代的地空导弹武器系统能探测、监视的目标数量可达100批以上，能同时拦截的目标数可达3~8个。

为了提高杀伤概率，地空导弹武器系统拦截一个目标时可发射2或3发导弹。因此，地空导弹武器系统的每个目标通道对应有数个导弹通道。如SA-2只有1个目标通道，对应3个导弹通道；С-300ПМУ武器有6个目标通道，每个目标通道对应2个导弹通道。

地空导弹武器系统的目标通道数、导弹通道数越多，在单位时间内拦截目标的数量就越多，这对抗击密集、连续的空袭十分有益。

3. 杀伤区

杀伤区又称作战空域，指地空导弹武器系统在规定的条件下以不低于规定概率杀伤空中目标的区域，通常选择对规定电磁散射特性的目标，在其不做机动仅以几个特征速度做直线等速飞行时拦截射击的杀伤区作为基本杀伤区。杀伤区是描述地空导弹武器系统作战能力最基本的性能指标之一，它的大小和形状取决于武器系统特性、目标特性和射击条件等多种因素，常用远界、近界、高界、低界和最大航路角等参数来定量表示其范围。

杀伤区在地面参数直角坐标系中的描述如图 1-3 所示。

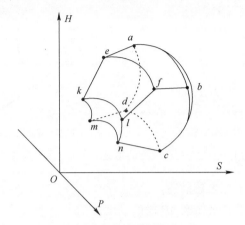

图 1-3　典型杀伤区空间示意图

图中　$abfe$——杀伤区高界，是一个水平面；

$dcnm$——杀伤区低界，是一个水平面；

$abcd$——杀伤区远界，是一个曲面；

$eflk$——杀伤区高近界，是锥面的一部分，锥面顶点为 O 点；

$lkmn$——杀伤区低近界，是球面的一部分，球心在 O 点；

$admke$ 和 $bcnlf$——杀伤区侧近界，位于两个过 O 点的铅垂面内，它们与航路捷径为零的铅垂面的夹角相等。

为更清晰地表征杀伤区参数，有时采用垂直杀伤区和水平杀伤区的概念。用垂直于 P 轴的垂直平面切割杀伤区得到的剖面，称为垂直杀伤区，如图 1-4 所示；用给定高度的水平平面切割杀伤区得到的剖面，称为水平杀伤区，如图 1-5 所示。

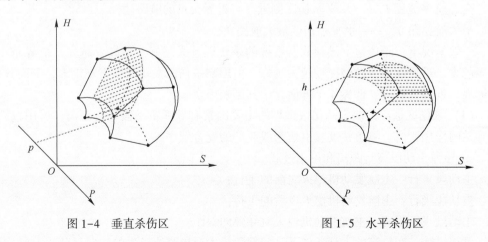

图 1-4　垂直杀伤区　　　　　　　　图 1-5　水平杀伤区

图 1-6（a）、(b) 分别为航路捷径为 p 的垂直杀伤区和高度为 h 的水平杀伤区。

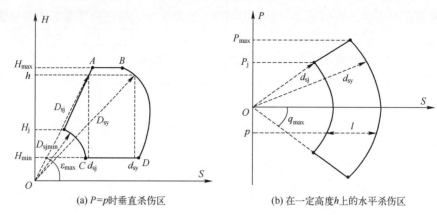

(a) $P=p$ 时垂直杀伤区　　(b) 在一定高度 h 上的水平杀伤区

图 1-6　地空导弹典型的垂直杀伤区和水平杀伤区

垂直杀伤区一般用下列参数描述：

高界 H_{max}——对应垂直杀伤区 AB 段的高度；

低界 H_{min}——对应垂直杀伤区 CD 段的高度；

远界斜距 D_{sy}——给定高度 h 的杀伤区远界斜距；

近界斜距 D_{sj}——给定高度 h 的杀伤区近界斜距；

低近界斜距 D_{sjmin}——对应航路捷径 p 的垂直杀伤区低近界斜距；

最大高低角 ε_{max}——杀伤区最大的高低角；

交界高度 H_j——杀伤区高近界与低近界交点的高度。

水平杀伤区一般用下列参数描述：

远界水平距离 d_{sy}——对应水平杀伤区远界的水平距离；

近界水平距离 d_{sj}——对应水平杀伤区近界的水平距离；

最大航路捷径 P_{max}——给定高度 h，保证发射一发导弹的杀伤区最大航路捷径；

杀伤区纵深 l——给定高度 h、航路捷径 p 时水平杀伤区纵深；

交界航路捷径 P_j——水平杀伤区侧近界与近界交点的航路捷径；

最大航路角 q_{max}——水平杀伤区最大航路角。

一般情况下，希望地空导弹武器系统的杀伤区越大越好，即高界越大、低界越小、远界越大、近界越小、航路捷径越大越好。但影响杀伤区大小的因素有很多，下面分别从远界、近界、高界、低界 4 个方面介绍其影响因素。

(1) 杀伤区远界。决定杀伤区远界的主要因素有导弹主动段飞行距离、可用过载、制导站的作用距离、测角精度、引信与战斗部的配合效率等。

① 导弹主动段飞行距离和可用过载。

主动段飞行：主航发动机熄火之前的飞行；

被动段飞行：主航发动机熄火以后的飞行；

主动段飞行距离：主航发动机熄火时导弹的斜距；

可用过载：在给定的飞行条件下，舵偏角最大时导弹所产生的法向过载；

需用过载：导弹在制导系统的作用下沿理想弹道飞向目标所需要的法向过载。

利用主动段杀伤目标的地空导弹，杀伤区远界斜距主要取决于导弹主动段飞行距离；对于利用被动段杀伤目标的地空导弹，杀伤区远界主要决定于与导弹的可用过载（由于导弹的可用过载随飞行高度和距离的增加而减小，直到可用过载与需用过载相等）。

② 制导站的作用距离和测角精度。

制导站的作用距离：发现目标的距离、对目标进行稳定跟踪的距离、指令的传输距离（导弹应答信号的传输距离）等。

杀伤区远界越大，相应的制导站作用距离就越大，而制导站的作用距离是有限的，因此，其限制了杀伤区远界斜距不能太大。

在测角误差相同的条件下，遭遇距离越大，目标反射信号越弱，信噪比越小，测角误差就越大，测角误差造成的制导误差也就越大。因此，制导站的测角精度也是决定杀伤区远界的一个因素。

③ 引信与战斗部的配合效率。

当导弹与目标遭遇时，对于环形飞散战斗部和定向战斗部，只有目标恰好处于破片动态飞散区范围内，才有可能杀伤目标。若引信与战斗部配合情况变坏，引信不能适时起爆战斗部，则单发杀伤概率必然下降。因此，杀伤区远界还受引信与战斗部配合效率的限制。

(2) 杀伤区近界。飞行弹道可分为 3 段，即射入段 OA、引入段 AB、导引段 BC，如图 1-7 所示。

只有导弹的斜距大于射入结束距离时，导弹才处于导引段飞行，即只有导弹与目标的遭遇距离大于引入结束距离时，才能保证一定的制导精度和杀伤概率。因此，引入结束距离是决定杀伤区近界的一个重要因素。

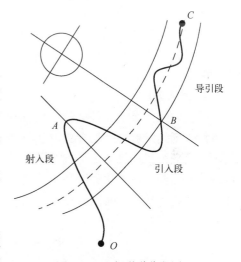

图 1-7 飞行弹道分段图

(3) 杀伤区高界。决定杀伤区高界的主要因素有可用过载和需用杀伤区纵深等。

① 可用过载。

导弹的可用过载主要取决于导弹的飞行速度、大气密度、导弹的静稳定度、舵面效率和导弹的质量。

导弹的可用过载与各因素之间的关系：导弹飞行速度越高，大气密度越大，舵面效率越好，导弹的静稳定度越小，导弹的质量越小，则导弹的可用过载越大。

因此，可用过载是决定杀伤区高界的一个因素。

② 需用杀伤区纵深。

需用杀伤区纵深指保证连续发射的导弹都在杀伤区内与目标遭遇所必须具有的杀伤区纵深。

对于给定的目标，垂直杀伤区的远、近界是确定的，每一高度上远、近界之间的距离（杀伤区纵深）也是确定的；超过交界高度以后，杀伤区纵深随着高度的增加而不断减小，当杀伤区纵深小于需用杀伤区纵深时，不能保证连续发射的导弹都在杀伤区内与目标遭遇。因此，需用杀伤区纵深是决定杀伤区高界的一个因素。

（4）杀伤区低界。决定杀伤区高界的主要因素有制导雷达低空性能、发动机低空性能和无线电引信的性能等。

① 制导雷达低空性能。

目标飞行高度越低、地面对电磁波反射的影响越大、制导站测量误差越大，则制导误差也越大，最终会导致杀伤概率降低。

② 发动机低空性能。

攻击高度很低的目标时，导弹的弹道很低，导弹的高低角很小，再加上实际弹道的起伏摆动，容易造成取液器吸不进推进剂，使液体火箭发动机提前熄火或断续熄火而产生扰动，使制导误差增大。

③ 无线电引信的性能。

当导弹飞行高度较低时，引信天线将同时接收目标反射信号和地面反射信号，地面反射信号有可能引爆战斗部。因此，杀伤区的最小高度不能低于引信安全高度。

同时，地空导弹的杀伤区还受到目标特性的影响，如目标的飞行特性、雷达截面积、易损性、干扰能力和性能均对地空导弹的杀伤区有明显影响。

射击条件（是否有电子干扰和反导弹机动）和战场环境（电磁兼容情况）也对地空导弹的杀伤区有明显影响。

因此，在实际作战中，实际杀伤区一般比设计给定的范围要小。因为在实际作战中会出现目标施放干扰、目标实施机动、目标低空飞行、隐身目标等情况，当上述因素的影响超出设计的理想约定时，杀伤区便会相应缩小。

4. 反应时间

反应时间指地空导弹武器系统（通常是武器系统中的目标搜索与指示系统）从发现目标时刻到发射第一枚导弹（弹从发射装置上运动）离架瞬时的时间间隔。反应时间短，能减小目标机动、干扰等因素对武器系统的影响，提高射击效率。反应时间与武器系统的结构、自动化程度和作战使用特点有关。对采用雷达半主动制导体制的地空导弹武器系统，其反应时间的构成如图1-8所示。

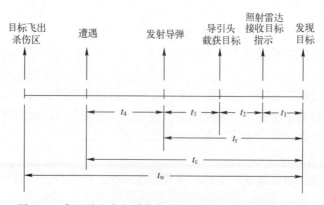

图1-8 典型雷达半主动自导引地空导弹反应时间的要素

图中 t_1——搜索跟踪器探测、跟踪目标或选择指示目标所用时间；

t_2——照射雷达稳定照射目标，导引头调谐并截获目标需要的时间；

t_3——发射架调转和发射诸元计算及发射准备、发射指令传输所需时间。

因此,反应时间 t_r 为

$$t_r = t_1 + t_2 + t_3 \tag{1-1}$$

目前,地空导弹武器系统的反应时间大都在 5s~15s,而 20 世纪 50 年代地空导弹武器系统的反应时间达数分钟。

5. 杀伤概率

杀伤概率指在给定的发射条件下,目标被毁伤的可能程度。杀伤概率由目标特性、战斗部性能、战斗使用条件等确定。

如果每次射击用 1 发导弹,则该射击效果用单发杀伤概率 P_1 表示;若用 n 发导弹射击一个目标,则其射击效果用 n 发导弹的目标杀伤概率 P_n 表示。目标的单发杀伤概率与地空导弹武器系统的可靠性、制导精度和引战配合效果等因素有关。现役的地空导弹武器系统,单发杀伤概率一般为 0.5~0.9,采用单发导弹杀伤目标往往是不可靠的,为获得较高的目标杀伤概率,一般采用 2 发以上导弹射击 1 个目标。若导弹的单发杀伤概率为 P_1,则采用 n 发导弹射击 1 个目标时的杀伤概率 P_n 为

$$P_n = 1 - (1 - P_1)^n \tag{1-2}$$

当 P_1 值不同时,P_n 的计算结果见表 1-2。

表 1-2 不同 P_1 时的 P_n 值

P_1	P_n				
	$n=2$	$n=3$	$n=4$	$n=5$	$n=6$
0.50	0.75	0.87	0.94	0.97	0.98
0.55	0.80	0.91	0.96	0.98	0.99
0.60	0.84	0.94	0.97	0.99	0.995
0.65	0.877	0.967	0.985	0.995	0.998
0.70	0.910	0.973	0.992	0.998	0.999
0.75	0.937	0.9894	0.996	0.999	0.9998
0.80	0.960	0.992	0.998	0.9997	
0.85	0.977	0.997	0.999		
0.90	0.990	0.999			
0.95	0.997	0.9999			

从表 1-2 中的数据可知,采用增加耗弹量的方式提高杀伤概率的效果并不都是显著的,所以当单发杀伤概率足够大时,一般采用 1 或 2 发导弹即可达到满意的杀伤概率。

6. 机动能力

机动能力是指地空导弹武器系统在运动作战中完成掩护被保卫目标的作战能力。地

空导弹武器系统的机动能力可用固定式、半固定式、机动式、便携式等进行粗略描述。固定式是指部署后不能移动；半固定式是指部署后仍可移动，但转移的时间长、速度慢；机动式是指根据作战任务，可随时机动，甚至可边行军边作战；便携式是指由单兵即可携带进行机动作战的地空导弹武器系统。

对于地空导弹武器系统机动能力的描述一般采用展开和撤收时间、最大行军速度、最大行军里程及越野性、可运输性等参数。展开时间是指从行军状态转入作战状态所需要的时间；撤收时间是指从作战状态转入行军状态所需要的时间；越野性是指武器系统在行军中对道路等级、坡度和转弯半径等的要求；可运输性是指武器系统行军或转移时所采用的运输工具和方式，如自行、专用车辆牵引、可否空运等。目前，先进地空导弹武器系统的展开、撤收时间一般为几分钟至几十分钟；最大行军里程可达 500km 以上。

7. 环境条件

环境条件是指地空导弹武器系统被部署担负战备任务时所要求的环境条件，如海拔高度、环境温度、湿度、承受的风力以及导弹的贮存条件等。目前，地空导弹武器工作的海拔高度一般要求在海拔 3000m 以下，环境温度可达 $-50℃ \sim 40℃$。

1.3.3 主要技术指标

1. 制导体制和引导方法

制导体制和引导方法是地空导弹武器系统最有代表性的性能参数。制导是指按一定引导方法控制导弹飞向目标所需的信息收集、变换和指令执行的过程。制导体制则是指地空导弹武器系统所采用的制导系统类型，即制导系统的工作原理，实际上就是实现导弹制导的技术手段，它描述了制导系统的结构特性。早期的地空导弹武器系统一般采用单一的制导体制，如全程无线电指令制导、全程雷达半主动自导引制导；新型的地空导弹武器系统则多采用复合制导体制，如初段程序+中段无线电指令+末段雷达半主动（或雷达主动）制导、初段程序+中段无线电指令+末段 TVM 制导等。通常采用的引导方法有三点法（或修正的三点法）、前置点法和比例导引法（或修正的比例导引法）等。

导弹在飞行过程中需经历初始起飞段、截获控制段、遭遇段等阶段，各个阶段的状态不同，因此在各阶段所采用的制导体制可能不同。新型地空导弹初始段一般采用程序制导、中段制导采用指令制导、末段一般采用寻的制导。

引导方法指的是制导系统导引导弹飞向目标过程中所遵循的运动学关系，即导弹在飞向目标过程中，导弹、目标、制导站之间的位置、速度、速度矢量等参数的相互关系。

2. 电子对抗能力

电子对抗能力，是指在自然、人为电磁干扰环境下，地空导弹武器系统完成作战任务的能力。自然干扰指大气杂波（雨、云反射产生的干扰）、地面回波（植被、田野的散射和山峰、建筑物的反射等）、工业环境（输电线路、各种运动机械等产生的干扰）、多路径（低空目标、导弹同时受到雷达直接照射和来自地面的反射及目标的反射）和红外干扰（太阳、地面热辐射）等。人为电磁干扰指敌方为掩护（隐蔽）自己，采用多种技术措施造成的电磁干扰，以欺骗甚至破坏地空导弹武器系统的正常工作。目前采用的电磁干扰通常有电子干扰和红外干扰，其分类如表1-3所列。

表1-3 无线电、红外干扰的分类

电子干扰	有源干扰	压制式干扰－噪声、瞄准、阻塞、扫频干扰等
		欺骗式干扰－角度、距离、速度欺骗干扰
	无源干扰	箔条
		隐身
红外干扰	主动干扰	曳光弹、红外干扰机等
	被动干扰	喷含易分离的金属粉、撒悬浮微粒干扰物等

电子干扰是利用电子干扰装备，在敌方电子设备和系统工作的频谱范围内采取的电磁波扰乱措施，以破坏、阻碍或降低敌方电子设备的使用效能。现代防空作战的电磁环境十分复杂，地空导弹武器系统的电子对抗能力直接决定防空作战的成败，是地空导弹武器系统最重要的战术技术指标之一。

干扰按能量来源分为有源电子干扰和无源电子干扰两种。有源电子干扰也称为积极干扰（主动干扰），通过发射或转发电磁信号对敌方电子设备进行压制或欺骗，广泛应用于对雷达、无线电通信、制导导航、光电等电子设备的干扰。有源电子干扰的强度通常用干扰功率强度（W/MHz）描述，通常的形式是噪声干扰和欺骗干扰。

噪声干扰又称为杂波干扰，是一种压制性干扰，是一种使敌方电子设备接收到的有用信号模糊不清或完全被掩盖的电子干扰。压制干扰分为有源压制干扰（瞄准式杂波干扰）和无源压制干扰（箔条）两种。

欺骗干扰采用主动回答方式，使敌方电子设备接收虚假信息，以至产生错误判断和错误行动。欺骗干扰按干扰产生的方法，分为角度欺骗干扰、距离欺骗干扰和速度欺骗干扰。

无源电子干扰也称为消极干扰（被动干扰），利用本身不发射电磁波的器材反射或吸收敌方电子设备发射的电磁波而形成的电子干扰。按其干扰原理，可分为反射型无源干扰和吸收型无源干扰。被动干扰通常用每百米团（即每百米放多少箔条团）描述。

地空导弹武器系统的电子对抗能力，主要用雷达对在某种干扰功率强度下的发现、跟踪目标的距离来表示，如С-300ПМУ地空导弹武器的照射制导雷达，对雷达截面积为 $2.5m^2$ 的飞机，当机载干扰功率强度为 0.15W/MHz 时，发现距离为 45km，而无干扰时的发现距离则达 150km。

现代地空导弹武器系统的雷达和导弹均采用了多种抗干扰措施，以对抗日益复杂的电子干扰环境。

3. 可靠性

可靠性是指系统在给定时间内，在规定的使用条件下，保持正常工作的能力。由于地空导弹武器系统各分系统的结构的不同和作战使用要求的差异，因此采用不同的可靠性指标来表征其可靠性。

任务可靠度指系统在规定的使用条件下、在规定的时间内、成功完成规定的作战任务的概率，或系统某独立部分正常工作的概率，通常用 $R(t)$ 表示。如导弹的任务可靠度，是指从导弹接电开始至战斗部引爆瞬间的时间间隔内，导弹正常工作的概率。雷达设备的可靠度，通常指从指挥所命令雷达开机至战斗结束（完成射击任务）这段时间间隔内雷达正常工作的概率。

对于具体的设备，一般采用平均故障间隔时间（mean time between fault，MTBF）描述其可靠性。平均故障间隔时间是指设备两个相邻故障之间正常工作时间的平均值。它适用于描述可修复设备的可靠性，如雷达、发射控制设备、电源设备、照射器和其他支援设备。导弹是一次性使用产品，因此一般用任务可靠度表示。

地空导弹武器系统的地面设备通常也采用 MTBF 描述其可靠性。地空导弹武器系统各组成设备的 MTBF 一般在几十小时以上，如"爱国者"武器系统的多功能相控阵雷达（AN/MPQ53）的 MTBF=62h，发射架的 MTBF=147h，指挥控制车（AN/MSQ104）的 MTBF=140h，电源车（AN/MJQ20-2）的 MTBF=281h。

导弹的贮存时间是导弹可靠性的一种描述方式。导弹的贮存时间是指导弹在一定条件下，保持给定可靠度的贮存时间。使用者总是希望在满足给定的可靠度要求条件下，导弹的贮存时间越长越好。但由于环境应力变化、材料和器件的老化、失调等原因，导弹的贮存期是有限的。当贮存条件较好时，如将导弹放在充氮气的箱（筒）内贮存，贮存期较长。20 世纪 70 年代服役的地空导弹的贮存期大都在 10 年以上，如"响尾蛇"导弹的贮存期为 7~10 年。

其他的可靠性指标还有大修周期、无后勤支援下可工作时间、采用的维修体制等。如美国的"宙斯盾"舰空导弹武器系统的可靠性指标为，在无后勤支援情况下，能可靠地持续工作 40~60 天，大修周期为 4 年。

4. 维修性

维修性是指装备在规定条件下和规定时间内，按规定的程序和方法进行维修时，保持或恢复到规定状态的概率。

对于具体的设备，一般采用平均修复时间（mean time to repair，MTTR）描述其维修性。平均修复时间是指设备故障修复时间的平均值。对由分离元件组成的地空导弹武器系统的设备，故障后的平均修复时间较长，可达 1h 以上；对由集成电路和插件板组成的地空导弹武器系统的设备，由于普遍采用自动检测装置和组合插件板更换修理方式，其平均修复时间一般在 0.5h 以下。

1.4 地空导弹武器系统发展历程

地空导弹 20 世纪 40 年代开始出现，经过半个多世纪的风风雨雨，经受了多次战争考验，如越南战争、中东战争、英阿马岛战争、海湾战争、科索沃战争、伊拉克战争，产生了巨大的战果。我国首创了运用地空导弹击落空中目标（1955 年 10 月 7 日使用 SA-2 击落美制 RB-57D 高空侦察机）的成功战例。目前，世界上能研制地空导弹的国家和地区约有 13 个，已研制成功近百种型号的地空导弹，使地空导弹成为现代军事武器库中一个庞大的武器家族。纵观地空导弹的发展历程，它在每一时期的发展主要受同一时期空袭战术与技术发展的刺激与推动，并往往与同一时期的工业技术——尤其是电子工业技术的发展水平——具有很强的相关关系。从世界范围看，地空导弹的发展大致经历了初始发展、新技术应用发展、高技术应用提高三个发展时期，相应地发展了三代地空导弹武器系统。

1.4.1 第一代地空导弹武器系统（1945—1959 年）

早在第二次世界大战之前，许多国家在改进高射火炮的同时已把注意力转向火箭和导弹的研究和试验。尤其是 1937 年英国将研制的定位雷达投入战争使用，不仅给防空作战带来深刻影响，而且对防空武器的发展也产生了巨大的推动作用。随着技术的发展，无线电遥控、陀螺控制等技术逐渐出现，这些技术的出现和更新为发展导弹提供了必要的技术基础。

第二次世界大战后期，德国为对抗美、英轰炸机群，取得战争的主动权，在使用"复仇武器"V-1 和 V-2 导弹的同时，研制了比高炮更有效的地空导弹，如"莱茵女儿""瀑布"。这些最初的地空导弹虽然没有来得及投入使用，纳粹德国即告覆灭，但却证明了波束制导的可行性。1944 年，美国研制了"云雀"（lark）和"小兵"（little joe）两种地空导弹，据说这些导弹主要是为了对付日本的"神风"自杀飞机，但也均没有达到实用阶段，战争就结束了。战后，它们被改为研究用的试验飞行器和训练弹，用以试验制导系统和训练操作人员。20 世纪 30 年代至 40 年代末，地空导弹武器系统的发展可以视为是初级试验研制阶段，尽管没有投入实战使用的型号，但对地空导弹武器系统的发展做了许多开拓性的工作。

第二次世界大战后，在德国地空导弹研究的人力、物力基础上，美、苏、英等国开始独立进行地空导弹武器系统的研制工作，特别是进入 20 世纪 50 年代后，美、苏两国军备竞赛开始并逐步升级，极大地推动了导弹武器的发展。20 世纪 50 年代，高空远程战略轰炸机成为空中主要威胁，针对这种空中威胁，从 20 世纪 50 年代中期开始，美、苏、英等国相继研制并装备了一系列地空导弹武器系统。美国空军于 1952 年 9 月装备了"波马克"（CIM-10A），美国陆军于 1953 年 12 月装备了的"奈基Ⅰ"（MIM-3），1958 年装备了"奈基Ⅱ"（MIM-14A）以及"黄铜骑士"（舰空型）等型号；苏联国土防空军在五六十年代装备了 SA-1（C-25）、SA-2（C-75）、SA-3（C-125）等型号，苏联陆军在五六十年代装备了 SA-5（C-200）、SA-4（C-175）等型号。这一时期发展的地空导弹被称为第一代地空导弹武器系统。

第一代地空导弹武器系统的特点是中高空、中远程，作战半径一般为 30~100km，最大射高达 30km。导弹采用多种推进系统，如液体火箭发动机、固体火箭发动机、液体火箭发动机和固体火箭发动机组合，以及冲压发动机和固体火箭发动机组合等。制导控制系统采用波束制导、指令制导和半主动雷达寻的制导。这一时期地空导弹具有许多共同的特点，这与当时的空袭装备和作战方式有关。如均以当时的高空轰炸机和高空侦察机为主要作战对象，因此强调导弹的高空、远程射击能力。而一个系统只能射击 1 个目标（单目标通道）则是受当时技术条件的约束。这些特点被作为第一代地空导弹武器系统的主要划分标准。第一代地空导弹武器系统的主要性能参数如表 1-4 所列。

表 1-4 第一代地空导弹武器系统主要性能参数

国别	名称与代号	典型目标	作战半径/km	作战高度/km	制导体制	动力系统	发射方式	研制/装备时间/年
美国	CIM-10A/B "波马克"	高空飞机 飞航导弹	320（A） 741（B）	18/0.3（A） 24/0.3（B）	程序+指令 +半主动寻的	固体助推1+ 液体冲压2	固定式垂直发射	1951/1960（A） 1958/1961（B）
	MIM-14C "奈基"Ⅱ	高空飞机 飞航导弹	139	45/1	无线电指令	固体助推4+ 固体1	固定/机动 近似垂直发射	1953/1958
苏联	SA-1（С-25）"吉尔德"	跨声速飞机	40/32	20/2	无线电指令	液体1	固定式垂直发射	1948/1954
	SA-2（С-75）"盖德莱"	各类飞机	32/12（Ⅰд） 34/5（Ⅱд）	22/3（Ⅰд） 27/0.3（Ⅱд）	无线电指令	固体助推1+ 液体1	倾斜发射	1949/1956
	SA-3（С-125）"果阿"	中低空飞机	24/5	15/0.045	无线电指令	固体助推1+ 固体1	倾斜发射	1950/1961
	SA-4（С-175）"加涅夫"	各类飞机	72/9.3	24/0.01	无线电指令	固体助推1+ 固体冲压1	倾斜发射	1956/1965
	SA-5（С-200）"甘蒙"	高空高速飞机	300/17	30/0.3	无线电指令	固体助推4+ 液体1	倾斜发射	1957/1966
英国	"警犬"（Ⅰ/Ⅱ）	高空高速飞机	60（Ⅰ） 80（Ⅱ）	24（Ⅰ） 27/0.3（Ⅱ）	全程半主动 雷达寻的	固体助推2+ 冲压2	支撑式倾斜发射	1949/1958（Ⅰ） 1958/1964（Ⅱ）
	"雷鸟"（Ⅰ/Ⅱ）	跨声速飞机	56（Ⅰ） 75（Ⅱ）	20	全程半主动 雷达寻的	固体助推4+ 固体1	支撑式倾斜发射	1950/1957（Ⅰ） 1957/1965（Ⅱ）

第一代地空导弹武器系统主要采用20世纪四五十年代的技术，由于当时技术条件的制约，第一代地空导弹武器系统采用分离元器件，电子设备以电子管为主体，体积大、稳定性差，导弹笨重（"波马克"B导弹的发射质量7257kg），地面设备庞大（SA-2的地面车辆达60多部）。因此第一代地空导弹武器系统主要采用固定或半固定形式，地面机动性能较差，使用、维护复杂，可靠性较差，抗干扰能力弱。

第一代地空导弹武器系统的出现，使各国具备了一种全新的防卫高空、远程空中攻击的有效手段，并在射击纵深、高度和精度上远远超过了高炮。在20世纪50年代末、60年代初典型的战场环境下，地空导弹一般可以达到50%以上的单发杀伤概率，而同时期的高炮仅为0.2%左右。这种新式武器同时还具有"面"防御能力，与高炮的"点"防御相比，它更能适应当时防空作战的需要。因此，从第一代地空导弹武器系统诞生开始，它就很快受到世界各国的重视，并大量装备防空部队，成为20世纪五六十年代地面防空装备的主体。

第一代地空导弹武器系统的众多型号中，应用最广泛的是SA-2导弹，SA-2导弹是第一代地空导弹武器系统的典型代表，同时也是第一代地空导弹武器系统中唯一经过大量实战检验的地空导弹武器系统。

1.4.2　第二代地空导弹武器系统（1960—1969年）

进入20世纪60年代，各种高性能飞机的成功研制，使地空导弹所面临的目标特性发生了较大变化。第一代中高空地空导弹武器系统在实战中的使用，迫使空中目标采用低空突防和电子对抗技术。新的空袭方式促进了地空导弹武器系统低空性能和抗干扰性能的提高和机动式低空近程地空导弹武器系统的发展。

第一代地空导弹武器系统在设计时主要针对20世纪50年代机动能力很差的高空轰炸机和高空侦察机，因而在射击机动性能较好的新一代作战飞机时效能极低。从60年代开始，空袭作战在战术上发生了一些新的变化，低空、超低空突防成为一种常见而有效的作战手段，第一代地空导弹武器系统低空作战能力的不足成了一个致命的弱点。在第三次中东战争中，以色列空军采用低空、超低空进入与反导弹机动相结合的作战方式，成功躲避了埃及SA-2导弹的攻击，使得埃军发射322枚SA-2导弹竟没有击落一架以军飞机。战争的实践表明，防空的重点由高空向低空、超低空转移已成为一种趋势。

20世纪60年代空中战场的另一个形势变化是出现了针对地空导弹武器系统的电子干扰。可以说，电子干扰与反电子干扰是地空导弹武器系统与空袭兵器对抗中出现的一个新矛盾，这一矛盾的优势取向直接决定着地空导弹武器系统的作战效能。

作战环境的变化对地空导弹的发展提出了新的要求，同时，新技术革命的兴起所带来的电子技术、计算机技术、激光与红外技术的迅速发展，为研制新型地空导弹武器系统提供了必要的技术基础。在这些因素的刺激与推动下，地空导弹进入了一个新技术应用的全面发展时期。除了美、苏、英等国外，法国、德国、意大利、日本、以色列、瑞典、瑞士也相继加入了地空导弹研制国的行列。从20世纪60年代中期开始，新的地空导弹武器系统型号不断出现，到70年代末期，先后出现了近30种新型地空导弹和近20种舰空导弹，其中最具代表的型号有苏联的SA-6、SA-8导弹，美国的"霍克"

"小槲树"导弹，法国的"响尾蛇"导弹，英国的"长剑""山猫"导弹，法、德联合研制的"罗兰特"导弹等。

这一时期的地空导弹多为低空近程型号，集中反映了各国在相关技术领域的实力。第二代地空导弹武器系统采用了大量的新技术与新体制，技术水平较第一代有明显提高。如单脉冲雷达、光学与电视跟踪、主动半主动寻的、固体火箭发动机、一体化筒弹等技术等，并广泛采用了计算机和数字信号处理技术。在推进系统方面，淘汰了战勤操作相对繁杂的液体火箭发动机，主要采用固体火箭发动机、冲压发动机和整体式固体冲压火箭发动机等推进系统。在制导控制系统方面，除无线电指令制导外，红外制导、激光制导和光-电复合制导等制导体制得到了迅速发展，并且由单一制导体制转向复合制导体制，使武器系统的抗干扰能力有了大幅度提高。在杀伤技术方面出现了破片聚焦战斗部、多效应战斗部和链条式战斗部，提高了导弹战斗部的杀伤效率。此外，由于广泛采用自动化技术，提高了武器系统的自动化程度，缩短了系统的反应时间。系统设计强调地面设备的小型化与机动能力，并将电子对抗能力作为系统的一个重要设计目标。由于这一时期的地空导弹在所采用的技术、所体现的性能和特点与作战使用方式上，相对20世纪50年代的地空导弹有很大区别，因此这一时期研制的地空导弹武器系统被称为第二代地空导弹武器系统。第二代地空导弹武器系统的主要性能参数如表1-5所列。

与第一代地空导弹武器系统相比，第二代地空导弹武器系统具有以下特点。

（1）强调系统的低空性能。在第二代地空导弹武器系统发展的初期，美、苏等国都试图研制能够覆盖从几十米的低空到20km以上的高空，射程在50km以上的全空域型地空导弹。但在当时的技术条件下，由于雷达和导弹性能的限制，这种全空域型的地空导弹被证明是不切实际的。因此，后来的地空导弹重点向中近程、中低空、超低空方向发展，其射程一般为10~20km，作战高度集中于50m~3km的中低空与超低空空域。

（2）导弹机动能力与射击精度提高。针对第一代地空导弹武器系统弹体庞大、机动性差的缺点，第二代地空导弹武器系统大多采用了单级或多级一体的固体推进系统，不但使导弹的体积、质量减小，而且一体化结构使弹体保持了较好的气动外形，有利于提高其机动性能。第二代地空导弹武器系统一般具$10g$~$20g$的海平面机动能力，大大高于同一时期作战飞机的机动载荷，因此使反导弹机动成为一种过时的手段。

第一代地空导弹武器系统大部分采用雷达无线电指令制导，强烈依赖于地面雷达的测量能力，其制导精度由于受雷达测量精度的影响，往往比较低，因此通过采用大型战斗部来保证导弹的杀伤效果。第二代地空导弹武器系统大部分采用了自导引方式，即利用弹上制导设备测量目标，并控制导弹的飞行。如主动、半主动雷达寻的和红外寻的都属于寻的制导体制。寻的制导体制大大改善了导弹的射击精度，减轻了战斗部重量，同时还使导弹具备某种程度的"发射后不管"的射击能力，减少了导弹对地面雷达的依赖，提高了射击的灵活性。

（3）系统的小型化与机动性。第二代地空导弹武器系统普遍实现了系统的小型化，小型化的同时也提高了武器系统的机动能力，主要作战设备一般装载于轮式或履带式的越野车辆上，具备在各种道路条件下的机动转移能力，从而使地面防空由固定式或半固定式向全机动式转变。

表 1-5 第二代地空导弹武器系统主要性能参数

国别	名称与代号	典型目标	作战半径/km	作战高度/km	制导体制	动力系统	发射方式	研制/装备时间/年	备注
美国	MIM-23A/B "霍克"/"改进"	中低空飞机 各类导弹	32/2 (A) 40/1.5 (B)	13.7/0.06 (A) 17.7/0.06 (B)	全程半主动寻的	固体双推力	3联装倾斜发射	1954/1960 (A) 1964/1972 (B)	
	MIM-72A/C "小榭树"	低空飞机	5 (A) 9 (C)	2.5/0.05	光学瞄准+红外寻的	固体	4联装倾斜发射	1965/1969 1970/1977	
	AIM-7E "陆麻雀"	各类飞机	26	18	半主动雷达寻的	固体	9联装倾斜发射	1979	
苏联	SA-6 "根弗"	中低空飞机 飞航导弹	24/5	14/0.1	全程半主动寻的	固冲	3联装倾斜发射	1958/1967	连续波制导雷达
	SA-8 (A/B) "壁虎"	低空飞机	10/1.5	5/0.01	雷达或光学+无线电指令	固体双推力	4 (A), 6 (B) 联装筒式倾斜发射	1975 (A) 1982 (B)	
	SA-9 "甘斯肯"	低空亚声速飞机	4.2/0.5	3.5/0.03	红外寻的	固体	4联装倾斜发射	1968	
	SA-11 "牛虻"	中低空飞机	35/3	22/0.015	半主动雷达寻的	二台固体	4联装箱式倾斜发射	1979	取代 SA-6
	SA-13 "金花鼠"	低空亚声速飞机	5/0.8	3.5/0.01	红外寻的	固体	4联装箱式倾斜发射	1975	SA-9 改
	SA-15 "道尔"-M1	低空飞机	12/1	6/0.01	无线电指令	固体双推力	8联装箱式垂直发射	—	
	SA-17 "灰熊"	中低空飞机	40~50/2.5~3	22~25/0.015	半主动雷达寻的	二台固体	4联装箱式倾斜发射	—	
	SA-19	低空飞机	10/1.5	6/0.015	无线电指令+半主动雷达寻的	二台固体	8联装箱式倾斜发射	—	

续表

国别	名称与代号	典型目标	作战半径/km	作战高度/km	制导体制	动力系统	发射方式	研制/装备时间/年	备注
英国	"长剑"（Ⅰ/Ⅱ）	低空超低空飞机	6.2/0.6	3.5/0.015	光学跟踪+无线电指令	固体双推力	吊挂式4联装倾斜发射	1963/1972（Ⅰ）1967/1978（Ⅱ）	
法国	"响尾蛇"	各类飞机	13/0.8	5.5/0.015	红外预制导+无线电指令	固体双推力	4联装筒式倾斜发射	1964/1971	
	"沙伊纳"/"西卡"	低空飞机巡航导弹	13/0.5	6/0.015	红外预制导+无线电指令	固体	6联装箱式倾斜发射	1977/1981	专为沙特研制
	"靛青"（牵引/自行）	高速飞机	10/1	5/0.015	无线电指令	固体	6联装箱式倾斜发射	1962/1971（牵引）1971/1983（自行）	
意大利	"斯帕达"（牵引/自行）	飞机巡航导弹	15/1	6/0.018	半主动雷达寻的被动干扰寻的	固体	6联装箱式倾斜发射	1969/1978（牵引）1978/1983（自行）	使用阿斯派德三军通用弹
国际合作	"罗兰特"（Ⅰ/Ⅱ）	低空超低空飞机	6/0.5（Ⅰ）6.3/0.5（Ⅱ）	4.5/0.015	无线电指令	固体助推+固体	4联装箱式倾斜发射	1964/1976（牵引）1966/1982（自行）	法德合作
	"阿达茨"	低空飞机坦克	8/1（飞机）6/0.5（坦克）	6	光学瞄准+激光驾束	固体	8联装箱式倾斜发射	1979/1987	瑞士、美国合作

除此之外，第二代地空导弹武器系统还具有抗干扰性能较好和同时射击多目标的特点。实际上，早期的第二代地空导弹武器系统并没有解决多目标精确跟踪问题，多目标射击能力大多是通过采用多个独立射击单元实现的。如法国的"响尾蛇"采用3部发射制导车实现射击3个目标的能力。

第二代地空导弹武器系统有效地填补了第一代地空导弹武器系统与高射炮之间的火力空白区，提高了对当时被广泛使用的战术攻击飞机的抗击能力。同时，第二代地空导弹武器系统由于在小型化上的进展，在体积、价格上相对第一代均大大降低，因此其装备范围得以大幅度扩展。除了应用于要地防空外，还广泛应用于野战防空，其相应的舰空型不仅能装备大型舰只，而且能装备中小型舰只，从而导致海军编队中出现了一个新的舰种——导弹护卫舰。

20世纪60年代至70年代，频繁的国际冲突对地空导弹的发展产生了一定的刺激作用，导致地空导弹的研制国和装备地区进一步增多，其中西欧国家在第二代地空导弹武器系统研制上投入了更多的力量，研制的型号也多于美国和苏联。同时，除了传统的军事大国和热点地区外，大量的中小国家也购买并装备了大量地空导弹。

第二代地空导弹武器系统在战争中的第一次大规模使用是在1973年的第四次中东战争，针对以色列空军的低空、超低空突防战术，埃及军队大量使用SA-6导弹与23mm高炮混合部署，在战争的前3天就击落了81架以军作战飞机，一度使以军飞机无法出动。后来，由于以军采用了强有力的对抗措施以及埃、叙在战略上的失误，SA-6导弹没能进一步发挥更大作用，但这次战争充分证明了第二代地空导弹武器系统的威力。在1982年英阿马岛战争中，英军的"长剑"和"海标枪"等地空与舰空导弹也发挥了重要作用。

在经历了20世纪60年代至70年代的高速发展之后，第二代地空导弹武器系统在各国均已形成较为完备的型号序列。80年代后，随着战场环境的变化和技术上的进步，以中、低空为主的第二代地空导弹武器系统开始进入改进与提高时期。美国和欧洲一些国家出于各自防务的需要，开始大力发展各自的改进型地空导弹。改进的重点是已经比较成熟的第二代地空导弹武器系统，像法国的"响尾蛇"、英国的"长剑"、法德合作的"罗兰特"等导弹，都发展了一系列的改进型号，以适应不同时期、不同地域、不同环境下的防空作战需要。这些改进型号的特点是在已有成熟型号的基础上逐步改进，因此技术风险小、项目投资少、研制周期短。但改进型往往在性能指标上受到其原型的限制，改进的余地较小。

在这一时期，苏联以及后来的俄罗斯在中、低空地空导弹发展上走在了美国和欧洲的前面，SA-15（TOR）、SA-17和SA-19等新型号相继诞生。其中最具代表性的是SA-15导弹，它在同类导弹中率先实现了一系列的技术突破，包括相控阵天线与垂直发射技术的应用，搜索、指控、制导、发射的单车一体化，"边走边打"能力，以及真正的多目标射击能力等，其作战性能大大优于同时期的西方的地空导弹。SA-15地空导弹的技术性能在很大程度上代表了中、低空地空导弹的发展趋势。实际上，无论是在技术上还是作战性能与特点上，SA-15等地空导弹都比第二代地空导弹武器系统中的先期型号有很大提高，在许多方面已接近甚至超过了目前的第三代地空导弹武器系统，并且随着军事需求的发展和技术上的进步，这一类地空导弹还在不断发展完善，更新的型号也已出现或在研制中，但习惯上仍把它们视为是第二代地空导弹武器系统。

在第二代地空导弹武器系统发展的同时，从20世纪60年代中期开始，仿照反坦克导弹的结构，还出现了一种新型的地空导弹，这种导弹将制导系统、发射系统和导弹合为一体，体积、质量大大减小，可适应单兵或轻型车辆运载与发射的需要，故称为便携式或肩扛式地空导弹。在分类上，它属于超近程、超低空地空导弹。早期的便携式地空导弹有苏联的SA-7、"箭Ⅱ"，美国的"红眼睛"、"毒刺"，英国的"吹管"。便携式地空导弹的出现使装备地空导弹的国家和地区的数量大幅增加。典型的便携式地空导弹的主要性能参数如表1-6所列。

便携式地空导弹可由1或2名士兵携带，行军时背在肩上，作战时用立姿或跪姿肩扛发射。导弹采用红外寻的方式，可发射后不管。在便携式地空导弹基础上发展的多联装车载型可用4枚~8枚导弹齐射一个目标，大大增强了火力密度。此外，便携式导弹还具有战斗使用方便、操作维护简单、成本低等优点，不需要目标指示或引导设备的支持，只需要射手通过目视或简易瞄准设备将导弹对准目标方向即可射击，因此在作战使用上具有很高的灵活性。

但是，由于受自身结构与体积的限制，便携式地空导弹射程近、威力小、敌我识别困难、难以对付高速机动目标。SA-7导弹1972年初开始在越南战场使用，起初射击精度较高，但往往只能击中飞机尾喷管，大多数情况下不能有效地杀伤目标，后来由于美军使用了闪光弹，进行红外干扰，作战效果逐步降低。为此，苏联对SA-7进行了改进，将其发展成SA-7B导弹。

美国"毒刺"导弹和苏联SA-14（SA-16）导弹，此外还有法国的"西北风"和英国的轻型"标枪"导弹，一般称它们为第二代便携式地空导弹。这些导弹在作战空域、抗红外干扰能力、敌我识别能力和杀伤威力上相对第一代便携式地空导弹都有较大提高。

近年来，俄罗斯在SA-16基础上发展了SA-18便携式地空导弹，SA-18实现了导引头技术的双信道化，这被认为是便携式导弹的一大突破，因此SA-18也被称为第三代便携式地空导弹。同时，由便携式导弹与近程高炮构成的弹炮结合系统也在近年来得到了重视和发展。20世纪80年代中期，便携式地空导弹出现了第二个发展高潮期，后来被广泛使用。

1.4.3 第三代地空导弹武器系统（1970年至今）

从20世纪70年代开始，经过越南战争，第三、四次中东战争等较大规模的地区性冲突后，对空袭作战重要性的认识被提高到了一个新的高度，空袭与反空袭作战的形式与内容都发生了一些新的变化，这些变化主要体现在以下两个方面。

第一，空袭与反空袭对抗的强度呈大幅度提高趋势，由多种高性能空袭兵器实施的全方位、全空域、大密度、高强度空袭成为空袭作战的一种典型形式，如何对抗这种饱和型空袭成为反空袭作战的基本问题。在这种高强度的对抗局面下，传统的防空体系很难处于有利的地位，一旦体系中的某个环节被突破，整个体系就面临全面崩溃的危险。

第二，空袭与反空袭对抗开始向多样化发展，除了传统的轰炸与反轰炸的火力对抗之外，还普遍出现了电子侦察与反侦察、电子干扰与反干扰、电子摧毁与反摧毁、电子隐身与反隐身等电子对抗形式，各种以削弱或摧毁地空导弹作战能力为目标的高技术兵

表 1-6　便携式地空导弹主要性能参数

国别	名称与代号	典型目标	作战半径/km	作战高度/km	制导体制	动力系统	发射方式	研制/装备时间/年
美国	FIM-43 "红眼睛"	低空超低空飞机	5.5/0.5	2.7/0.15	光瞄+红外寻的	1台起飞发动机+1台固体	单兵肩射	1959/1966
美国	FIM-92 "毒刺"	低空超低空飞机	4.5/0.2	3.8	光瞄+红外/紫外寻的	1台起飞发动机+1台固体	单兵肩射	1972/1981
苏联	SA-7 (A/B) "箭" Ⅱ	低空超低空飞机	1.5/0.05 (A) 2.3/0.03 (B)	2.3/0.03	光瞄+红外寻的	1台起飞发动机+1台固体	单兵肩射	1960/1966
苏联	SA-14 "箭" Ⅲ	低空中速飞机	4.5/0.5	3/0.015	光瞄+红外寻的	1台起飞发动机+1台固体	单兵肩射	1968/1974
苏联	SA-16 "针" 1 (手钻)	低空中速飞机	5.2/0.5	3.5/0.01	光瞄+红外寻的	1台起飞发动机+1台固体	单兵肩射	1981
苏联	SA-18 "针" -M (松鸡)	低空超低空飞机	5.2/0.5	3.5/0.01	光瞄+红外寻的	1台起飞发动机+1台固体	单兵肩射	1983
法国	"西北风" (SATCP)	低空超低空飞机	13/0.6	4.5	光瞄+红外寻的	1台起飞发动机+1台固体	单兵三脚架倾斜发射	1980/1986
法国	"吹管"	低空慢速飞机	4.8/0.3	1.8	红外跟踪+无线电指令	1台起飞发动机+1台固体	单兵肩射	1961/1973
英国	"标枪"	低空慢速飞机	6/0.3	1.8	光眼+无线电指令	1台起飞发动机+1台固体	单兵肩射	1979/1985
英国	"星爆"	低空慢速飞机	4/0.5	3	无线电指令+激光驾束	1台起飞发动机+1台固体	单兵肩射或三脚支架发射	1979/1989
瑞典	RBS-70	低空超低空飞机	6/0.2	3	激光驾束	1台起飞发动机+1台固体	三脚支架发射	1969/1978
瑞典	RBS-90	低空超低空飞机	7/0.2	4	激光驾束	1台起飞发动机+1台固体	三脚支架发射	1984/1992

器被广泛采用。地空导弹作战所面临的敌人不再仅仅是空中的飞机，还包括敌方各种各样的侦察设备、干扰设备，以及反辐射导弹、精确制导炸弹等。

可以说，地空导弹开始面临着一种异常复杂的作战环境，第一代、第二代地空导弹武器系统已很难适应这一新情况。

形势的变化推动着地空导弹的发展，针对干扰、机动、饱和攻击、隐身目标、反辐射导弹和战术弹道导弹等空中威胁的特点，地空导弹武器系统的发展着力于提高抗干扰能力，抗饱和攻击，提高对付多目标、小目标和反导能力以及提高自动化程度等方面。同时，微电子技术、计算机技术、雷达技术、导弹技术等高技术的进步为这一发展提供了坚实的技术支持。

20世纪70年代，在传统雷达技术的基础上，相控阵天线、脉冲压缩、脉冲多普勒等新的雷达技术与体制逐步趋于成熟；高性能固体发动机的出现，为研制新型导弹提供了必要的动力装置；大规模数字集成电路技术和计算机技术的发展，使电子设备，尤其是弹上电子设备更加小型化、智能化和高性能化。正是具备了这样一些技术条件，从20世纪70年代末期开始，苏、美两国先后研制成功了新型的地空导弹武器系统，通常把这一时期及其以后发展的地空导弹武器系统称为第三代地空导弹武器系统。第三代地空导弹武器系统的典型型号有美国的"爱国者"系列和俄罗斯的С-300ПМУ系列。

最早的具有代表性的第三代地空导弹武器系统是美国的"爱国者"。它采用了多功能相控阵雷达，可同时制导8枚导弹攻击多个空中目标，"爱国者"导弹的改进型还具有一定的反战术弹道导弹能力。俄罗斯的С-300ПМУ（SA-10）和С-300В（SA-12）两种型号导弹对付多目标的能力更强，特别是С-300В具有较强的反战术弹道导弹的能力。第三代地空导弹武器系统的主要性能参数如表1-7所列。

与第二代地空导弹武器系统相比，第三代地空导弹武器系统具有以下3个特点。

（1）具备全空域内的作战能力。第三代地空导弹武器系统射击空域同时覆盖高、中、低空。

（2）实现了真正的多目标射击能力。С-300ПМУ一个火力单元可以同时射击6个目标，"爱国者"导弹可以同时射击3~5个目标，这与第二代地空导弹武器系统通过设置多个火力单元所实现的多目标射击能力相比是一个质的提高。

（3）电子对抗能力较强。第三代地空导弹武器系统具有较强的反电子干扰和一定的抗反辐射导弹攻击的能力，其中"爱国者"导弹的雷达还具有反电磁侦察的能力。

在技术上，第三代地空导弹武器系统采用了高性能的相控阵天线，这种天线的瞬时波束定向能力使制导雷达可以同时跟踪多批目标并引导多发导弹同时射击，这是第一代、第二代地空导弹武器系统所广泛采用的抛物面天线雷达无法达到的。相控阵天线的使用使制导系统的总体性能极大提高，可以说，相控阵制导雷达是第三代地空导弹武器系统的一个典型标志。

第三代地空导弹武器系统广泛采用复合制导体制，制导精度高、抗干扰能力强，可在严重的电子干扰环境下将导弹准确地导引向目标。导弹采用单级高能固体火箭发动机、单尾翼和一体化筒弹结构，不但使用维护方便，而且发射速度快、射程远、机动性好、威力大。第三代地空导弹武器系统广泛采用了先进的计算机、电子电路和机械工艺技术，因此具有车辆少、机动性强、自动化程度高、反应时间短等特点，能广泛适应区域防空和野战防空作战的需要，系统的生存能力和独立作战能力很强。

表1-7 第三代地空导弹武器系统主要性能参数

国家及地区	名称与代号	典型目标	作战半径/km	作战高度/km	制导体制	动力系统	发射方式	研制/装备时间/年
美国	"爱国者"PAC-1	高性能飞机各型导弹	83(100)/3	24/0.3	程序+指令+TVM	单级固体	4联装箱式倾斜发射	1972/1985
	"爱国者"PAC-2	高性能飞机各型导弹	—	—	程序+指令+TVM	单级固体	4联装箱式倾斜发射	—
	"爱国者"PAC-3	高性能飞机各型导弹	—	—	程序+指令+主动雷达寻的	单级固体	16联装箱式倾斜发射	—
俄罗斯	SA-10A(C-300ПМУ)	高性能飞机各型导弹	90/5	25/0.025	程序+指令+TVM	单级固体	4联装筒式垂直发射	1979/1985
	SA-10B(C-300ПМУ-1)	高性能飞机各型导弹	150/5	27/0.025	程序+指令+TVM	单级固体	4联装筒式垂直发射	1985/1992
	SA-12A(C-300B)	高性能飞机各型导弹	75/6(飞机)40/6(导弹)	25/0.025	惯导+无线电指令修正+半主动雷达寻的	单级固体/二级固体	4联装筒式垂直发射	1979/1986
	SA-12B(C-300B)	高性能飞机各型导弹	100/13(飞机)40/13(导弹)	30/1	惯导+无线电指令修正+半主动雷达寻的	单级固体/二级固体	双联装筒式垂直发射	1979/1992
	C-300ПМУ-2"骄子"	高性能飞机各型导弹	200/5	27/0.01	程序+指令+TVM	单级固体/二级固体	4联装筒式垂直发射	—
	C-400"凯旋"	高性能飞机各型导弹	400	30/0.01	程序+指令+主动雷达寻的	单级固体/二级固体	4联装筒式垂直发射	—
中国台湾	"天弓"-Ⅰ	高性能飞机	60	23/0.03	程序+指令+半主动雷达寻的	单级固体	4联装箱式倾斜发射	1982/1993
	"天弓"-Ⅱ	高性能飞机各型导弹	80	25/0.03	程序+指令+主动雷达寻的	二级固体	双联装箱式垂直发射	1983/1994

第三代地空导弹武器系统是现代雷达技术、导弹技术、控制制导技术的集中体现，由于其技术难度大、研制成本高，目前除中、美、俄三国外，其他国家尚不具备独立研制的技术与经济实力。英、法、德等北约国家在近年来一直试图通过共同投资、联合研制的方式发展第三代地空导弹武器系统。

第三代地空导弹武器系统从20世纪80年代中后期开始，进入了改进阶段。在1991年海湾战争中，美军用PAC-2对伊拉克的"飞毛腿"和"侯赛因"战术弹道导弹进行拦截。

"爱国者"的第三代改进型PAC-3具备精确拦截弹道式目标的能力，它被作为美国"战区弹道导弹防御系统"的最后一级，用来在大气层内和低高度外层空间（40km以下）拦截处于末段的弹道式目标。

早在20世纪80年代初期，苏联就开始发展其С-300地空导弹武器系统的改进型。С-300系列的第一种型号是С-300П（北约代号SA-10，П代表机动性），大约于1979年装备，采用全段指令制导的5B55K型导弹，射程仅47km。后来，苏联研制了采用TVM制导的5B55P型弹，射程达到75km，相应的系统型号为С-300ПМ。这两种型号能同时射击3批目标，装备量较少。1982年后，苏联开始重点改进С-300ПМ的制导雷达，使之能同时跟踪6批目标并引导12发导弹，这就是С-300ПМУ（北约代号SA-10a）武器系统，它是С-300ПМУ系列中第一个大量投入使用的型号，1985年正式装备。С-300ПМУ型导弹装备后，仍发现存在许多缺陷和进一步改进提高的余地，于是从80年代中、后期开始，苏联开始发展新的改进型。苏联解体后，俄罗斯开始独立继续进行这一研制工作。1992年前后推出了С-300ПМУ型导弹的改进型С-300ПМУ-1（北约代号SA-10B）。С-300ПМУ-1型导弹在性能、结构上与"爱国者"PAC-2型导弹相类似。С-300ПМУ-1型导弹继承了С-300ПМУ原型的基本特点，扩大了杀伤空域，增加了对弹道式目标的射击能力，提高了系统的总体作战性能。

在以反飞机等空气动力目标为主的С-300ПМУ系列导弹发展的同时，苏联由另外一个独立的设计局并行进行以反战术弹道导弹为主的С-300B（B代表高机动性）地空导弹的研制。在经历了一系列的改进后，1993年前后正式定型并供出口，西方称之为SA-12。С-300B采用两种不同型号的导弹分别对付一般飞行目标和战术弹道导弹，除采用了С-300ПМУ系列导弹通用的一些技术外，还发展了一系列专门用来对付弹道目标的技术与工作体制，是世界上第一种投入使用的专用反战术弹道导弹武器系统。

С-300B是一种以战术弹道导弹为主要目标的地空导弹，它的作用与"爱国者"PAC-3相类似，但发展的方向不同。PAC-3的导弹体积小、速度快，末段采用以主动雷达寻的为主的复合自导引方式，制导精度高，其战斗部质量只有几十千克，采用高速动能杀伤方式（kinetic kill vehicle，KKV），可有效地摧毁战术弹道导弹等坚固目标。С-300B则采用更大型的导弹，射程远、速度快，尽管仍沿用传统的爆破式战斗部，但由于采用了定向集束爆炸方式，对各类目标均具有很强的杀伤能力。除了导弹方面有较大的改进外，PAC-3与С-300B基本上均沿用了其原型兵器的主要工作体制，但在系统构成与作战方式上均有很大变化。С-300B基本上类似于一个С-300ПМУ-1的一种扩展型，它将原来配备于С-300ПМУ-1团的目标指示雷达（83M6E）移植到营里，作为营搜索指挥雷达；将原来各个营的照射制导雷达配备到各个发射单元，使每个发射单元均具备独立作战能力。每个营可同时射击 24 个目标，相当于一个 C-300ПМУ-1 团的射击能力。同时，由于简化并缩减了辅助保障设备，营内装备数量基本没有增加，保留了 C-300ПМУ 兵器地面机动性好的特点。

"爱国者"和 C-300ПМУ 地空导弹基本体现了 20 世纪 80 年代至 90 年代世界地空导弹的主要发展方向，因此这两种导弹基本上走的是同一条发展道路，不管其原型还是改进型，都存在很强的相似性，总体作战性能也差别不大。但由于美、俄（苏）两国各自技术优势不同，两种系列兵器还是存在一定差异。"爱国者"导弹所采用的计算机技术比 C-300ПМУ 先进得多，在武器系统管理、情报信息处理、数字信号处理和智能化等"软"功能方面有较大的优势；C-300ПМУ 导弹在导弹发动机、垂直发射等"硬"技术方面领先于"爱国者"导弹。其中 C-300ПМУ 导弹首次在地空导弹武器系统中采用导弹垂直发射技术，这种发射方式与传统的倾斜发射相比，反应快，灵活性高，消除了发射盲区，简化了发射装置，避免了由于发射架随动对系统作战带来的种种限制。

除了地空导弹外，在这一时期舰空导弹也有了较大的发展。苏联和北约国家一般采用从陆用导弹移植的方法发展舰空导弹。美国则比较注重整个军舰和舰队防空的有机性，因此主要由海军进行独立发展，其中最先进最具代表性的是以"标准"导弹为主体的"宙斯盾"舰载防空武器系统。目前"标准"已有 3 种改型，"宙斯盾"也发展了三代，主要装备于美国海军航母编队的驱逐舰和导弹护卫舰。

第三代地空导弹武器系统的性能有以下几个特点。

（1）作战空域大。射程可由几千米至几百千米，射高可由几十米到几万米，可有效地构成高、中、低空，远、中、近程火力配系。

（2）多目标能力强。第三代地空导弹武器系统普遍具有多目标能力，从初期的可同时攻击 3 个目标到目前的可同时攻击 6~8 个目标。

（3）拦截目标种类多。第三代地空导弹武器系统不仅能拦截各种作战飞机，而且对隐身飞机、战术弹道导弹、巡航导弹、空地导弹等多种类型的目标具备一定的拦截能力。

（4）抗干扰性能好。第三代地空导弹武器系统普遍采用复合制导体制、相控阵雷达，雷达普遍采用全相参体制、自适应频率捷变等抗干扰措施，使第三代地空导弹武器系统的抗干扰性能得到很大程度的提高。

（5）自动化程度高。武器系统从搜索、跟踪目标、判明敌我到发射导弹、摧毁目标可实现自动控制。

（6）战斗部威力大，杀伤概率高。战斗部的杀伤半径一般为数十米，单发杀伤概率一般为 0.7，两发杀伤概率达 0.9 以上。采用动能杀伤方式的导弹，甚至可直接与目标碰撞，利用高速动能毁伤目标。

思 考 题

1. 地空导弹武器系统如何定义？地空导弹武器系统如何分类？
2. 地空导弹武器系统由哪些部分构成？各分系统的功能是什么？

3. 搜索跟踪系统由哪些部分组成？
4. 制导系统由哪些部分组成？
5. 制导回路、稳定回路的定义是什么？
6. 叙述地空导弹武器系统的典型作战过程。
7. 地空导弹武器系统主要战术指标有哪些？
8. 地空导弹武器系统主要技术指标有哪些？
9. 第一代、第二代、第三代地空导弹武器系统各有哪些特点？

第 2 章 搜索跟踪系统

雷达可提供对战场环境的监视以及对武器系统的控制能力，是最重要的军事探测装备之一。在地空导弹武器系统中，主要依靠雷达完成对目标的搜索、跟踪与识别等任务。此外，武器系统中的雷达还要负责对导弹的制导和拦截效果的评估，其作用和地位是十分特殊和重要的。

地空导弹武器系统中雷达设备主要包括目标搜索指示雷达（简称目指雷达）和制导雷达，此外，有的武器系统中还包括导引头雷达和引信雷达。随着雷达技术的发展，目标指示雷达和制导雷达所使用的技术已趋于一致，因此本章将其合并在一起，从武器系统功能分系统的角度进行介绍，称为搜索跟踪系统。从功能上讲，武器系统中的雷达完成的主要任务是基本一致的，主要包括对目标的搜索、截获、跟踪与识别等，其对导弹的跟踪过程与目标类似。需要注意的是，雷达作为目标和导弹的主要测量设备，它获取的数据是制导系统工作的重要输入，关于制导系统，将在第 4 章做详细介绍。

2.1 雷达工作原理

雷达是英文 Radar 的音译，Radar 是英文 Radio Detection and Range 的缩写，其含义是无线电探测和测距，即用无线电方法发现目标并测定目标在空间的位置。因此，雷达也称为"无线电定位"。随着雷达技术的发展，雷达的任务不仅是测量目标的距离、方位角和高低角，而且包括测量目标的速度，以及从目标回波中获取更多的有关目标的信息。

从 1886 年至今，雷达的发展已经走过了 100 多年的历程。1886 年，德国科学家赫兹验证了电磁波的产生、接收和目标散射这一雷达工作基本原理；1903 年，德国科学家克里斯琴·赫尔斯迈耶研制出原始的船用防撞雷达，并获得专利权；1935 年，英国和德国的科学家第一次验证了对飞机目标的短脉冲测距，至此，科学家才真正找到了赫兹基本原理的应用，并赋予它在军事应用领域强大的生命力；1937 年，由罗伯特·沃森·瓦特设计的世界第一部可使用的雷达 *Chain Home* 在英国建成；1938 年，美国生产了 3100 部陆军通信兵用的 SCR-268 防空火控雷达，该雷达探测距离大于 100n mile（1n mile≈1.85km），工作频率为 200MHz；1939 年，研制成功第一部舰载雷达-XAF，安装在美国海军"纽约号"军舰上，该雷达对飞机的探测距离为 85n mile。

第二次世界大战期间，欧洲战场上部署的上千部雷达在战争中发挥了重大作用。第二次世界大战后，雷达技术得到了突飞猛进的发展，这一时期出现了雷达的两个关键部件，即收发开关和磁控管。收发开关的发明使接收和发射可共用一副天线，简化了雷达系统，而大功率磁控管的出现，使雷达的探测性能获得了极大的提高。

第二次世界大战结束后，美国集中许多国家专门从事雷达研究的专家，编写了雷达技术丛书，该套丛书共28本，全面系统地总结了雷达的基本理论和技术，为雷达技术的发展奠定了坚实的理论基础。

第二次世界大战结束后，人们认识到雷达在战争中发挥的巨大作用，各国竞相研制和部署了各种类型的雷达，以增强防空作战能力。同时，雷达在民用领域也得到了广泛的应用。

随着大规模、超大规模集成电路和微型计算机的问世和广泛应用，使雷达技术的发展日臻完善，许多新技术应用于雷达，雷达的功能越来越完善，雷达在现代战争中的作用也越来越重要。

雷达是通过发射电磁波信号，接收来自其威力覆盖范围内目标的回波，并从回波信号中提取位置和其他信息，以用于探测、定位，以及有时进行目标成像识别的电磁系统。该概念是对原始术语"无线电探测与测距"的扩展。如果将雷达功能进一步具体化，它是利用目标对电磁波的反射来发现（检测）目标，测量目标空间位置和运动状态（距离、角度、速度），测定目标的电磁敏感物理参数的无线电设备。

2.1.1 雷达工作基本条件

雷达是利用电磁波进行工作的，其基本依据如下。
（1）电磁波具有直线定向传播的特性。
（2）目标对电磁波的散射特性。
（3）电磁波的传播速度等于光速。
（4）运动目标对电磁波会产生多普勒频移效应。

当雷达探测到目标后，就要从目标回波中提取有关信息，对目标的距离和空间角度定位，目标位置的变化率可由目标距离和角度随时间变化的规律中得到，并依据这些规律建立对目标的跟踪。

目标在空间的位置可用多种坐标系描述，最常见的是直角坐标系，即空间任一点 P 的位置可用 x、y、z 三个坐标值确定；在雷达应用中，测定目标坐标常采用极坐标，空间任一点 P 的位置可用斜距 R、高低角 ε、方位角 β 三个坐标值确定，如图2-1所示。斜距 R 表示雷达到目标的直线距离；方位角 β 表示目标斜距 R 在水平面上的投影与基准方向在水平面上的夹角；高低角 ε 表示目标斜距 R 与它在水平面上的投影的夹角。

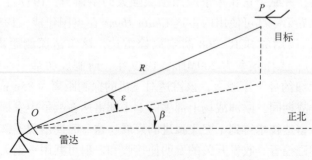

图2-1 用极坐标描述目标位置

2.1.2 雷达测量原理

1. 测距原理

雷达测量目标距离是基于电磁波在空间以等速传播这一物理现象实现的。雷达根据目标回波延时和电磁波传播速度进行目标距离的测量，即目标距雷达的斜距由雷达信号往返于目标与雷达之间的时间确定。

以脉冲雷达为例，在雷达工作时，雷达天线按一定的重复周期间断地向空中辐射脉冲形式的电磁波，电磁波在空中直线传播，当遇到目标时，电磁波被目标反射，一部分目标回波被雷达接收天线接收。由于回波信号是从雷达出发，经目标反射的信号，该信号经历了从雷达到目标，而后又从目标返回雷达的历程，因此它将滞后发射脉冲一个时间间隔 t_d，如图2-2所示。

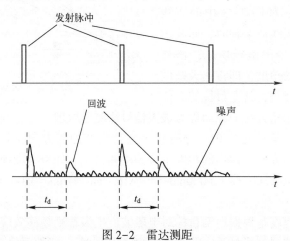

图2-2 雷达测距

从物理学知识可知，电磁波是以光速 c 传播的，若目标距离雷达的距离为 R，则信号传播的距离等于光速 c 乘上时间间隔 t_d，即

$$R = \frac{1}{2}ct_d \tag{2-1}$$

式中：R 为目标到雷达站的单程距离；c 为光速（电磁波传播速度）；t_d 为目标回波延时（电磁波往返于目标与雷达之间的传播时间）。

式（2-1）称为雷达测距公式。由于电磁波传播的速度很快，因此雷达中常用的时间单位为微秒（μs），$1\mu s = 10^{-6}$ s。取光速 $c = 300$ m/μs，则雷达测距公式可写为

$$R = \frac{1}{2} \times 300 \times t_d = 150 t_d (\text{m}) = 0.15 t_d (\text{km}) \tag{2-2}$$

能测量目标的距离是雷达的一个突出特点，测距的精度和分辨率与发射信号的带宽（脉冲宽度）有关。脉冲越窄，雷达的测距性能越好。

由于连续波雷达是以相同的功率连续向空间辐射电磁波，目标回波没有明显的标记，因此无法测距。如果要使用连续波雷达测定目标的距离，则需要对信号进行调制或编码。

2. 测角原理

雷达测角是利用电磁波具有直线和定向传播的特性，通过天线的方向性、定向发射和接收功能实现的。雷达天线具有方向性，雷达天线向空间辐射的电磁波不是均匀地向四面八方传播，而是像手电筒的灯光一样聚焦成束定向辐射。当天线旋转时，波束也随之旋转，只有天线波束扫描探测到目标，才能有目标反射的回波，因此根据显示器上目标回波出现时天线波束的指向即可确定目标的角度。天线波束的指向，即为目标的方位角 β，天线波束指向的仰角即为目标的高低角 ε。

天线口径尺寸和辐射信号的波长决定了天线波束宽度。天线孔径尺寸越大、波长越小、天线波束宽度越窄，测角精度和角分辨率就越高。雷达天线将电磁波的能量汇集在窄波束内，当天线波束轴对准目标时，回波信号最强，如图2-3中的实线所示；当目标偏离天线波束轴时，回波信号减弱，如图2-3中的虚线所示；信号幅度最大时所对应的角度，即雷达天线波束中心指向目标的时刻，就是目标的方位角或高低角。这种测角方法的原理称为最大信号法测角原理。

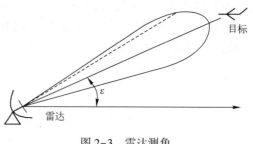

图2-3 雷达测角

雷达中常用方位角正北为0°，顺时针为方位角增加的方向；高低角以水平为0°，上仰为高低角增加的方向。常用的角度单位为度和密位。如果将圆周均分为6000等分，每一等分称为1密位，360°等于6000mil，1°≈16.7mil，1mil＝0.06°＝3.6′。

3. 测速原理

雷达测量目标速度是根据运动目标对电磁波产生多普勒频移效应进行的。当雷达发射一定频率的电磁波遇到目标后，只要目标相对雷达有一定的运动速度（径向速度），接收到的由目标反射的回波信号的载波频率相对于发射信号的载波频率就会产生一个频移，这种频移称为多普勒频移，其值为

$$f_\mathrm{d} = \frac{2v}{\lambda}\cos\theta_\mathrm{r}^\mathrm{v} = \frac{2v}{c}f_0\cos\theta_\mathrm{r}^\mathrm{v} = \frac{2v_\mathrm{r}}{c}f_0 = \frac{2v_\mathrm{r}}{\lambda} \tag{2-3}$$

式中：f_d为运动目标对电磁波产生的多普勒频移（Hz）；f_0为雷达发射脉冲信号的载波频率（Hz）；v为目标运动速度（m/s）；v_r为雷达和目标间的径向相对运动速度（m/s）；$\theta_\mathrm{r}^\mathrm{v}$为目标运动方向和雷达视角之间的夹角；$\lambda$为雷达电磁波波长（m）。

当目标向着雷达运动时，$v_\mathrm{r}>0$，回波载波频率提高，回波信号的频率为f_0+f_d；反之，当目标背离雷达运动时，回波载波频率降低，回波信号的频率为f_0-f_d；当目标相对于雷达做切向飞行时，目标运动方向和雷达视角之间的夹角$\theta_\mathrm{r}^\mathrm{v}=90°$，则$f_\mathrm{d}=0$；如果是固定目标，$f_\mathrm{d}=0$，则回波信号的频率不变，仍为$f_0$。因此，只要雷达测出目标回波信号的多普勒频移$f_\mathrm{d}$，即可通过$v_\mathrm{r}=\frac{\lambda}{2}f_\mathrm{d}$确定目标与雷达之间的径向速度。

2.1.3 雷达的基本组成

雷达的基本任务是搜索发现目标，并测量目标的距离、角度、速度等参数，具有产

生、传输、辐射和接收电磁波，测量电磁波往返时间以及指示目标方向的功能。图2-4为典型脉冲雷达的组成框图，它包括天线、伺服机构、发射机、收发开关、激励器、同步器、接收机、信号处理机和显示器等，下面介绍几个关键的组成部分。

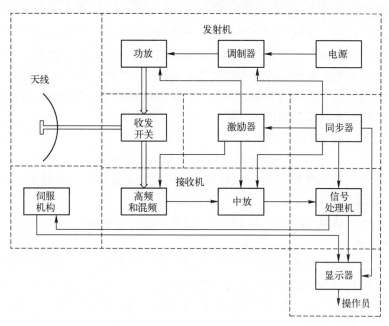

图2-4　典型脉冲雷达组成框图

1. 天线与伺服机构

雷达天线担负着辐射和接收电磁波的双重任务，雷达天线具有很强的方向性，目前典型的脉冲雷达，发射和接收天线是共用的，在一个发射周期内，发射机通过天线发射一个脉冲信号，收发转换开关自动转换到接收位置，天线开始接收目标反射回来的回波信号。

雷达天线波束在指定的空域以一定的样式扫描，以便发现目标和测量目标的参数。由于雷达的用途不同，雷达天线的波束形状和扫描样式也不相同。雷达天线波束最常见的是扇形波束和针状波束。扇形波束形如扇面，其水平和垂直面内的波束宽度差别很大，通常波束宽度在水平面内很窄，因此具有较高的方位角测角精度和角分辨力，扇形波束的主要扫描样式有圆周扫描和扇形扫描。针状波束在水平和垂直面波束宽度都很窄，采用针状波束可同时测量目标的距离、方位角和高低角，且方位角和高低角的分辨力和测角精度都较高。针状波束的缺点是波束窄，扫完一定空域所需的时间较长，雷达的搜索能力较差。针状波束的主要扫描样式有螺旋扫描、分行扫描和锯齿扫描。螺旋扫描在方位角上进行快速扫描，同时高低角缓慢上升，到顶点后快速降到起点再重新进行扫描；分行扫描在方位角上进行快速扫描，在高低角上进行慢速扫描；锯齿扫描在高低角上进行快速扫描，而在方位角上进行慢速扫描。

实现天线波束扫描的基本方法有机械扫描和电扫描两种。机械扫描结构简单，但由于机械惯性大，扫描速度不高；电扫描采用电子技术实现天线波束的空间扫描，波束控制灵活、方便、迅速，在现代雷达中广泛采用。

伺服机构即天线控制系统，用来控制天线转动，使天线波束按一定方式在空间移动，以搜索和跟踪目标，并不断地把天线所指方向传送到显示器或其他指示装置，以便在测量目标距离时，测定目标的方位角和高低角。

2. 发射机

发射机的任务是，在同步器产生的触发脉冲的控制下，由调制器给射频功率放大器加上高压脉冲，与此同时，来自激励器的射频激励信号加到该放大器上，由此产生高功率射频发射脉冲信号。各个脉冲信号的持续时间很短，彼此之间的间隔时间很长。在很长的间隔时间内，发射机积蓄大量的能量，然后在很短的时间内集中发射出去，因此发射的脉冲信号的脉冲功率很强。

雷达信号是一种窄带高频信号：

$$s(t)=a(t)\cos[2\pi f_0 t+\varphi(t)] \tag{2-4}$$

式中：$a(t)$为雷达信号调制包络（也称幅度）；f_0为雷达信号调制频率（也称载波频率）；$\varphi(t)$为雷达信号调制相位。

因此，描述雷达信号的3个主要特征参数为幅度、频率和相位。

3. 收发开关

发射机产生的强大射频脉冲信号通过微波传输器件传送到天线，然后辐射到空中，经目标反射后的回波信号通过天线接收并送往接收机。为了收发共用一副天线，需要设计收发转换开关，它在雷达发射时将发射机与天线接通，断开接收机；在接收时将天线接通接收机，断开发射机。

4. 同步器

在雷达工作时，同步器根据主振源提供的基准信号，按一定时间间隔自动产生周期性短促的触发脉冲，此触发脉冲被送到雷达各分机中，控制各分机的工作，保证雷达系统全机同步工作，协调一致。

5. 接收机

目标回波被天线接收并通过微波传输器件进入接收机，雷达接收天线接收到的目标回波信号一般都非常微弱，并且夹杂着大量的噪声。接收机需对接收天线送来的信号进行滤波放大，使目标的回波信号放大，而噪声得到抑制。由于雷达发射的电磁波信号的形式不同，其相应的滤波器的具体形式也随之有所差异，但基本原理是相似的。雷达信号的频谱只在某一频率范围内较强，其他部分较弱，而噪声的频谱在很宽的范围内分布较均匀，滤波器的功用就是保证信号的频率分量顺利通过，阻止信号以外的频率分量通过，从而相对加强了信号的强度并抑制了噪声。

6. 显示器

显示器是雷达的终端设备，完成对信号的处理，并将雷达的输出转换成观察者所要求的形式，并按要求进行显示。早期雷达的终端设备是显示器，它显示目标的回波信号，指示目标的位置和数量，建立目标的航迹。显示器在定时器触发脉冲的作用下，示波管的扫描基线与发射机的发射脉冲同步，在显示器的荧光屏上显示出发射脉冲和目标回波，依据发射脉冲和目标回波间的时间间隔即可确定目标的斜距。近代雷达一般在终端设备上用专用计算机对信号进行数字处理，并具有数码或符号等多种显示形式。

雷达工作时，定时器控制发射机产生大功率高频矩形脉冲串，经过射频传输器件馈送到天线,由天线向空间定向辐射电磁波;在天线控制系统的操纵下,天线波束按照指定的方式在空间扫描;当电磁波照射到目标后,目标反射部分电磁波回到雷达天线,经过射频传输器件进入接收机,再经过信号放大、变换后,送到雷达终端设备进行目标的观测和测定。

由于数字技术和计算机技术的发展和应用,雷达处理目标数据的能力大大加强,功能日益完善。目前,计算机已成为整个雷达系统的控制中心,计算机控制天线的扫描,实现对目标的搜索和跟踪,控制发射机调制波形,控制接收系统对信号进行数字检测和处理,显示多种数据。近代雷达可同时处理上百批目标。

2.1.4 雷达的分类

雷达按功能结构特点分为单基地雷达和双/多基地雷达两大类,单基地雷达是将雷达的发射机和接收机安装或放置于同一地点,而双/多基地雷达是将具有很高时空同步技术的发射机和接收机分别安装在相距很远的两个或多个地点上,地点可以设在地面、空中平台或空间平台上。

雷达按是否发射电磁波分为有源雷达和无源雷达两大类。无源雷达本身不发射电磁波,利用目标自身辐射或散射的信号搜索跟踪目标,因此它难以被对方的侦察系统发现,利于隐蔽,从而增强了雷达的抗干扰能力,也具有较好的反隐身目标的性能。有源雷达则正好相反,雷达需要发射电磁波,根据接收到的目标回波信号搜索跟踪目标。下面从其他角度进行分类介绍。

1. 按功用分类

雷达按功用可分为许多类型,这些类型之间可能存在一定的交叉现象。随着雷达技术的发展,同时能担负多种任务的雷达不断出现,其在功用上的交叉现象会更为突出。

1) 警戒雷达

警戒雷达主要用来发现远距离的敌机或导弹,并测量其坐标,以便及早发出警报,为防空作战提供预警信息。目前,一般的警戒雷达探测距离为 300~500km,先进的超远程警戒雷达的探测距离可达 4000km。如美国的"铺路爪"远程警戒雷达对 RCS 为 $10m^2$ 的目标探测距离可达 5500km,可对 3000km 外的战术弹道导弹目标进行监控。

对警戒雷达测定坐标的精度和分辨率要求不高,测量距离的误差一般为几千米,方位误差一般为 1°~2°。

2) 引导雷达

引导雷达用来引导己方作战飞机进入指定的作战区域,并对作战进行指挥。因此,要求引导雷达能精确测定目标的距离、方位和高度,并能进行必要的引导计算。引导雷达的作用距离比较远,一般在 200km 以上。为充分发挥雷达的作用,目前有些引导雷达和警戒雷达在使用上往往不做严格区分。对引导雷达的特殊要求是可同时检测多批目标,并能精度较高地测定目标的 3 个坐标。预警机上装备的雷达即属于预警引导雷达的范畴。

3) 火控雷达

火控雷达分为炮瞄雷达和制导雷达。炮瞄雷达用来控制火炮对目标进行自动跟踪,并和指挥仪配合对空中目标进行瞄准射击,对其的要求是,能够连续、快速、准确地测定目标的坐标，并迅速将射击数据传递给火炮。火控雷达的作用距离较小，一般只有几十千米，但对测量的精度要求很高。制导雷达用来控制己方导弹攻击目标，在导弹飞向目标的过程中，制导雷达要对目标进行连续的测定并进行跟踪，同时要不断测定己方导弹的位置，并控制导弹按理想弹道飞向目标。

4）测高雷达

测高雷达是一种专门测量高度的雷达，它常与警戒雷达或引导雷达配合使用，以弥补这两种雷达在测高精度方面的不足。

装在飞机上的无线电测高仪实际上是一种连续波调频雷达，起着测高雷达的作用，用来测量飞机距离地面或海面的高度。

5）引信雷达

引信雷达是装在导弹或炮弹上的小型雷达，用于控制战斗部或炮弹的起爆时间。当导弹或炮弹距目标的距离小于战斗部或炮弹的杀伤半径时，适时引爆导弹战斗部或炮弹，有效毁伤目标，提高射击命中概率。

除了以上类型的雷达外，还可根据用途不同分为航海雷达、气象雷达、天文雷达、地形跟踪雷达、炮位侦察校射雷达等。

2. 按信号形式分类

1）脉冲雷达

脉冲雷达发射信号的调制波形为矩形脉冲，并按一定的重复周期工作，脉冲雷达是目前使用最广泛的雷达体制。脉冲雷达在不发射脉冲的间歇期间，接受目标的回波脉冲，利用回波脉冲相对于发射脉冲的间隔时间，测定目标的距离。由于发射与接收分别在不同时间进行，所以发射和接收可共用一个天线。

脉冲雷达按其工作特点又可分为单脉冲雷达、脉冲多普勒雷达、脉冲压缩雷达等类型。

脉冲多普勒体制雷达具有脉冲雷达的距离分辨力和连续波雷达的速度分辨力，并且有更强的抑制杂波的能力，能在较强杂波背景中分辨出运动目标的回波。

脉冲压缩雷达采用宽脉冲发射以提高发射的平均功率，保证足够的最大作用距离；而在接收时则采用相应的脉冲压缩法获得窄脉冲，以提高距离分辨力。脉冲压缩体制有效地解决了距离分辨力和作用距离之间的矛盾，20世纪70年代以后研制的新型雷达绝大部分采用脉冲压缩体制。脉冲压缩体制最显著的特点：一是平均功率较高，扩大了雷达的探测范围；二是具有良好的距离分辨力；三是有利于提高系统的抗干扰能力。

2）连续波雷达

连续波雷达发射连续的正弦波，主要用来测定目标的速度，如果还要同时测定目标的距离，则需要对信号进行频率或相位调制。假如对连续的正弦信号进行周期的频率调制，则称该雷达为连续波调频雷达。连续波雷达与脉冲雷达相比，具有较好的反侦察能力，以及较好的距离和速度分辨能力。

3. 按工作波长分类

按雷达工作的波长分类可分为米波雷达、分米波雷达、厘米波雷达、毫米波雷达、太赫兹雷达、激光雷达等。雷达的工作波长根据雷达的用途决定，雷达的工作波长从雷达的外形，尤其是天线的形状和尺寸即可基本判定。

警戒雷达多采用米波雷达，对空监视雷达多采用分米波雷达，炮瞄雷达和制导雷达多采用厘米波雷达，导引头多采用毫米波雷达，目前正在研制的先进地空导弹已开始采用毫米波雷达导引头。

4. 按目标坐标数分类

按雷达测量目标坐标数分类可分为两坐标雷达（如测量距离和方位角、测量距离和高低角的雷达）和三坐标雷达（测量距离、高低角和方位角）。

三坐标雷达能同时测量空中多批目标的距离、方位角和高低角（或高度），三坐标雷达的天线在方位上多采用机械转动方式，实现波束的360°范围扫描；而在仰角上采用多波束或点扫描的方法覆盖所要求的仰角范围。

5. 按天线工作方式分类

按天线工作方式可将雷达的类型分为机械扫描雷达、相控阵雷达、合成孔径雷达等。

1) 机械扫描雷达

机械扫描雷达通过机械随动方式在方位角和高低角上转动天线，从而实现波束的空间扫描。机械扫描的优点是简单；主要缺点是机械运动惯性大，扫描速度不高。近年来快速小目标（TBM、精确制导弹药等）的威胁越来越大，要求雷达采用高增益极窄波束，因此天线口径面往往做得很大，加上波束快速扫描的要求，采用机械扫描方式已无法满足要求，必须采用电扫描方式。

2) 相控阵雷达

相控阵雷达是一种多功能高性能的新型雷达，其天线阵由许多天线辐射单元排成的阵列组成，这种天线称为相控阵天线，其扫描方式是电子扫描方式。相控阵雷达天线通常是由几十个乃至数十万个辐射单元排列组成的平面阵列定向天线，天线波束扫描时天线不动，利用波束控制计算机按一定程序控制天线阵的移相器，改变天线阵面上的相位分布，从而使波束在空间按一定规律进行扫描，因此该种类型雷达称为相控阵雷达。电子扫描方式与机械扫描方式相比，扫描更灵活、性能更可靠、抗干扰能力更强，能快速适应战场条件的变化。相控阵雷达是雷达信号技术、信号处理技术、新型器件（功率微波器件、高速专用微处理器、微波单片集成电路等）以及计算机技术相结合的产物。相控阵雷达的优点是：波束指向灵活，能实现无惯性快速扫描，数据率高；一个雷达可同时形成多个独立波束，分别实现搜索、识别、跟踪、制导、无源探测等多种功能；目标容量大，可在空域内同时监视、跟踪数百个目标；对复杂目标环境的适应能力强；抗干扰性能好等。但相控阵雷达设备复杂、造价高，且波束扫描范围有限，最大扫描角为90°~120°。当进行全方位监视时，需配置3或4个天线阵面或采用转动天线方式实现全方位监视。多功能相控阵雷达已广泛用于地面远程预警系统、机载和舰载防空系统、炮位测量、靶场测量等。

3) 合成孔径雷达

合成孔径雷达利用雷达与目标之间的相对运动所产生的多普勒频移，经过信息处理（多普勒匹配滤波或相关积分）提取出多普勒频移，从而达到提高方位分辨力的目的。合成孔径雷达通常安装在移动的空中或空间平台上，通过对雷达在各个不同位置上接收到的目标回波信号进行相干处理，就相当于在空中安装了一个大孔径的雷达。合成孔径雷达利用小孔径天线就能获得大孔径天线的探测效果，具有很高的目标方位分辨率，如同时应用脉冲压缩技术又能获得很高的距离分辨率，因而能探测到隐身目标。合成孔径雷达在军事上和民用领域都有广泛应用，如侦察、火控、制导、导航、资源勘测、地图测绘、海洋监视、环境遥感等。

2.2 雷达方程

雷达的探测范围指雷达能够发现目标的立体空间，雷达的作用距离是一个十分复杂的问题，它不仅取决于雷达的性能参数，而且与目标的特性（目标形状、尺寸、材料等）和雷达与目标之间的空间环境有关。

雷达的作用距离是雷达的重要性能指标之一，描述雷达作用距离的数学模型为雷达作用距离方程，简称为雷达方程。

2.2.1 雷达作用距离方程

雷达作用距离方程描述了雷达发现（检测到）目标的距离。雷达作用距离方程将雷达的作用距离和雷达发射、接收、天线和环境等因素联系起来，是了解雷达工作关系和设计雷达的重要工具。

设雷达发射机的功率为 P_t，当用各向均匀辐射的天线发射时，距雷达 R 处任一点的功率密度 S_1' 等于功率 P_t 与假想的球面积 $4\pi R^2$ 的商，即

$$S_1' = \frac{P_t}{4\pi R^2} \tag{2-5}$$

实际上，雷达使用定向天线将发射机的功率集中向空间的某些方向上辐射。天线增益 G 表示相对于各向同性天线，实际天线在辐射方向上功率增加的倍数。因此当发射天线的增益为 G 时，距雷达为 R 的目标处的功率密度为

$$S_1 = \frac{P_t G}{4\pi R^2} \tag{2-6}$$

设目标的雷达截面积为 σ，则目标所截获的雷达辐射功率为

$$P_T = S_1 \cdot \sigma = \frac{P_t G}{4\pi R^2}\sigma \tag{2-7}$$

若不考虑目标对截获的雷达辐射功率的吸收损耗，则目标会将截获的功率全部向空间的所有方向辐射出去（称为二次辐射或散射）。则目标回波在雷达接收天线处的功率密度为

$$S_2 = \frac{P_T}{4\pi R^2} = \frac{P_t G \sigma}{(4\pi R^2)^2} \tag{2-8}$$

式中：σ 为目标可以被雷达探测到（看见）的尺寸，σ 的大小随目标特性的不同而不同。受雷达天线的有效接收面积限制，雷达接收天线只能接收回波功率中的一部分。设天线的有效接收面积为 A_e，则雷达接收的回波功率 P_r 为

$$P_r = A_e S_2 = \frac{P_t G A_e \sigma}{(4\pi)^2 R^4} \tag{2-9}$$

当接收的回波功率 P_r 等于最小可检测信号 P_{rmin} 时,雷达达到其最大作用距离 R_{max},超过这个距离后,雷达就不能有效地检测到目标。最小可检测信号 P_{rmin} 称为雷达接收机的灵敏度。则基本雷达方程为

$$R_{max} = \left[\frac{P_t G A_e \sigma}{(4\pi)^2 P_{rmin}}\right]^{\frac{1}{4}} \tag{2-10}$$

式(2-10)描述了雷达各参数对雷达检测能力影响的程度。但基本雷达方程是一个简化的方程,并不能充分反映实际雷达的性能,因为许多影响雷达作用距离的环境和实际因素在方程中没有考虑,加之目标的雷达截面积 σ 是一个不可能准确预定的参数,因此基本雷达方程通常用作最大作用距离估算公式。

根据天线理论,有

$$G = \frac{4\pi A_e}{\lambda^2} \tag{2-11}$$

则雷达接收到的回波功率可表示为

$$P_r = \frac{P_t G A_e \sigma}{(4\pi)^2 R^4} = \frac{P_t A_e \sigma}{(4\pi)^2 R^4} \cdot \frac{4\pi A_e}{\lambda^2} = \frac{P_t A_e^2 \sigma}{4\pi \lambda^2 R^4} \tag{2-12}$$

则雷达最大作用距离可表示为

$$R_{max} = \left[\frac{P_t A_e^2 \sigma}{4\pi \lambda^2 P_{rmin}}\right]^{\frac{1}{4}} \tag{2-13}$$

或

$$R_{max} = \left[\frac{P_t G^2 \lambda^2 \sigma}{(4\pi)^3 P_{rmin}}\right]^{\frac{1}{4}} \tag{2-14}$$

式(2-13)、式(2-14)是雷达方程的另外两种形式。

2.2.2 雷达方程的讨论

雷达方程中的参数,除目标有效雷达截面积外,其他参数均可加以控制和调整,从而改变雷达的性能。

1. 发射机脉冲功率

提高发射机的脉冲功率,回波功率相应增大,因此可增加雷达的作用距离。但从雷达方程可知,雷达的最大作用距离与发射脉冲功率 P_t 的四次方根成正比,发射脉冲功率提高1倍,最大作用距离仅增加约19%。

因此,若仅靠提高雷达脉冲功率来成倍提高雷达作用距离,则雷达的体积和质量都将显著增加,功率器件也无法满足要求。

通过增加脉冲功率与脉冲宽度的乘积($P_t \cdot \tau$)也可达到提高雷达发射脉冲能量的目的,在脉冲功率一定情况下,增大脉冲宽度,可使脉冲能量增加,目标回波能量也会相应增加。增大脉冲宽度比增加脉冲功率容易实现,但脉冲宽度的增加将导致距离分辨力下降。

2. 接收机灵敏度

接收机灵敏度越高,雷达的作用距离越远。但雷达方程表明,雷达的最大作用距离

与接收机灵敏度 P_{rmin} 的四次方根成反比,接收机灵敏度提高1倍,最大作用距离也仅增加约19%。可见,增加接收机的灵敏度与提高发射机的脉冲功率对于增加雷达作用距离的效果是相同的。提高接收机的灵敏度对雷达体积和重量的影响十分小,通过这一途径增大雷达作用距离较为有利。

提高接收机灵敏度同增大脉冲宽度和提高脉冲重复频率有密切的联系。脉冲宽度增大,接收机通频带相应变窄,从而减少了输出杂波功率,易于从干扰背景中检测信号,增大发现距离;脉冲重复频率提高,增加了回波累积效率,有利于提高信噪比,使目标信号易于发现,从而增大发现距离。但脉冲宽度过宽,会使距离分辨力变低,脉冲重复频率过高,又会产生距离模糊问题。

3. 天线增益

天线增益越大,天线辐射的能量越集中,天线的定向性能越好,雷达的作用距离越远。雷达的最大作用距离与天线增益 G 的平方根成正比,G 增大1倍,雷达的最大作用距离增加约41%。与提高发射脉冲功率和接收机灵敏度相比,提高天线增益对增加雷达最大作用距离的效果较好。同时天线定向性能提高,波束变窄,也利于提高测角精度。

从 $G = \dfrac{4\pi A_e}{\lambda^2}$ 可知,天线增益同天线有效面积 A_e 成正比,同雷达工作波长 λ 的平方成反比。因而,对于厘米波雷达提高天线增益较为容易,天线增益可达 30~40dB。而对于米波雷达则受到一定限制,其天线增益一般在 20dB 左右。

4. 波长

波长与雷达最大作用距离的关系比较复杂。当天线有效面积 A_e 一定时,波长减小,天线增益 G 增大,最大作用距离增大;当天线增益 G 一定时,波长增大,天线有效面积 A_e 增大,最大作用距离增大。

5. 雷达截面积

雷达截面积(radar cross section,RCS)是度量目标对照射电磁波散射能力的物理量。RCS 的定义有两种观点:一种是基于电磁散射理论的观点,另一种是基于雷达测量的观点。两者的基本概念是统一的,均定义为单位立体角内目标朝接收方向散射的功率与从给定方向入射于该目标的平面波功率密度之比的 4π 倍。基于雷达测量观点定义的 RCS 是由雷达方程式推导出来的。RCS 的量纲是面积单位,可是它与实际目标的物理面积几乎没有关系,它反映的是目标本身的固有电磁属性。RCS 常用单位是 m^2,通常用符号 σ 表示。

雷达截面积的大小,主要由雷达工作波长,目标的尺寸、外形、材料特性和表面状态等因素决定。由于目标外形复杂,表面各部位散射电波的情况不相同,因此雷达天线口上目标反射波的强度随目标的反射方向改变。常见空中目标的 RCS 参考值见表 2-1。

表 2-1 常见空中目标的典型 RCS 参考值

目标类型	RCS/m^2	目标类型	RCS/m^2
歼击机	5~15	普通带翼导弹	0.5
中型轰炸机	40~70	F-22 隐身飞机	0.01(鼻锥方向)

续表

目标类型	RCS/m²	目标类型	RCS/m²
重型轰炸机	100~150	B-2隐身轰炸机	0.06（鼻锥方向）
巡航导弹	0.01	B-1B隐身轰炸机	1（鼻锥方向）

雷达的最大作用距离与 RCS 的四次方根成正比，因此雷达对大型机的最大作用距离大于对小型机的最大作用距离。由于降低目标有效截面积可降低雷达的最大作用距离，因此隐身技术是当前武器系统发展的重要趋势。对于隐身目标，雷达并不是发现不了，而是发现距离很小，使武器系统没有足够的反应时间。如果 RCS 减缩为原来的 31.6%，则雷达的探测距离减小约为原来的 75%；如果 RCS 减缩为原来的 0.1%，则雷达的探测距离减小约为原来的 56%。若隐身目标与自卫或者伴随干扰配合使用，则雷达系统的探测空域将进一步减小。

2.2.3 环境因素对雷达作用距离的影响

雷达方程算出的最大作用距离一般大于实际的作用距离，这除了与上述理论计算中忽略的一些系统损耗因素有关以外，还与雷达工作环境因素有关。

1. 大气传播影响

大气衰减的主要影响表现为对电磁波能量的吸收和散射，使电磁波能量向预定方向的传播逐渐减弱。大气衰减对米波、分米波，尤其是对于波长大于 30cm 的电磁波，衰减作用很小，一般可忽略不计；而对于波长短于 10cm 的电磁波，衰减作用显著。

大气折射对雷达测距精度、测角精度和直视距离均有一定影响，大气的成分随气候、地点和时间的不同而不同，因此大气折射对雷达的影响程度也在变化。

2. 地形影响

雷达直视距离是由地球曲率半径引起的，由于地球表面弯曲使雷达看不到超过直视距离以外的目标。低空突防就是利用雷达的这一弱点实施的进攻手段。俄罗斯的 C-300ПМУ 地空导弹武器系统的低空补盲雷达就采用高塔增加天线架设高度的方法提高雷达的直视距离，提高 C-300ПМУ 武器系统对低空目标的探测能力。

雷达天线的直视距离受地球曲面的影响可由图 2-5 推导。

设地球为一理想正球体，其半径 r_0 为 6370km，如目标的飞行高度为 H，地空导弹武器系统的雷达天线高度为 h，则雷达天线照射目标的直视距离为 DM，即地空导弹武器系统雷达天线对目标高度为 H 的最大照射距离 R_{max} 为

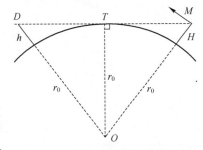

图 2-5 雷达天线的直视距离

$$R_{max} = DT + TM \tag{2-15}$$

其中

$$DT^2 = (h+r_0)^2 - r_0^2 \approx 2hr_0 \quad (h \ll r_0)$$
$$TM^2 = (H+r_0^2) - r_0^2 \approx 2Hr_0 \quad (H \ll r_0)$$

所以

$$R_{\max} \approx \sqrt{2r_0}(\sqrt{h}+\sqrt{H}) \approx 3569(\sqrt{h}+\sqrt{H}) \tag{2-16}$$

考虑空气对电磁波的折射，地球的半径用等效半径 r 来代替，雷达天线照射目标的最大距离 $R'_{\max}$ 将增加。取 $r=\dfrac{4}{3}r_0$，则

$$R'_{\max} \approx \sqrt{\dfrac{8}{3}r_0}(\sqrt{h}+\sqrt{H}) \approx 4121(\sqrt{h}+\sqrt{H}) \tag{2-17}$$

在式（2-16）及（2-17）中，h、H、r_0 的单位均取 m。

当雷达天线高度 h 增大时，对同一高度为 H 目标的探测距离会增大；当天线高度 h 不变时，目标飞行高度增大，雷达的探测距离也会增大。

架设在地面上的雷达，其探测范围不可避免地受到地形、地物的影响。由于地形的复杂性，这种影响也十分复杂。因此，选择地空导弹武器系统阵地时，对地面的平整程度具有较高的要求，同时对地物遮蔽角也有严格限制。

在探测低空目标时，地面起伏和地物会产生杂乱回波，这些回波可能淹没目标回波，使雷达作用距离降低，测角精度下降。解决这一问题的技术方法有动目标检测、全相参体制等。

地球表面是不平坦的，地空导弹武器系统阵地周围也可能有山峰、高地、建筑物等遮蔽物，即地空导弹武器系统雷达的直视线在低空被遮蔽。通常用在一定方位角间隔内、能直视一定距离目标的最小高低角来表示，称为遮蔽角（ε_s），如图2-6所示。

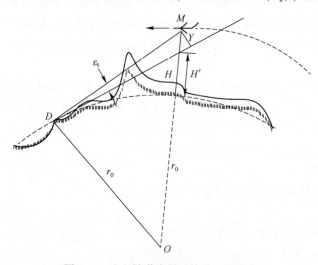

图2-6 地空导弹武器系统阵地遮蔽角

由图2-6可得

$$\sin\varepsilon_s \approx \dfrac{Y}{DM} = \dfrac{Y}{R_{\max}}$$

$$Y \approx H-H'$$

$$DM^2 \approx (H'+r_0)^2 - r_0^2 \approx 2H'r_0 \quad (H' \ll r_0)$$

$$H' \approx \frac{DM^2}{2r_0} = \frac{R_{max}^2}{2r_0}$$

其中

$$\sin\varepsilon_s \approx \frac{H}{R_{max}} - \frac{R_{max}}{2r_0}$$

变换后得

$$R_{max}^2 + 2R_{max}r_0\sin\varepsilon_s - 2r_0H \approx 0$$

则有

$$R_{max} \approx -r_0\sin\varepsilon_s + \sqrt{(r_0\sin\varepsilon_s)^2 + 2r_0H} \qquad (2-18)$$

可见，遮蔽角 ε_s 越大，$r_0\sin\varepsilon_s$ 值越大，则 R_{max} 越小（目标高度相同时）。地空导弹武器系统阵地的选择对遮蔽角有一定要求，如 SA-2 阵地的遮蔽角要求一般不大于 2°。

2.3 雷达主要战术参数与技术参数

雷达的战术参数是指雷达完成作战任务所具备的性能，雷达的技术参数是指描述雷达技术性能的量化指标。

2.3.1 主要战术参数

1. 探测空域

雷达对目标进行连续观测的范围，称为探测空域，是对不同高低角、方位角的探测距离之综合。它取决于雷达的最小可测距离和最大作用距离，以及最大和最小高低角和方位角的探测范围。

雷达的探测空域是指雷达以一定的检测概率和虚警概率、一定的目标起伏模型和一定的目标雷达截面积探测到目标的空间。雷达的探测空域由雷达最大探测距离、最小探测距离、方位扫描角、高低扫描角所构成的空间描述。

雷达的探测空域有时也称为作用距离或威力范围。雷达的威力范围指由雷达的最大作用距离、最小作用距离、最大高低角（方位角）、最小高低角（方位角）所确定的区域，与雷达探测空域的定义一致。

检测概率又称发现概率，从雷达接收机输出的回波信号幅度即可判断是否存在目标，将雷达信号幅度与某一门限值比较，若雷达信号超过此门限值，就可以判断为发现目标。实际上做出有无目标的判断是要承担一定风险的，确实存在目标并正确判断为发现目标的概率称为发现概率。但是由于噪声总是客观存在的，当噪声信号的幅度超过检测门限时，就会误认为发现目标，这种错误事件称为"虚警"，它发生的概率称为虚警概率。由于噪声的干扰，目标的回波信号有可能低于检测门限，此时会被认为没有目标，这种错误事件称为"漏警"，它发生的概率称为漏警概率。所以，用门限检测的方法来发现目标不能保证百分之百的正确率，门限的选择和接收机输出端的信噪比都直接影响雷达的检测性能。信噪比是指雷达接收机所收到的目标信号与噪声信号的比值，信噪比是衡量雷达接收机检测性能的重要指标，信噪比越高，雷达发现目标的概率越大，虚警和漏警的概率越小。

1) 最大探测距离

最大探测距离主要根据在雷达网中使用部署要求确定，以保证不同高度探测范围的衔接，并防止高空探测范围过分重叠而造成的能量浪费。考虑到地球曲率影响和探测目标高度的限制，不是各型雷达探测距离越远越好，而应根据实际用途确定。在提出该指标要求时，应说明相应的约束条件，如发现概率（通常警戒雷达为50%，制导雷达为80%）、虚警概率、目标特性（雷达截面积大小、起伏特性）、天线转速等，天线有俯仰功能时还应说明天线的高低角。

有些型号的雷达还对雷达截面积较小的目标提出最大探测距离要求，主要是针对隐身目标、小尺寸目标，通常以 $0.1m^2$ 作为典型条件。

2) 最小探测距离

最小探测距离越小越好。特别是部署在机场附近用于保障进出机场飞行情况时，应严格控制该指标。

3) 方位范围

方位范围通常为360°。某些体制雷达，如固定式相控阵雷达、无源雷达、超视距雷达等，对其方位范围应根据实际需要进行充分论证。

4) 高度范围

高度范围根据要求探测目标的高度确定。航空器的高度一般在30km以下，弹道导弹轨道最高点高度为几十千米至上千千米，空间目标轨道高度为几百千米至几万千米。

5) 速度范围

根据探测目标的最大飞行速度，给出速度范围。航空器飞行马赫数一般为2~3，弹道导弹的飞行速度则更快。

有些型号雷达具有俯视探测能力，在论证其最大探测距离时，不能仅依靠提高发射功率，还应考虑天线口径和提高接收机灵敏度。对低频段雷达，在给出探测距离时须明确架设高度和地面反射面的要求。

6) 高低角范围

高低角范围表明了探测目标高度和顶空盲区的大小，对于赋形天线，一般为 $0°\sim40°$。

2. 分辨力

雷达的分辨力是指雷达分辨空间两个靠近目标的能力。雷达的分辨力与雷达的频率有直接关系，雷达的频率越高，其分辨力越大。雷达的分辨力分为距离分辨力、角度分辨力和速度分辨力。

距离分辨力指雷达在同一方向上区分两个在距离上比较靠近的大小相等的点目标的能力，或者说雷达在同一方向上对两个大小相等的点目标之间最小可区分距离。在雷达显示器上测距时，分辨力主要取决于回波的脉冲宽度 τ。设两个大小相等的点目标 T_1 和 T_2 之间的距离为 ΔR，如图2-7所示，则

$$\Delta R = R_2 - R_1 = \frac{c}{2}(t_{d_2} - t_{d_1}) = \frac{1}{2}c\Delta t_d \tag{2-19}$$

当目标的 T_1 和 T_2 相互靠近时，它们之间的距离 ΔR 越来越小，即回波之间的时间

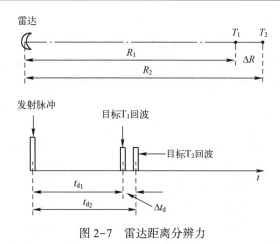

图 2-7 雷达距离分辨力

差 Δt_d 越来越小。当回波之间的时间差 Δt_d 小于雷达发射脉冲的宽度 τ 时,两个目标回波在雷达显示器上就会重合在一起,从而无法区分两个不同的目标,而将回波视为 1 个目标。因此,雷达可区分的目标 T_1 和 T_2 之间的最小距离为 $\Delta R = \frac{1}{2}c\tau$,其中 c 为光速,τ 为雷达发射脉冲的宽度。

两个目标处在相同距离上,但角位置有所不同,最小能够区分的角度称为角分辨力(在水平面内的分辨力称为方位角分辨力,在铅垂面内的分辨力称为高低角分辨力)。它与波束宽度有关,波束越窄,角分辨力越高。

速度分辨力是指雷达能分辨两个相邻目标之间的最小速度之差 Δv,由于测速多采用多普勒频移进行,因此速度分辨力往往又指雷达对两个相邻目标的多普勒频率的分辨力,即

$$\Delta f_d = \frac{2}{\lambda}\Delta v \tag{2-20}$$

近年来,新型雷达分辨力逐渐提高,大大提升了对空中目标的跟踪识别能力。

3. 测量精度

测量精度是指雷达测量坐标参数的误差,它是对目标进行大量测量后,测量误差的统计平均值,常用均方根值表示。目标参数测量精度分为距离测量精度、方位角测量精度、高低角测量精度和速度测量精度。

4. 数据率

数据率是雷达对整个威力范围完成一次探测(对这个威力范围内所有目标提供一次信息)所需时间的倒数。也就是单位时间内雷达对每个目标提供数据的次数,它表征着目标搜索指示雷达或制导雷达的工作速度。例如,一部 10s 完成对威力区范围搜索的雷达,其数据率为每分钟 6 次。

5. 目标测量参数的数目

目标参数包括目标距离、方位角、高低角(或高度)、速度、批次、机型和敌我识别等。精确地测量目标的空间坐标是雷达的主要任务。对于跟踪雷达,还要对多批目标建立航迹,此时跟踪目标批数、建立航迹的正确率也是重要的战术参数。

6. 体积/重量/功耗

总的说来，希望雷达的体积小、质量轻。体积和质量取决于雷达的任务要求、所用的器件和材料。机载和空基雷达对体积和质量的要求很严格。功耗指雷达的电源消耗总功率。随着电子器件的发展和技术的进步，新型雷达的体积和质量均越来越小，功耗越来越低，而性能则越来越高。

7. 工作环境/机动性

工作环境指雷达正常工作所需的环境条件，主要包括：雷达阵地的海拔高度及周围的地形、水文地质、植被、风、雨、雷电、气温、气压、湿度、空气腐蚀、太阳辐射及电磁环境等。这些因素对雷达正常工作、性能发挥和使用寿命有着重要影响。要克服这些因素的不利影响，在实施雷达部署和选择架设阵地时，必须根据雷达自身的环境适应能力进行综合考虑，否则将带来不良后果。如果雷达的环境适应性差，将会在很大程度上制约雷达的实际使用。机动性指雷达的自行能力、道路通过能力、铁路运输条件、空运海运条件等，其主要影响雷达的快速部署能力和战时生存能力。雷达在机动中的架设和撤收时间，是雷达机动性的重要表征。

8. 电磁防御性能

雷达电磁防御几乎是与雷达技术同时发展起来的，第二次世界大战期间，战争双方都在实战中实施了电子欺骗和压制干扰，取得了明显的效果。随着雷达技术水平的提高，反雷达技术也在不断发展，并在历次局部战争中得到了广泛应用。因此，电磁防御性能已成为衡量雷达总体性能的重要方面。

1) 反电子侦察

针对雷达的侦察手段有光学侦察、红外侦察、雷达侦察和电子侦察。其中电子侦察使用最普遍，采用平台种类多，侦获的信息量大，是雷达反侦察的重点内容。通过电子侦察，可获取雷达多种工作参数、架设位置，从而判断雷达网的各种构成要素。电子侦察对雷达的威胁虽然不是直接的，但其潜在威胁非常严重。电子侦察情报是实施电子干扰、摧毁和战术选用的基本依据和前提。反电子侦察是贯穿于平时和战时，即雷达全寿命服役周期的全过程。

2) 抗反辐射武器攻击

反辐射武器是毁伤雷达的攻击性武器，它基于雷达的辐射信号进行寻的导引，其类型主要有反辐射导弹、反辐射无人机等。现代战争中越来越多地使用了反辐射武器，对雷达及其操作人员的生存构成了严重威胁。

3) 抗电磁脉冲武器毁伤

目前，电磁脉冲武器主要是脉冲炸弹、定向能武器等，主要用于毁伤电子设备。其产生的高能电磁脉冲，可通过天线、各种线缆、金属管道和箱体孔口等，耦合进电子设备中，在其内部形成强电磁场，使得电子线路产生高电压、大电流，造成电子器件永久性损坏或工作不稳定，计算机和通信等数字设备出现误码或信息丢失，以及导体、线缆瞬态放电损坏。同时，高能电磁脉冲还可以杀伤有生力量。当战斗人员受到不同功率密度的微波照射时，会产生神经错乱、致盲、烧伤等现象。

2.3.2 主要技术参数

雷达的战术参数是设计雷达的依据，雷达的技术参数决定雷达的战术性能。

1. 工作频率与工作带宽

雷达的工作频率就是雷达发射机的振荡频率。雷达的工作频率取决于雷达的用途。一般情况下，一部雷达的工作频率可在一定的范围内小幅度调整以适应抗干扰的要求。

常用的雷达工作频率范围为 220～35000MHz（220MHz～3.5GHz），实际上各类雷达工作的频率在两头都超出了上述范围。例如天波超视距雷达（over the horizon radar, OTHR）的工作频率为 4MHz 或 5MHz，而地波超视距雷达的工作频率则低到 2MHz；毫米波雷达的工作频率为可达到 94GHz，激光雷达的工作频率更高。

雷达的工作频段一般根据雷达的用途决定。雷达的工作频率越高，其波长就越短，雷达的分辨能力就越高，但同时雷达的探测距离就越短。警戒雷达由于需要较远的探测距离，因此通常采用米波或分米波段。引导雷达和制导雷达由于需要较高的测量精度，因此工作频率通常较高，一般为厘米波段。炮瞄雷达也常采用厘米波段，以厘米波段中的 X 波段最为多见。毫米波段则用于作用距离较近但要求测量精度高的场合。所以，根据雷达的工作频率或波长，就可以估计出雷达的用途。

按照国际电信协会关于频段划分的规定，雷达工作频段的划分如表 2-2 所列。表中频段的代号是第二次世界大战期间出于保密目的而定义的，以后就一直沿用下来。

表 2-2 雷达频段划分

名称	符号	频率范围/MHz	波 长	应 用		
米波	HF	3～30	1～10m	地面雷达	舰载雷达	机载雷达
	VHF	30～300　137～144　216～225				
	UHF	300～1000　420～450 890～940	30cm～1m			
分米波	P	230～1000				
	L	1000～2000　1215～1400	15～30cm			
	S	2000～4000　2300～2550 1700～3700	7.5～15cm			
厘米波	C	4000～8000　5225～5925	3.75～7.5cm			
	X	8000～12500　8500～10700	2.4～3.75cm			
	Ku	12500～18000　13400～14400 15700～17700	1.67～2.4cm			
	K	18000～26500　23000～25250	1.13～1.67cm			
	Ka	26500～40000　33400～36000	0.75～1.13cm			
毫米波	mm	40000～300000	<0.75cm			

频段有时以波长表示，如 L 波段表示以 22cm 为中心的 15～30cm 频段，S 波段表示以 10cm 为中心的 7.5～15cm 频段，C 波段代表以 5cm 中心，X 波段代表以 3cm 中心，Ku 波段代表以 2cm 中心，Ka 波段代表以 8mm 中心等。

工作带宽主要根据抗干扰的要求来决定，一般要求工作带宽为工作中心频率的 5%～10%，超宽带雷达为 20%以上。

2. 信号波形参数

信号波形参数包括发射脉冲宽度 τ、发射脉冲重复频率 f_r、发射脉冲重复周期 T_r。

发射脉冲宽度指每一个发射脉冲的持续时间，脉冲宽度主要影响雷达的距离分辨力、测距精度和探测范围。一般米波雷达的脉冲宽度在10μs左右，厘米波雷达的脉冲宽度在1μs左右。从提高距离分辨力与测距精度方面看，脉冲宽度越窄越好。但发射脉冲宽度过窄，射频脉冲的能量就会变小，不利于增大雷达的探测距离。

发射脉冲信号每秒钟重复出现的次数称为脉冲重复频率，脉冲重复频率的倒数即为脉冲重复周期。脉冲重复频率的选择主要考虑雷达的最大作用距离和坐标测量精度。脉冲重复频率过低，天线波束扫过目标期间照射到目标上的脉冲较少，因而影响目标的发现和测量目标坐标的精度；脉冲重复频率过高，相邻两个脉冲之间的时间间隔就短，雷达单值测量目标的最大距离就小。一般雷达的重复频率为50Hz~2500Hz，相应的重复周期为20000μs~400μs。

3. 发射功率

雷达发射脉冲信号持续期间所输出的功率称为发射脉冲功率。雷达发射脉冲功率一般为几百千瓦到几兆瓦之间。脉冲功率是影响雷达探测距离的一个重要因素。发射功率大，探测距离远。

雷达平均功率 P_{av} 与发射脉冲功率 P_t、重复频率 f_r、发射脉冲宽度 τ 之间的关系为

$$P_{av}=P_t \cdot f_r \cdot \tau \tag{2-21}$$

发射脉冲功率、重复频率和脉冲宽度三者对雷达的探测距离有显著影响，雷达探测距离的大小在其他条件一定的前提下，取决于发射脉冲的平均功率，即发射脉冲功率、脉冲宽度和重复频率的乘积。一般远程警戒雷达的脉冲功率为几百千瓦至兆瓦量级，中、近程火控雷达为几千瓦至几百千瓦量级。

4. 雷达天线参数

天线的功能是辐射电磁能量或接收电磁能量。雷达的天线形式有面天线、平板隙缝天线、阵列天线等。天线的参数有反射面/阵面尺寸、主波束增益、第一副瓣电平、平均副瓣电平、天线波束形状、主波束宽度、天线扫描方式、天线扫描周期等。

天线并不是在所有方向均匀辐射，天线具有方向性，天线的方向性采用方向性函数或方向图描述，如图2-8所示。

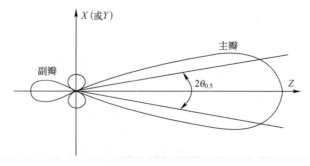

图2-8 天线方向图

天线方向图是一种辐射电场，该电场是以瞄准线波束中心为基准的角度函数。天线的方向图可能包含多个波瓣，分别称为主瓣和副瓣（或旁瓣）。主瓣被定义为含有最大辐射方向的波瓣。旁瓣是指非指定的任意方向辐射的波瓣。主瓣集中了天线辐射功率的

主要部分，它的宽度对天线方向性的强弱具有最直接的影响。主瓣最大辐射方向两侧，场强为最大场强的 $1/\sqrt{2}$，即功率密度为最大方向上的功率密度之半的两点间的夹角称为半功率点波瓣宽度或半功率点波束角，用 $2\theta_{0.5}$ 表示。天线方向性的好坏用天线的波瓣宽度来衡量，波瓣宽度越窄，说明天线的方向性越好，雷达的测角精度和角分辨力就越高。但是在设计和制造过程中，雷达天线不可能把所有能量全部集中在理想的波瓣之内，在其他方向上存在着泄漏能量的问题。能量集中在主波瓣中，其他方向上由泄漏能量形成副瓣。

天线相对尺寸（天线实际尺寸与波长之比）越大，波瓣越窄，辐射越集中，则天线的方向性越好。副瓣代表天线在不需要的方向上的辐射或接收，一般而言，希望副瓣的幅度越小越好。

天线的工作频率与天线的性能密切相关，对同一副天线，工作频率增加将使波瓣变窄、增益变高。天线正常工作的频率范围称为天线的通频带，雷达天线通频带越宽，对跳频反干扰越有利。

5. 目标参数录取方式和能力

目标参数录取方式有人工、自动、人工干预等形式，目标参数录取能力指雷达全空域搜索一次录取目标参数的能力，包括录取数量和速度，录取速度用数据率描述，数据率指雷达每秒获得同一目标数据的次数，数据率描述雷达的工作速度。

6. 故障检测/隔离能力

故障检测能力和故障隔离能力是提高装备维修性能，进而提高装备可靠性的有效途径。通过自动故障检测系统的设计，装备的工作状态可做到在线检测。故障检测系统可将故障迅速正确地隔离到具体的故障单元，为维修提供准确无误的指示。

7. 接收机灵敏度

接收机灵敏度描述雷达接收机接收微弱信号的能力，指雷达以一定的检测概率和虚警概率条件下，所能探测到的目标回波信号的最小功率。当回波信号太微弱，以至完全淹没在噪声干扰中，雷达接收机就不能可靠地将信号检测出来，在这种情况下，雷达就无法发现目标。雷达接收机能够接收的信号越微弱，雷达接收机的灵敏度就越高，雷达的探测距离就越远。雷达接收机的灵敏度一般用最小可检测信号功率 P_{rmin} 描述，当雷达接收机的输入信号达到最小可检测信号功率时，雷达接收机就能够正常接收并在输出端检测出这一信号。由于雷达接收机的灵敏度受接收机内部噪声信号的限制，因此要想提高雷达的灵敏度，就必须尽量减少电平，提高信噪比，即

$$P_{rmin} = kT_0 B_n F_n (S/N_0)_{min} \tag{2-22}$$

式中：k 为玻耳兹曼常数；T_0 为等效噪声温度；B_n 为等效噪声带宽；F_n 为噪声系数；$(S/N_0)_{min}$ 为能够探测到目标的最小信噪比。

8. 终端形式

最常用的终端装置是显示器。根据雷达的任务和性质不同，所采用的显示器形式也不同。例如，按坐标形式分，有极坐标形式的平面位置显示器；有直角坐标形式的距离-方位显示器、距离-高度显示器；或者是上述两种形式的变形。

带有计算机的雷达，其显示器既是雷达的终端，又是计算机的终端，它既显示雷达接收机输出的原始信息，又显示计算机处理以后的各种数据。在半自动录取的雷达中，

仍然依靠显示器来录取目标的坐标。在全自动录取的雷达中，显示器则是人工监视的主要工具。显示器和键盘的组合，常作为人与计算机对话的手段。

9. 电源供应

功率大的雷达，电源供应是个重要的问题。特别是架设在野外无市电供应的地方，需要自己发电。电源的供应除了考虑功率容量外，还要考虑频率。地面雷达可以用50Hz交流电，船舶和飞机上的雷达，为了减轻质量，采用高频的交流电源，最常用的是400Hz。

10. 抗干扰能力

雷达的抗干扰能力指雷达在电子战环境中采用各种对抗措施后，雷达生存或自卫距离改善的能力。雷达抗干扰措施包括波形设计、空间对抗、极化对抗、频域对抗、杂波抑制和战术配合等。

雷达通常在各种自然干扰和人为干扰的条件下工作，主要是敌方施放的干扰（无源干扰和有源干扰），这些干扰最终作用于雷达终端设备，严重时可能使雷达失去工作能力，所以现代雷达必须具有一定程度的抗干扰能力。

11. 可靠性/维修性

雷达要能可靠地工作。硬件的可靠性，通常用两次故障之间的平均时间间隔来表示，称为平均无故障工作时间，记为MTBF。这一平均时间越长，可靠性越高。维修性的标志是发生故障以后的平均修复时间，记为MTTR，越短越好。在使用计算机的雷达中，还要考虑软件的可靠性。

2.4 目标搜索与跟踪

由于雷达类型和采用的技术体制不同，在进行目标搜索与跟踪时，采用的方式也不尽相同。如地空导弹武器系统中的目标指示雷达，通常是一部机械转动扫描雷达，其搜索扫描通常依靠机械转动，完成对全空域目标的探测发现，对目标的跟踪一般采用边扫描边跟踪方式。这种方式雷达天线以某个固定速率进行扫描，每次扫描能够获得目标的距离、角度和速度信息。每次通过搜索得到一帧数据，然后对相邻数据进行相关、互联、滤波等数据处理，以完成目标跟踪的任务。这种模式下，搜索占主导地位，跟踪不额外占用专门的跟踪波束对目标进行照射，其特别之处在于，雷达需要判定当前目标是否是新目标，需对帧间的目标数据进行相关处理，以实现对目标的确认和跟踪。此外，边搜索边跟踪方式的跟踪与搜索同步进行，所以二者的数据率相同，都等于扫描帧数据率，因此跟踪精度较低。对于地空导弹武器系统中的制导雷达，通常是一部相控阵雷达，由于其具有可以灵活分配雷达资源、波束能够无惯性地在任意时刻指向任意位置的特点，因此，对目标搜索无需进行机械转动，而是通过电扫描方式实现对指定空域的搜索。在进行目标跟踪时，可以专门形成跟踪波束，采用搜索加跟踪的方式完成目标跟踪，这种方式目标跟踪的数据更新速率较高，跟踪精度高，一般需要达到拦截制导精度要求，需要专门的跟踪系统完成对目标的跟踪，跟踪系统输入是目标信号相对跟踪系统当前位置的坐标误差，不是直接测量的坐标参量，采用回路跟踪方式，而不是开环测量方式，因此其跟踪回路往往包含雷达的前端设备，如天线、伺服系统等。本节主要围绕相控阵雷达在凝视方式下的目标探测介绍其搜索跟踪原理。

雷达要完成对目标坐标的跟踪测量，首先需要完成目标的搜索与截获。目标在角度上落入波束或波束扫描范围，且回波超过检测门限时，称为目标被截获。目标搜索截获包括3个问题：一是目标搜索问题，二是信号检测问题，三是坐标测量问题。它是信号匹配接收的过程。通过匹配接收，搜索跟踪系统从噪声、杂波干扰背景中获得了接收信号在空间域、时域和频域的特征信号，并将其中最接近于目标的特征信号分离出来，粗略获得目标的空间位置。但雷达测量的根本目的是精确测量出目标的坐标位置，这就需要对检测后的目标特征信号进行进一步的处理，即目标跟踪。为了满足导弹制导要求，搜索跟踪系统需对目标进行精确跟踪，依据跟踪的目标类型不同，其跟踪数据率通常在每秒几次至几十次。

2.4.1 目标搜索

雷达对空间一定区域进行角度搜索通常采用串行空间搜索方法，也就是说在同一时间里它只形成一个波束，依靠逐个波束的顺序扫描来覆盖整个搜索空域。对有源相控阵雷达而言，随着数字波束形成技术的采用，在保证雷达威力的情况下，对近距目标也可采用并行空间搜索方法，合成瞬时多波束。按照雷达不同工作阶段的要求，对目标的搜索主要有以下3种方式。

1. 自主搜索

自主搜索包括主空域搜索、全空域搜索、部分空域搜索方式。

主空域搜索也称基本空域搜索，是在基本搜索空域的一种搜索方式。这里的基本搜索空域是指在俯仰方向上，覆盖来袭目标最大飞行高度以下的整个仰角范围，在方位上，覆盖雷达方位工作范围的搜索空域。

全空域搜索是搜索空域为雷达整个工作空域的一种搜索方式。这种方式可用于兼有搜索任务的制导雷达的初始搜索，即在雷达刚开始工作时，先使用全空域搜索方式搜索一两次，以便检查雷达整个工作空域内的目标情况，如果目标处于中、高仰角，因距离较近，信号足够强，便可对其转入跟踪。当主空域搜索方式中确定的最大搜索仰角以上的目标均被转入跟踪后，雷达可转入主空域搜索方式的工作状态。这种方式也可用于与主空域搜索方式穿插进行搜索，以便在初始搜索后，再对尚未进入发现距离以内的中、高仰角目标作补充性探测，以防漏警。在适当时候，中、高仰角上无新目标出现，即可转入单独主空域搜索的状态工作。

部分空域搜索中空域的大小可预先设定若干种，由所掌握的目标信息模糊程度，确定搜索中心并指定一种部分空域代号由雷达实施，也可由上级系统给定搜索中心和搜索范围，由本级雷达实施。

除了以上3种自主搜索方式外，根据武器系统型号的不同，还具有低空补盲、烧穿、抗饱和等搜索方式。

2. 补充搜索

补充搜索也可以称为指示搜索，指雷达利用外部的信息，对雷达的搜索空域进行指定，以减小雷达的搜索空域，缩短雷达的搜索时间，尽快探测到目标。雷达在接收到外部目标信息指示的情况下，可采用以下两种搜索方式。

（1）在距离、方位二维目标指示情况下，采用方位小范围、仰角大范围搜索方式。其方位搜索范围可根据提供目标指示数据的雷达的方位测量精度、信息处理、变换误差、传输延时等因素事先设定，也可由上级系统指定。

（2）在距离、方位、高低三维目标指示情况下，应采用方位、高低均小范围搜索的工作方式，其方位、高低搜索范围可根据提供外部指示数据的雷达方位、高低角测量精度、数据处理等因素事先设计确定。

3. 目标监视

对高威胁目标（如集群目标、弹道目标、上级指定的重点目标）可采用目标监视方式对已跟踪目标周围进行适当角度范围的监视性搜索，以便于发现目标分批、目标群和其他目标。

2.4.2 目标检测

目标检测其实就是对经过匹配处理后的目标回波进行信号检测，目标回波信号经过匹配滤波处理后，被最大程度地从背景和干扰中分离出来。即使如此，在大多数情况下，回波中目标信号与噪声、杂波、干扰等仍然是并存的。因此，雷达的下一个重要任务就是从回波中发现目标信号，这就是信号检测。

信号检测事实上就是一个判决问题，即"有目标"还是"无目标"的二元假设检验问题。检测既可以在一维距离方向上进行，也可以在二维的距离速度方向上同时进行。一维距离检测适用于仅进行距离处理的雷达信号，如脉冲压缩信号；二维距离-速度检测适用于同时进行距离-速度处理的信号，如脉冲多普勒信号。

每个距离或距离-速度单元内含有一个信号幅度量，它代表在一次波束驻留期间，接收信号在特定距离或速度位置，经过匹配接收机处理以后的信号幅度。信号的幅度越大，说明在该位置存在目标的可能性也就越大，信号检测的任务就是从这些一维或二维信号序列中，确定哪些单元存在目标。

1. 恒虚警检测

对于每个被检测单元，存在两种可能：

H_0：无目标，只有噪声；

H_1：有目标，目标+噪声。

相应地，检测结果存在4个概率：

$P(H_1|H_0)$：单元内无目标被判为有目标的概率，称为虚警概率，记为 P_f；

$P(H_0|H_0)$：单元内无目标被判为无目标的概率，称为无目标正确检测概率，等于 $1-P_f$；

$P(H_1|H_1)$：单元内有目标被判为有目标的概率，称为有目标正确检测概率，记为 P_d；

$P(H_0|H_1)$：单元内有目标被判为无目标的概率，称为漏警概率 P_M，等于 $1-P_d$。

实际上，只需要两个独立的概率，例如 P_f、P_d 就可以完整反映信号检测的质量。在这些概率中，虚警概率和漏警概率都属于错误事件，但其代价是不一样的。在雷达中，每产生一次虚警，就会给后继数据处理带来处理负担，一次虚警的影响要经过好几个周期才能消除。由于雷达数据处理有较强的抗漏警能力，漏警只有连续出现时，才会对雷达数据处理构成影响,而这一概率是极低的。因此在雷达中,总是希望对 P_f 进行严格控制,最直接的办法就是使其保持恒定,即采用恒虚警率(constant false alarm rate, CFAR)检测。

由于雷达接收信号中的背景噪声强度是不断随空间、时间变化的,因此信号检测必须适应这种变化,通过某种方法来动态调整门限判决电平,保持虚警概率的恒定。在雷达系统中常采用典型的 CFAR 检测器来实现。

2. 典型 CFAR 检测器

图 2-9 所示为一种典型 CFAR 检测器的结构框图。

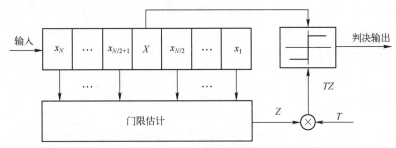

图 2-9 CFAR 检测器

信号序列经过一个延迟寄存器,依次输入。中间的寄存器为被检测单元,X 为被检测单元内的信号,$x_1 \sim x_{N/2}$ 和 $x_{N/2+1} \sim x_N$ 为其前后单元的信号,共有 N 个,称为背景单元。

令 $Z = \sum_{i=1}^{N} x_i$,也就是说,门限估计 Z 为被检测单元周围 N 个背景单元(称为检测窗)的信号幅度之和,将它乘以系数 T,以 TZ 作为判决门限,与被检测单元 X 进行比较后,输出判决结果。

每输入一个新的单元信号,寄存器向前移位一次,被检测单元变为当前被检测单元的后面一个单元,其背景单元也随之变化,相当于检测窗也随之移动,故也称为"滑窗"。

对于上述检测器,可以看出 P_f 只与 T 和 N 有关,而与信号强弱无关,因此它对不同的信号环境是恒定的,图 2-10 为这一检测过程的示意图。

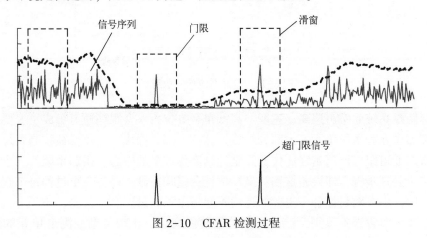

图 2-10 CFAR 检测过程

随着检测单元的变化，滑窗沿信号序列连续移动，信号检测门限随滑窗内的平均信号幅度而成比例变化，平均信号幅度小，门限低；平均信号幅度大，门限就会升高，因此只有明显高于其周围背景的信号才能被检测出来，称为超门限信号。

2.4.3 目标截获

当雷达对某空域辐射时获得的目标回波信号一旦超过检测门限，便对其进行参数测量，形成第一个目标点迹。待下一次雷达再对该空域进行辐射时，如在上次目标回波出现位置附近再次出现点迹，就可以对两个点迹进行关联，关联的结果就可以得到两个点迹代表的目标运动规律，如果规律符合一定的规则，就可以认定目标的存在，并形成目标初始航迹。许多雷达就是利用对某空域的两点点迹形成对目标的认定并形成航迹，这个过程就是对目标的截获。也有雷达为了保险，需要用3个点迹进行关联后才对目标进行认定。

2.4.4 目标跟踪

雷达在截获目标后，首先根据目标的历史航迹，对目标的当前位置进行预测，预测包括目标的距离、方位角、高低角、速度。然后，雷达向预测的角度辐射信号，以预测的距离为中心，对目标回波信号采样。信号处理系统对采样信号进行处理。根据和、差通道的回波信号，可以得到目标偏离预测角度的角度误差；根据和信号回波的重心，可以得到目标距离偏离预测值的距离误差；根据回波信号的速度测量值，可以得到目标速度偏离预测值的速度误差。目标的角度误差、距离误差、速度误差送到雷达主机，雷达主机根据目标的预测位置坐标和测量得到的误差，可以计算出在测量时刻目标的距离、角度、速度。重复上述预测和测量，就完成了对目标的跟踪。

目标跟踪任务通常由跟踪系统来完成。一个目标跟踪系统通常由若干个目标跟踪通道组成，每个跟踪通道均可构成一个闭环的、独立的跟踪回路，其基本组成如图2-11所示。

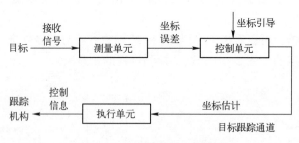

图2-11 跟踪系统的一般组成

目标跟踪系统通常由距离、速度、高低角、方位角4个跟踪通道组成，主要由测量单元、控制单元和执行单元三大部分组成。这三大部分构成一个负反馈控制系统，目的是使各跟踪通道跟踪波门始终压住所测坐标维度物理量的中心。跟踪系统的三个单元分别完成三个处理步骤，即误差鉴别、坐标估计、跟踪控制。以上三个过程每个跟踪周期内循环一次，保持对目标各个坐标的连续不间断跟踪测量。

测量单元负责误差鉴别，涉及大量的软硬件模块，比较复杂。测量单元的性能优劣,很大程度反映了跟踪系统的性能优劣。测量单元输出目标跟踪误差信号被送至控制单元进行积分处理,求取被测信号的坐标诸元,并形成执行单元引导信号。

控制单元是跟踪系统中的核心单元,它决定了跟踪系统的许多重要特性。从本质上来讲,控制单元要完成从坐标误差到坐标的变换,它可以由一个简单的加法器或积分器来实现。控制单元可以是一阶系统,也可以是二阶系统甚至多阶系统,常见制导雷达跟踪系统以二阶系统或一、二阶混合系统为主。

执行单元在计算机或战勤人员的坐标引导下,形成坐标跟踪波门,使之向误差减小的方向调整。不同雷达系统、不同坐标跟踪维度,其跟踪波门的产生方法也不尽相同。角度跟踪系统的执行单元为波控机和随动系统配合形成新的角度位置,完成角度跟踪波门的引导,并产生新的角误差信号;距离跟踪系统的执行单元为计数器和延迟线,控制距离波门的时间延迟,完成距离跟踪波门的引导,并产生新的距离误差信号;速度跟踪系统的执行单元为频率合成器,进行多普勒补偿,并通过双窄带或多窄带滤波器形成速度误差信号。

2.5 地空导弹雷达技术

地空导弹武器系统的雷达主要用来对目标进行搜索、跟踪,制导导弹,并对杀伤效果进行评估,主要分为目标搜索指示雷达和制导雷达两类。目标搜索指示雷达具有较强的对空搜索能力,而制导雷达则具有较高的测量精度。目标搜索指示雷达的频率一般低于制导雷达的频率,并具有较宽的波束和脉冲宽度。随着技术、器件和制造水平的不断完善和提高,大量新技术应用于地空导弹武器系统的雷达,使地空导弹武器系统雷达的性能不断提高,目标搜索指示雷达和制导雷达所采用的技术逐渐趋于一致。

2.5.1 相控阵雷达技术

采用相控阵天线的雷达,称为相控阵雷达。若相控阵天线的所有辐射单元都排列在一条直线上,称为线阵相控阵天线;若辐射单元排列在一个面上,则称为面阵相控阵天线。

相控阵雷达工作时,计算机给出需要形成波束的位置信息,位置信息被送到波束控制机,波束控制机计算出每个单元的移相量,将移相量送给天线阵中的每个天线单元;同时,发射机的激励器产生适宜的发射频率,并在发射机内放大到一定功率,由收/发开关转换,也送给每个天线单元;天线单元通过每个天线单元的射频信号相位的适当移相,形成相应位置的波束,载频经阵列天线向指定方向辐射。同理,天线单元对回波信号进行移相,并通过天线、收/发开关送给接收机;接收机对信号进行变换、处理,获得目标的位置等信息。相控阵雷达辐射的天线波束的位置由计算机控制确定,在计算机的控制下,相控阵天线完成在指定的区域内对目标的搜索和跟踪。电扫描是实现相控阵雷达功能的关键,在目前的相控阵雷达中,电扫描是通过移相器实现的,相控阵雷达用移相器控制波束的形成与扫描。

相控阵雷达天线阵列有两种基本组成形式:一种是无源阵列,收/发仅用一个发射机和接收机,通过空中光学馈电或由传输线进行功率分配,再经受控移相装置馈送到各天线阵列单元;另一种是有源阵列,它的每一个天线阵列单元或一组单元都单独使用一个发射机和接收机,以及一个受控移相装置。这两种形式相比,前者结构简单,发射机总能量主要取决于发射设备末级功率管的性能,但不易做到全固态化;而后者辐射的总能量可通过增加单元数目和增加各单元发射机功率来提高,易于实现全固态化,并可大幅度提高雷达的作用距离和天线波束的角度分辨能力。有源相控阵雷达是相控阵雷达的发展方向,被称为第二代相控阵雷达。

相控阵雷达的主要特点如下。

(1) 多目标能力。相控阵雷达可以根据实际情况需要,由计算机控制形成多波束,并且这些波束可分别控制和统一控制,以对付多方位、多批次的多个目标,完成多种功能。"爱国者"地空导弹武器系统的相控阵雷达 AN/MPQ-53 能同时处理 100 批以上的空中目标,能同时识别和跟踪其中 8 批目标,并同时控制 8 枚导弹攻击 4 个目标。

(2) 同时实现多功能。相控阵雷达波束扫描速度快,获取目标信息的数据率高。相控阵天线波束扫描不受机械惯性的限制,波束移动极快,可在几微秒量级的时间内指向预定方向。由于天线波束位置变化很快,因此雷达可以有很高数据率,从而使相控阵雷达能同时实现制导导弹、跟踪目标、无源探测和电子对抗等多种功能,极大地提高了雷达的作战性能。"爱国者"地空导弹武器系统的相控阵雷达 AN/MPQ-53 的功能,就相当于"奈基"和"霍克"地空导弹武器系统多部不同型号雷达功能的总和。

(3) 辐射功率强。相控阵雷达的天线阵面孔径可以做得很大,即天线的功率孔径乘积大,这样可以增大雷达的作用距离,提高雷达的角分辨力,增大信号噪声比和信号干扰比。

(4) 自适应能力强。相控阵雷达以计算机为控制中心,能根据瞬息万变的空情,实时确定雷达的最佳工作方式,以满足各种复杂情况下的作战要求。

(5) 抗干扰性能好。由于相控阵雷达波束的形状和控制方式、脉冲重复频率和宽度都可以根据实际情况灵活改变,在一定范围内,工作频率和调制方式也可以改变,并可以在短时间内集中所用功率,对干扰目标进行烧穿照射。这种方便的信号加工和灵活的控制方式,便于综合运用抗干扰措施。相控阵雷达是目前抗干扰性能最好的一种雷达体制。

(6) 可靠性高。由于相控阵雷达天线阵列的辐射单元、发射源和很多电路均采用并联工作方式,即使部分元器件损坏,对雷达整体性能的影响也不大。如果在工作中有 10% 的阵列元件损坏,天线增益仅降低 1dB。"爱国者"的 AN/MPQ-53 相控阵雷达的天线单元平均故障间隔时间为 150000h,天线单元损坏 10% 基本不影响雷达的正常工作。

相控阵雷达的主要技术难点体现在以下方面。

(1) T/R 组件的制造难度大。T/R 组件是相控阵雷达天线阵元的核心,要在很小的体积内实现射频信号的发射和接收,要达到一定的功率和灵敏度,研制难度较大,尤其是难以小型化。

(2) 大功率低压电源要求高。相控阵雷达的每个天线阵元所要求的电压不高,但是多个阵元组成的天线所需要的电流却很大,因此需要提供大功率的低压电源,而且要求电源可靠性高、体积小、质量轻。

(3) 冷却要求高。相控阵雷达的天线中密布数百到数千个 T/R 组件，热功率非常高，可以高达几千瓦，因此冷却问题往往成为相控阵雷达设计成败的关键之一。

(4) 数据处理能力要求高。相控阵雷达探测数据的容量大、类型多，因此，对数据处理能力的要求很高。

2.5.2 单脉冲测角技术

在第一代地空导弹武器系统中，美国主要采用针状波束圆锥扫描雷达，而苏联多采用扇形波束线形扫描雷达。到了 20 世纪 70 年代，这两种雷达基本被单脉冲雷达取代。单脉冲雷达测角属于同时波瓣测角。在一个角平面内（如方位角或高低角），两个相同的波束部分重叠，其交叠方向即为等信号轴。将这两个波束同时接收到回波信号进行比较，即可得到目标在该平面上的角误差信息。理论上讲，只要分析一个脉冲就可确定角误差，所以称为"单脉冲"。单脉冲方法可以获得比圆锥扫描、线形扫描高得多的测角精度，并且具有很好的抗干扰性能。由于获取角误差信息的方法不同，单脉冲雷达的种类很多，常用的类型为振幅和差式单脉冲雷达。

振幅和差式单脉冲雷达获得角误差信号的方法，是将两波束收到的信号进行和、差处理，得到和信号和差信号，其中和信号用作目标检测和测距，差信号即为角误差信号。若目标在天线轴向上，误差信号为零。若目标偏向某一个波束方向，则误差信号为"+"，反之，则误差信号为"-"。相控阵雷达普遍采用单脉冲测角法进行角度测量。

单脉冲雷达与圆锥扫描雷达、线形扫描雷达相比有以下特点。

(1) 角跟踪精度高。这对于制导雷达十分重要，只有角跟踪精度高，才能提高制导精度，从而提高导弹的命中率。

(2) 雷达天线利用增益最大方向测距，探测距离远。

(3) 角信息的数据率较高。

(4) 抗干扰能力强。

2.5.3 脉冲多普勒技术

脉冲多普勒雷达，顾名思义，就是利用了多普勒信息的脉冲雷达。脉冲多普勒雷达是在动目标显示雷达基础上发展起来的一种新型雷达。其工作原理与动目标显示雷达相同，但这种雷达既具有距离鉴别能力，又具有速度鉴别能力，抑制杂波的能力比动目标显示雷达更强，因而能在较强的杂波背景中分辨出动目标回波。

脉冲多普勒雷达依靠径向运动目标的多普勒频移。运动目标反射信号在频率轴上有频率平移现象，固定目标则无此现象。多普勒雷达采用带通滤波器将检测速度范围以外的频谱滤除，特别是抑制掉固定回波信号。多普勒滤波器组是脉冲多普勒雷达的关键部件，它由多个通带相连的窄带滤波器组成。某个滤波器中有信号，其中心频率即对应该目标的速度，这样即可测速。由于滤波器的带宽很窄，对杂波滤波性能好，因此极大地提高了雷达在噪声背景下的测量能力。多普勒滤波器输出的信号，经检波、积累，检测得到目标的距离与速度的信息。

脉冲多普勒雷达的一个关键问题是脉冲重复频率的选择问题，如图 2-12 所示，当采用较高的脉冲重复频率时，难以判断目标回波信号是哪一个发射脉冲的回波，产生测距模糊问题。若脉冲重复频率低，使雷达能够满足单值测距条件，但却会出现速度模糊问题。

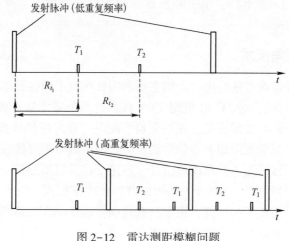

图2-12 雷达测距模糊问题

目标相对于雷达的径向速度也可以用距离变化率求得，这种方法求得的相对速度的精度不高但不会产生模糊。无论采用距离变化率或采用多普勒频移测量速度，都需要时间，观测时间越长，速度的测量精度越高。

2.5.4 连续波调频技术

连续波雷达发射连续的正弦波，主要用来测定目标的速度。如果还要同时测定目标的距离，则需要对信号进行频率调制。调频连续波雷达与脉冲雷达相比，具有较好的反侦察能力，同时还具有较好的距离和速度分辨能力。

调频连续波照射雷达主要用在半主动雷达寻的制导系统中，连续波照射雷达安装在地面，在制导过程中，雷达发射电磁波照射目标。安装在导弹上的接收机接收目标反射的电磁波，用以确定目标的相对坐标及运动参数，形成控制信号，送给自动驾驶仪，操纵导弹沿理论弹道飞向目标。

采用连续波雷达照射的一个优点是设备简单、发射频谱窄、不存在测速模糊。由于发射频谱很窄，使信号的微波预选、滤波等都相对简单，信号处理也易于实施；由于不存在测速模糊，因此可实现单值测速。

2.5.5 脉冲压缩技术

脉冲压缩雷达发射载频是按一定规律变化的宽脉冲，脉冲宽度一般为几十至几百毫秒。接收时采用脉冲压缩技术将宽脉冲压缩成窄脉冲，一般可达零点几微秒。例如英国马可尼公司研制的 L 波段全固态三坐标雷达 S-723 发射脉冲宽度为 $150\mu s$，经接收机压缩后脉冲宽度仅为 $0.25\mu s$。由于发射宽脉冲，可以提高信号能量，从而提高雷达的作用距离；由于接收机输出窄脉冲，又可以保证雷达必需的分辨力。因此，脉冲压缩雷达可以解决提高雷达探测能力和保证必需的距离分辨力之间的矛盾。同时，脉冲压缩也是抗干扰能力较强的一种雷达体制。目前，脉冲压缩雷达广泛采用的信号形式是线性调频信号和相位编码信号。

线性调频脉冲压缩雷达的发射机发射线性调频宽脉冲（在脉冲期间发射信号的频率由高到低或由低到高线性变化），目标回波信号也是线性调频宽脉冲，在接收机中设置脉冲压缩滤波器，该滤波器具有延迟频率特性，即频率越高，延迟时间越短。脉冲压缩滤波器对回波信号中最先进入的低端频率延迟时间最长，对经过脉冲宽度时间而最后进入的高端频率延迟时间最短。由于脉冲压缩滤波器的这一特性，信号中不同频率分量通过脉冲压缩滤波器后几乎同时同相到达输出端，从而获得幅度增大宽度变窄的脉冲信号。由于数字信号处理技术的发展，线性调频脉冲信号产生器和脉冲压缩滤波器逐步采用数字技术实现。

相位编码信号是把发射的宽脉冲分成若干个子脉冲，每个子脉冲的宽度相等，相位按一定规律编码，编码信号被目标发射回来后，在接收机里进行相关处理，将宽脉冲压缩为子脉冲宽度，从而提高距离分辨力。

2.5.6 雷达组网技术

多个雷达站联网工作，具有许多特有的优点，因而越来越受重视。雷达组网可使雷达的有效工作区域扩大，各雷达探测区域相互覆盖和进行空间分集可以消除单部雷达的盲区，从而提高雷达工作的可靠性和抗干扰能力。

多部雷达按链式工作，一个雷达向下一个雷达指示目标，可延伸雷达的作用范围。由远程搜索雷达给跟踪制导雷达指示目标，可使雷达性能互补。两部或多部雷达组成三角测量系统，可提高雷达测量精度。这是因为在几千米甚至更大的距离上，雷达距离数据精度比角度数据的精度高。用来自两个或三个站的距离数据，把测量的三角形边长作为计算机的输入，按三角形方法算出目标的位置，可以提高目标坐标测量的准确度。多部雷达组网可在强干扰情况下，确定干扰机的位置。若其中某些雷达受到干扰，则不受干扰的雷达仍可执行作战任务。若各雷达均受干扰，则可采用无源交叉定位法测定干扰机的位置。当某雷达发现有反辐射导弹攻击时，可立即关机，或采用两雷达轮流开机的方法，使反辐射导弹的导引头难以分选目标雷达的信号，从而使其丢失目标或降低其命中概率，极大程度地保护雷达网，同时起到对抗反辐射导弹的对抗作用。

雷达组网对于发现隐身目标也具有实际意义。多站分散配置，可从多个方向观察目标，而目标在不同的方向上雷达截面积不同，这样位于目标雷达截面积较大方向的雷达就易于发现隐身目标。若采用工作在各种频段的雷达组网，则米波段和毫米波段的雷达更易于发现隐身目标。

由于有以上优点，雷达组网工作越来越受到重视。雷达组网工作时，除包括雷达外，还包括通信系统、数传系统和指挥控制系统、计算机系统等。

2.5.7 雷达反隐身技术

为提高飞行器的生存能力，采取各种措施使雷达不能或难以发现飞行器的技术称为隐身技术。隐身技术的实质是设法减小飞行器的雷达截面积。

雷达反隐身技术是一门多学科综合技术，其技术措施分为两大类：一是抑制隐身效果，使隐身飞行器的雷达截面积不致显著降低；二是提高雷达的探测能力，使雷达能够在所需的距离上检测到雷达截面积小的目标。在实际应用中，这两种措施往往综合使用。

第一类技术措施主要包括：

（1）选用较低的雷达载频，如米波或分米波雷达。因为隐身目标的雷达截面积与波长有关，波长越长，其雷达截面积越大。

（2）采用双/多基地雷达体制。因为隐身目标外形设计主要是减小目标的前向散射截面，而双/多基地雷达收、发分置，接收天线可以接收目标的侧向散射或后向散射。

（3）采用谐波雷达体制。因为隐身目标谐波辐射强度可能比基频前向散射还要大，接收谐波可能获得较大的目标回波信号功率。

（4）采用宽频带雷达。宽频带雷达体制的工作频带极宽，它的某些频率分量与隐身目标谐振而得到强度较大的反射信号，也可以接收目标谐振辐射产生的高次谐波，从这些谐波中检测出隐身目标。

（5）雷达组网。雷达组成网络，使有些雷达能从侧面、背面或底面探测到隐身目标。

第二类技术措施主要包括：

（1）增大雷达的功率孔径积。

（2）增加相参处理的脉冲数。

（3）充分利用目标的极化特性。

（4）采用自适应接收技术。

2.5.8 雷达抗干扰技术

雷达抗干扰是雷达对抗的一个重要方面。雷达对抗由两方面组成：一方面，敌对双方采用各种手段获取对方雷达的性能参数和部署，进而扰乱和破坏对方雷达的正常工作，通常将前者称为雷达侦察，将后者称为雷达干扰；另一方面，敌对双方采取各种措施隐蔽己方雷达的性能参数和部署，并采取各种技术、战术措施消除或减弱对方干扰的影响，通常把前者称为雷达反侦察，把后者称为雷达抗干扰。

在雷达对抗空间，存在着敌对双方的各种雷达信号和各种干扰信号，标志这个空间特征的主要参数有3个：一是雷达信号和干扰信号的密集度；二是雷达信号形式和干扰的种类；三是雷达信号和干扰信号所占的频段和频带宽度。

实施雷达干扰的干扰系统通常由3个部分组成：第一部分是侦察装置，用来搜索、截获对抗空间存在的各种雷达信号，并测定其位置和技术参数；第二部分是干扰控制中心，根据侦察到的数据进行分析、识别、判断威胁程度，并决定何时、何地采用何种干扰方式，并评价干扰效果；第三部分是各种干扰手段。

雷达发现干扰后，首先应对干扰进行测定分析，决定抗干扰的对策，何时采用何种对抗措施。如对付杂波干扰，是采用跟踪杂波源还是采用变频或者使用隐蔽波段，并对所实施的抗干扰效果进行检查，这些工作在现代综合抗干扰系统中都可以自动完成。

雷达抗干扰设备是雷达系统的重要的不可缺少的组成部分，地空导弹制导雷达同其他雷达一样，主要在频域、能量和信号处理等方面提高抗干扰能力。

频域抗干扰的技术主要是提高变频速度和变频带宽，有较大的变频范围和较快的变频速度是抗有源干扰的有效手段，因此频率捷变技术是制导雷达优先采用的一种抗干扰技术。频率捷变能对抗固定频率或窄带瞄准干扰，要对它进行宽带干扰，就需要很强的干扰功率。频率捷变技术还可提高雷达的其他性能，例如可减小跟踪误差，减小相邻雷达之间的干扰，减小地面、海面杂波的干扰等。具有干扰频谱分析能力的频率捷变雷达能自适应地工作在干扰频谱最弱的位置上，从而能有效地对抗宽带噪声干扰。理论和实践都已证明，频率捷变技术是一项很有效的抗干扰技术，新研制的雷达普遍采用频率捷变技术。

干扰系统要想有效干扰雷达，就必须使雷达接收机输出端的干扰功率超过目标信号的功率。因此，除了提高雷达发射机的功率以外，将雷达的有限能量在空间上、时间上和频域上进行集中，最有效地使用雷达能量，并迫使干扰机分散能量，以集中对分散，就有可能使雷达能量在某些空域形成相对优势而战胜干扰。现代相控阵制导雷达采用的集中能量烧穿干扰源的技术就是在能量方面对抗干扰的有效措施。

雷达信号波形从简单的脉冲调幅信号到复杂的调制信号，从单一的信号形式到多种信号的综合使用，从低分辨力到高分辨力，这是雷达信号形式的 3 个重要变革。雷达信息处理就是利用雷达信号与干扰信号的差别，抑制干扰，提取出有用信息。抗干扰雷达信号形式应具有的特点主要包括：不易被截获和模拟；具有大的时宽带宽积，不易被干扰完全覆盖；有较高的分辨力；有利于目标的识别；易于进行信息处理。利用雷达波形设计和信息处理是雷达抗干扰的一个广阔领域。

单一的抗干扰措施只能对抗某一种干扰，如捷变频技术只能对抗积极干扰，但不能对抗消极干扰，单脉冲雷达可以对抗回答式角度欺骗干扰和某些杂波干扰，但不能对抗距离欺骗干扰。所以，提高雷达的抗干扰能力必须采用多种措施，加以优化设计组合。综合抗干扰还包括多种测量手段的综合使用，如结合光学、红外，跟踪杂波干扰源等被动测量目标的方法。发展这种被动测量技术，并与雷达结合使用，将会大大提高雷达的抗干扰能力。对导弹制导过程来说，采用复合制导是提高武器系统抗干扰能力的重要途径。

多种雷达组成雷达网也是综合抗干扰的发展方向，雷达组网可以形成一个十分复杂的信号空间，占有很宽的频段，具有多种信号形式，并且多部雷达利用数据传递和情报控制中心联成一个有机的整体，可以采用多种战术和技术措施实施抗干扰。如合理地配置雷达的位置，分配工作频段，进行多站定位，互相利用数据等。雷达网的综合抗干扰能力不是各部雷达抗干扰能力的代数和，而是一个本质的提高，雷达组网综合抗干扰是雷达抗干扰技术中的一个重要的发展方向。

在未来的雷达对抗空间，复杂的电磁环境是瞬息万变的，电子战将在全空域、全频域、全时域范围内全面展开，因此未来的抗干扰也必然是一个自适应系统。自适应系统需以计算机为基础，计算机能进行复杂的数字运算和逻辑判断，速度快，变化灵活，为抗干扰和雷达实现自适应提供了条件。衡量自适应系统的标准有两个：一个是自适应能力，包括可变参数的多少和变化范围；二是自适应系统的响应速度。自适应系统的智能化是雷达抗干扰的发展趋势。

2.5.9 指令编码技术

在采用指令制导体制的地空导弹武器系统中，制导站测得目标和导弹的坐标后，由计算机按一定的引导方法，计算出制导导弹沿理想弹道飞行所需的控制指令，这些指令需要由指令传输系统传送到导弹上去。由于一个制导站要同时控制多枚导弹，所以要发射多个指令信号。如果每个指令采用一个频率，用一个信道传输，系统将会十分复杂。较好的办法是采用一条无线电信道，按时间来区分，分别发射出去，这就是时间分割多路传输。

为了在某个时间间隔内传输多路信息，需要将连续指令信号变为离散指令信号，要对连续指令信号进行取样和量化处理，进行模/数转换，把模拟量变为数字量。在量化时可能会产生失真，失真应小于给定值。

为使位于空中的导弹能辨认出各自的控制信号，并提高抗干扰性能，需给每个信号一个显著的特征，一般采用不同的频率、相位或采用不同的编码。理论和实验研究都证明脉冲调相和脉冲编码调制抗干扰性最好，最适于用作多路传输。

脉冲调制就是先发射一定重复频率的基准脉冲，然后将代表指令的工作脉冲插入基准脉冲之间，插入的时间位置代表指令的大小。由于脉冲间有很多空隙，可以插入各路指令，形成脉冲列发射出去。

脉冲编码调制是将指令的大小和正、负号预先编成计算机使用的二进制码，插入基准脉冲之间，其所处的时间位置则是固定的。此外，基准脉冲也要传输出去，作为同步用，称为帧同步脉冲。传输时一帧一帧周而复始，就达到了利用单一无线电通道传输多路信息的目的。

传输数字式指令时，可添加一些新信息，进行抗干扰编码。即除了传输信息所必需的数码（信息码）外，还增加了为抗干扰而设立的数码（校验码）。这样数字式指令包含导弹地址码、指令地址码和指令值三部分。导弹地址码触发弹上应答机，向制导站发回应答信号。指令地址用于区别不同指令。在报文开门脉冲之后是指令符号、指令值。指令值传完后是关门信号，最后是校验位。对控制信号进行采样、量化、编码和加密，再经指令发射系统将指令发射出去。导弹接收到传输指令后进行解密、译码，再转化为控制指令，即完成了控制指令的多路传输。

2.5.10 雷达成像技术

成像雷达的出现大大扩展了原始雷达概念，它以宽带微波发射和接收为基础，结合先进的现代雷达信号处理技术（包括脉冲压缩和合成孔径技术），获取径向和横向距离分辨率远小于目标尺寸的微波雷达图像，使雷达功能由对目标检测、定位和跟踪拓展到对目标和场景的成像识别。逆合成孔径雷达（inverse synthetic aperture radar，ISAR）是当前成像雷达的重要发展方向之一，它可以全天候、全天时、远距离对目标进行成像，具有很高的信息获取能力。逆合成孔径雷达获得的距离-方位二维高分辨图像可以刻画目标大小、形状、结构及姿态等细节，为雷达目标特征提取、分类及识别提供丰富的信息。因此，逆合成孔径雷达成为战略防御、反卫星、反导以及天体观测等现代军用和民用领域的重要传感器，具有显著的应用价值。

逆合成孔径雷达通过发射大带宽信号获得高分辨距离像，经过雷达和目标间的径向运动补偿后，对积累的脉冲串相干处理获得横向多普勒频率高分辨率。逆合成孔径雷达对远距离非合作目标的成像能力使其在军事应用上的优势明显。战略级别的应用包括战略防御系统及空间反卫星侦察等，例如对中段及再入段弹道导弹和侦察卫星等目标的成像识别；战术级别应用包括空中战斗机及直升机等目标的监视。除对空间及空中目标的监视之外，逆合成孔径雷达对海面舰艇成像是现代海战中重要信息获取手段，而对地面坦克及车辆等目标成像识别也是逆合成孔径雷达的重要军事应用。

思 考 题

1. 雷达主要由哪些部分组成？
2. 雷达利用电磁波工作的基本依据是什么？
3. 在雷达应用中，测定目标坐标常采用极坐标，空间任一点的位置由哪些坐标值确定？
4. 雷达的基本任务是什么？雷达具有什么功能？
5. 雷达测距的基本原理和雷达测距公式分别是什么？
6. 雷达测角的基本原理是什么？
7. 雷达测高基本原理是什么？
8. 雷达测速的基本原理和测速公式分别是什么？
9. 雷达作用距离与雷达的哪些性能参数有关？
10. 雷达作用距离与雷达的哪些工作环境因素有关？
11. 雷达的战术参数有哪些？
12. 雷达的技术参数有哪些？
13. 试说明米波段、分米波段、厘米波段及毫米波段雷达的主要用途和特点。
14. 什么叫相控阵雷达？相控阵雷达主要有哪些特点？
15. 单脉冲雷达有哪些显著特点？
16. 什么叫脉冲多普勒雷达？它有哪些特点？
17. 什么叫连续波雷达？它有哪些特点？

第 3 章 导 弹 系 统

在制导过程中的导弹是一个被控对象,当导弹偏离要求的弹道时,制导系统立即产生相应的引导指令,使导弹迅速、平稳地飞向要求的弹道。一般情况下,研究地空导弹在空间的飞行问题是很复杂的,即使在舵面固定偏转的条件下,导弹作为刚体在空间也有 6 个自由度,需要由 12 个一阶微分方程来描述,若考虑制导系统中各元件的工作过程,描述导弹飞行过程的微分方程数目就更多。本章主要介绍导弹系统的功能、组成,导弹运动学原理,导弹控制方法、导弹的机动性和操纵性、导弹技术发展趋势等问题。

3.1 导弹系统功能与组成

3.1.1 导弹系统功能

导弹系统是地空导弹武器系统的核心分系统之一,是地空导弹武器系统的重要组成部分,是实现毁伤目标的重要单元,是地空导弹武器系统完成作战任务的最终手段。

3.1.2 导弹系统组成

导弹系统主要由弹体、弹上制导装置、引战系统、动力装置和弹上能源系统(电气源设备)等组成,这些组成部分的选用取决于地空导弹武器系统的作战任务和与之相适应的战术技术性能,以及武器系统的工作体制和所采用的技术手段。因此,不同类型的地空导弹在结构内容和构成形式上存在很大差异。

1. 弹体

导弹弹体是战斗部、发动机、弹上各种仪器设备、翼面、推进剂的安装和承载平台,同时导弹弹体还要承受导弹飞行和运载过程中的各种载荷,如发动机的推力、空气动力、运载时的支反力、重力、惯性力、贮箱的内压力、分离机构的预紧力等。导弹的弹体结构必须能够在各种载荷、振动和气动加热等环境条件下,有效地抵抗变形与破坏,保证可靠、安全地工作。因此,弹体结构应保证能可靠地承载,弹体的结构布局应与相应的外载荷相匹配。对弹体结构的要求:具有良好的空气动力外形,足够的强度和刚度,良好的工艺性,尽可能轻的结构质量,使用维护简便。导弹的弹体结构由弹身和翼面(弹翼和舵面)组成。

1)弹身

弹身是承力、承载、安装部件的结构系统,一般是薄壁式结构(又称为薄壳结构或蒙皮骨架结构)。

弹身一般是一个旋转体,其头部和尾部通常呈圆锥形或抛物线形,中部呈圆柱形。

弹身的主要功用是装载战斗部、推进剂和各种弹上仪器设备，安装弹翼、舵面、发动机、弹上控制装置和电、气源等部件，并承受这些部件的载荷。弹身的横截面通常为圆形，弹身的基本结构一般是由纵向、横向加强件和蒙皮组成的薄壁结构，分为梁式结构、桁条式结构、硬壳式结构等。

由于制造、部件安装、使用维护的原因，弹身一般分为若干舱段，舱段之间采用套接、对接等方式连接，连接形式取决于各舱段分离面的功用和舱段之间的传力情况。

对制造弹体的材料要求是强度大、刚度大、密度小、工艺性好、经济性好。因此，战术导弹弹体的材料一般为铝合金、镁合金等。

2）翼面

导弹的翼面指的是安装在弹身上的各种空气动力面，空气动力面相对于弹身分为固定与活动两种，前者用来产生导弹飞行所需的升力，称为弹翼；后者用来产生控制和稳定导弹飞行所需的力矩，称为舵面。

翼面的平面形状有三角形、矩形和梯形，截面形状有菱形、六角形和双弧形。

导弹在飞行状态下，翼面上所受的载荷有分布载荷和集中载荷。翼面各构件要承受剪力、弯矩和扭矩。翼面按构造特点可分为蒙皮骨架式、整体结构式和夹层结构式等。

为了减小导弹的外廓尺寸，目前地空导弹普遍采用折叠弹翼（舵面）。折叠弹翼（舵面）的采用可以减小发射筒的横向尺寸，为筒弹一体化设计创造了条件。常见的折叠弹翼（舵面）有3种形式：一是弹翼（舵面）绕着平行于导弹纵轴的一个轴进行折叠，多用于小展弦比的弹翼上，如"毒刺"导弹的尾翼；二是绕着垂直于弹翼弦平面的一个轴进行折叠，多用于大展弦比的弹翼上，如便携式地空导弹的舵面；三是将弹翼分为内外翼两段，内翼的结构为中空形式，当导弹在发射筒内处于折叠状态时，外翼被压缩在内翼中，如"响尾蛇"导弹的弹翼。导弹与发射筒（架）分离后，弹翼迅速展开到确定位置，展开时间通常不大于0.3s。折叠弹翼的采用可缩小导弹的横向尺寸，可减少发射筒的尺寸，缩小发射装置的体积和质量。

3）气动布局

导弹的气动布局指的是导弹各主要部件的气动外形及其相对的安装位置，即导弹的弹身和空气动力面（如弹翼和舵面）的几何参数和外形几何尺寸，以及它们沿导弹弹身周向和轴向的配置形式。

导弹的气动布局对导弹的性能影响很大，良好的气动布局将使导弹具有良好的气动性能，满足导弹的机动性、稳定性和操纵性要求，降低导弹的结构质量，提高导弹的作战性能。

对于地空导弹，空气动力面沿弹身周向配置的常见形式有"－"字形、"×"字形和"＋"字形等，如图3-1所示。

平面形布局是由飞机翼面移植而来的。与其他形式的翼面布局相比，平面形布局具有翼面少、质量小、阻力小和便于悬挂等优点。但平面形布局的导弹横向机动能力低，响应时间慢。因为平面形布局的导弹在横向机动时，如靠侧滑产生所需的侧向力，则所能产生的侧向过载较小；如靠倾斜（滚转）产生所需的侧向力，则升降舵与副翼的协调关系复杂、响应慢、制导误差大。因此，平面形布局一般用于攻击固定目标或机动性不大的运动目标。随着控制技术的发展，出现了倾斜转弯技术（bank-to-turn，BTT），

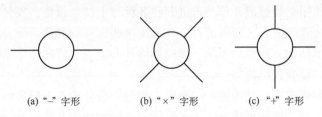

图 3-1 空气动力面沿弹身周向布置的常见形式

BTT 技术利用控制导弹高速滚转的技术，使平面翼所产生的过载（升力）方向始终指向所要求的机动方向，即目标方向。BTT 技术既可充分发挥平面形布局升阻比大、翼面结构质量小的优点，又解决了地空导弹要求在任何方向快速机动的问题。

"-"字形布局特点是在只能在一个方向上产生机动过载，且导弹在空间某个方向机动时，导弹需要发生滚转；"×"字形布局和"+"字形布局的特点是在各个方向都可产生相同的机动过载，且具有在任何方向机动的快速响应能力。因此，导弹在空间任何一个方向机动时，导弹不必滚转，控制系统的滚转通道只要稳定滚转角或滚转角速度即可，从而简化了控制系统的设计。目前，"+"字形布局和"×"字形布局在地空导弹中得到了广泛的应用。但是，"×"字形布局和"+"字形布局由于翼面多、结构质量大、阻力大、升阻比小，因此与"-"字形布局相比，为了达到相同的速度特性，需要多消耗一部分能量。同时，在大攻角情况下，将引起较大的滚转干扰。随着导弹射程的增大，升阻比小的缺点更显突出。因此，随着 BTT 技术的发展，对于远程战术导弹将考虑采用平面形布局和椭圆截面的弹身以提高升力、减小阻力。

弹翼和舵面沿弹身轴向配置的常见形式有正常式、鸭式、旋转弹翼式、无翼式和无尾式 5 种，如图 3-2 所示。

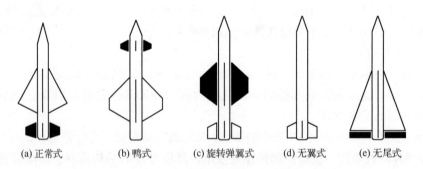

图 3-2 空气动力面沿弹身轴向布置的常见形式

正常式布局的弹翼配置在弹身的中段，舵面位于导弹质心之后的弹身尾段，弹翼和舵面通常为"×-×"型配置。有时为了满足全弹道飞行的静稳定性与机动性要求，在弹身头部配上一组固定小前翼或可调节的小前翼。正常式布局导弹的舵面位于弹翼之后，在对导弹实施控制时，舵面偏转所产生的升力增量（操纵力）与弹翼上所产生的升力增量方向相反，因此导弹的响应特性较差。此外，若导弹采用固体火箭发动机，则在后部舵面位置由于受发动机的影响，舵机和操纵机构的安装受到较严格的限制。正常式布局的升力特性和响应特性比鸭式布局和旋转弹翼式布局差，但由于正常式布局的舵面离导弹质心较远,舵面的面积可小一些,舵面的载荷和力矩也相应较小。同时,由于弹翼固定不偏转,对位于后面的舵面带来的洗流影响较小,空气动力的线性程度比鸭式布局和旋转弹翼式布局要好得多。正常式布局是目前地空导弹应用较广泛的气动布局,如 SA-2。

鸭式布局的舵面位于导弹质心之前的弹身头部,弹翼位于弹身后部。鸭式布局由于舵面位于弹翼之前,因此舵面偏转所产生的升力增量(操纵力)与弹翼上所产生的升力增量方向相同,因此导弹的响应特性较快、升阻比大、舵面效率高;由于舵面远离导弹质心,便于静稳定度的调整;由于舵面位于弹身前部,舵机和操纵机构的安装较为方便。鸭式布局的主要缺点是鸭式舵面很难作滚转控制。对于采用旋转弹体单通道控制的便携式地空导弹,由于不需要在滚转方向进行严格的角度和角速度稳定控制,因此对于要求操作性能好、单通道控制的便携式地空导弹,鸭式布局是一种最好的气动布局,现役和正在研制的便携式红外寻的地空导弹多数采用鸭式布局,在一些近程地空导弹中也得到应用,如"响尾蛇"地空导弹。

旋转弹翼式布局依靠直接偏转弹翼(位于导弹质心附近的主升力面)产生机动所需的升力,所以导弹的响应特性比其他气动布局都快。旋转弹翼式布局由于要偏转导弹的主弹翼,因此舵机需要较大的作动力。旋转弹翼式布局和鸭式布局均使用前翼作为操纵面,但应用范围不同,旋转弹翼式布局主要应用于冲压发动机的导弹和射程比较近的小型导弹上。采用旋转弹翼式布局的地空导弹有"阿斯派德""罗兰特"、SA-6,空空导弹有"麻雀"-Ⅲ等。

无翼式布局实际上就是全动弹翼式,即将整个弹翼做成可转动的,既可起翼面作用,又可起舵面作用。无翼式布局可提供很大的法向力,即可提供很大的机动过载。随着空中威胁的发展,对中高空地空导弹的射程要求越来越大,这就要求导弹有更快的飞行速度;另一方面,为了拦截战术弹道导弹,要求导弹具有更快的响应特性。当导弹在大速度飞行时,弹身对升力的贡献增加,而弹翼的贡献相对减小,特别是大攻角技术的应用,弹身对升力的贡献更大了,弹翼的作用更小了,缩小弹翼面积以至完全取消弹翼成为有翼导弹气动布局发展的一个新方向。无翼式布局具有结构质量小、结构简单、工艺性好、发射装置简单的特点,为制造和使用维护带来极大便利;无翼式布局具有较好的过载特性,改善了非对称气动力特性,具有较高的舵面效率。无翼式布局存在的最大问题是在导弹飞行过程中,随着飞行马赫数的变化,压力中心的变化范围较大,而且气动力的非线性较为严重。随着现代控制技术的发展和弹上计算机的应用,以上问题可得到妥善解决。因此,无翼式布局近年来在先进的地空导弹中越来越广泛地被采用,如俄罗斯 C-300ПМУ 系列、美国"爱国者"系列等。

无尾式布局的特点是舵面安置在弹翼后缘,是正常式布局的变形。在翼展受严格限制的情况下,无尾式布局产生升力的能力最大,因此适用于高空高速地空导弹。无尾式布局的主要问题是弹翼位置很难确定,如果弹翼位置太靠后,将使导弹的静稳定性过大,需要付出较大的舵偏角或采用较大的舵面才能达到预期的机动过载;如果弹翼位置太靠前,又会降低舵面的效率。采用无尾式布局的地空导弹有"霍克"系列。

选择气动布局的主要原则:升力大,阻力小,即升阻比大;舵面效率高,导弹响应特性好,过渡过程时间短;使舵面产生的铰链力矩小;部位安排方便,结构简单。

4) 部位安排

部位安排是选择气动布局的一个非常重要的因素，发动机、舵机、导引头、战斗部等部件均要考虑部位安排。部位安排的任务是将弹上的有效载荷（引信、战斗部）、各种设备（自动驾驶仪、遥控应答机等）、动力装置（发动机）及伺服机构（舵机、操纵系统）等进行合理的安排设计。

部位安排与气动布局同步进行，是一项综合性很强的设计任务。部位安排与气动布局一样，均要满足特定的设计要求，要满足导弹的稳定性、操纵性、工作环境、使用维护等要求，此外还要满足结构简单、质量轻、工艺性好的要求。

采用固体火箭发动机时，对于正常式布局，舵机和操纵机构可安排在喷管周围，但如果弹径较小，喷管周围可利用的空间极为有限，在这种情况下，鸭式布局就显示出了优越性。鸭式布局的舵机和操纵机构可做成一个独立的舱段，安排在导弹的前部。

对于采用寻的制导体制的导弹，为保证导引头具有良好的工作条件，应将导引头安排在导弹头部。在这种情况下，若采用鸭式布局，舵机舱就只能安排在导引头之后。这种安排将缩小舵面与导弹质心的距离，使操纵效率降低。所以对于弹径较大的寻的制导的导弹一般采用正常式布局、无尾式布局或无翼式布局。

2. 弹上制导装置

弹上制导装置是地空导弹制导系统的全部（寻的或自主制导体制）或一部分（遥控制导体制），用来不断地测定导弹与目标的相对位置和导弹的瞬时姿态，产生、处理并执行将导弹导向目标的指令。弹上制导装置一般由引导指令产生装置（若是遥控制导体制则称为指令解算装置）、自动驾驶仪（包括敏感元件、变换放大器）和执行机构（舵机）组成。弹上制导装置的功能和具体组成因制导体制的不同而有很大的差别。

1) 引导指令产生装置

弹上制导装置的引导指令产生方式由其制导体制确定。

遥控制导体制的引导指令来自地面的制导站，地面制导站跟踪目标和导弹，依照一定的引导方法形成引导指令，利用无线电信道发送给导弹。导弹上接收地面制导站发送的引导指令的设备称为遥控应答机（无线电控制仪）。遥控应答机接收地面制导站发送的引导指令，并将引导指令解码后送给自动驾驶仪。

寻的制导体制的引导指令来自弹上的导引头，导引头是一种安装在导弹上的目标跟踪装置，导引头测量导弹偏离理想弹道的失调参数，利用失调参数形成控制指令，送给弹上的自动驾驶仪。

2) 自动驾驶仪

自动驾驶仪是导弹制导与控制系统的重要组成部分，自动驾驶仪的功用是控制和稳定导弹飞行。自动驾驶仪的控制工作状态是指自动驾驶仪按控制指令的要求操纵舵面偏转或改变推力矢量方向，改变导弹的姿态，使导弹沿基准弹道飞行；自动驾驶仪的稳定工作状态是指自动驾驶仪自动消除因干扰引起的导弹姿态的变化，使导弹的飞行方向不受扰动的影响。

自动驾驶仪通常由执行机构（舵机）、惯性测量元件和控制电路组成。常用的惯性测量元件有陀螺仪和加速度计，陀螺仪能够敏感弹体的姿态角或姿态角速度，加速度计能够敏感弹体的线加速度。控制电路由数字电路和（或）模拟电路组成，用于实现信号的综合运算传递、变换、放大和自动驾驶仪工作状态的转换等功能。执行机构的功能是根据控制信号去控制相应的空气动力控制面的运动或改变推力矢量的方向，从而控制导弹的飞行方向。

陀螺仪和加速度计是飞行器的核心制导设备，是惯性导航、惯性制导和惯性测量系统的核心部件，广泛应用于军事和民用领域。陀螺仪是一种能够精确地确定运动物体的方位的仪器，陀螺仪依靠陀螺高速旋转的定轴特性，测量载体的运动，不管载体如何运动，陀螺仪都能够保持平衡。加速度计则利用惯性体的惯性作用测量载体的线加速度，通过对线加速度进行积分，即可获得载体运动的速度和距离。

陀螺仪的种类很多，有机电、激光、光纤、压电和微机械等种类。各种陀螺仪都具有自身的优点。早期的陀螺仪多为机电式陀螺仪，随着微电子技术的发展，激光陀螺仪和光纤陀螺仪的性能日益完善。激光陀螺仪和光纤陀螺仪是由光电子器件组成的光干涉仪系统，没有任何活动部件，这就决定了这种陀螺具有独特的优点：不怕冲击振动，可以在恶劣的力学环境下应用；对角速率的反应极快；角速率测量灵敏度高；测量速率范围大；潜在的成本低；加工简单。这些优点是其他陀螺不能比拟的，因此在现代导弹上广泛应用激光和光纤陀螺仪。

在导弹飞行的过程中，导弹在空中的运动可用导弹的质心运动和弹体绕导弹质心的姿态运动来描述，自动驾驶仪依据指令操纵舵面发生偏转或改变推力方向，弹体按照要求的方式绕导弹的质心做上下（俯仰）或左右（偏航）运动。导弹的这种运动可视为导弹从一种状态向另一种状态转变的过程，对于这一转变过程有稳定性、机动性和操纵性的要求。

安装在导弹上的自动驾驶仪就是要保证导弹在各种飞行状态下，都能满足导弹系统对稳定性、动态响应性能等方面的要求。如果所设计的导弹的弹体具有很高的静稳定性，即具有很低的操纵性，在压心或质心有小量移动时也不会造成静稳定度有很大变化，这种情况下就没有必要装置自动驾驶仪。如一些飞行高度基本不变、攻击慢速目标、并以近似不变的速度进行飞行的反坦克导弹。

自动驾驶仪与导弹弹体构成的闭合回路称为稳定回路，稳定回路的任务是在导弹受到干扰的情况下保持导弹的姿态不变。当导弹在飞行过程中受到干扰，或导弹依据指令操纵舵面发生偏转或改变推力方向时，弹体会因干扰的影响或按照要求的方式绕导弹的质心做上下（俯仰）或左右（偏航）机动，如果导弹上装有陀螺仪和加速度计等惯性测量元件，这些惯性测量元件就会感受和测量出弹体运动的变化，惯性测量元件的输出对弹体形成反馈，以修正导弹的运动。在稳定回路中，自动驾驶仪是控制器，导弹弹体是受控对象。自动驾驶仪的作用是稳定导弹绕质心的姿态运动，并依据引导指令正确、快速地操纵导弹的飞行。自动驾驶仪通过操纵导弹的空气动力控制面或推力矢量控制导弹的姿态运动。

自动驾驶仪一般分为3个通道：控制导弹在俯仰平面内的运动的部分称为俯仰通道；控制导弹在偏航平面内的运动的部分称为偏航通道；控制导弹绕弹体纵轴转动运动的部分称为滚转通道。它们与弹体构成的闭合回路，分别称为俯仰稳定回路、偏航稳定回路和滚转稳定回路。对于轴对称的"+"字形气动布局导弹，俯仰稳定回路和偏航稳定回路一般是相同的,统称为测向稳定回路。对于轴对称的"×"字形气动布局导弹,没有俯仰和偏航回路之分,因为导弹的俯仰运动和偏航运动都由两个相同的回路(统称称为Ⅰ回路和Ⅱ回路)的合成控制实现。如SA-2导弹的舵面分为1、2、3、4号舵,其中1、3舵各有一台舵机,起舵和副翼的作用,2、4舵共用一台舵机,仅起舵的作用(图3-3,视角为导弹的尾部)。对于俯仰运动和偏航运动而言,1、3舵称为Ⅰ回路,2、4舵称为Ⅱ回路。若1、2、3、4号舵的前缘同时上偏,则导弹在俯仰平面内做低头动作,如图3-3(a)所示(俯仰控制);若1、3舵的前缘上偏,2、4舵的前缘下偏,则导弹在偏航平面内做右偏航动作,如图3-3(b)所示(偏航控制);若1、3舵差动偏转,则可进行滚转控制,图3-3(c)所示。

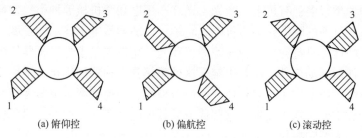

图3-3 "×"布局Ⅰ回路和Ⅱ回路控制示意图

旋转导弹的自动驾驶仪没有滚转通道,只用一个侧向通道控制导弹的空间运动,因而被称为单通道自动驾驶仪,如旋转弹体单通道控制的便携式地空导弹。

对于非旋转导弹,不允许导弹在空中滚转,否则控制指令坐标系与弹上执行坐标系之间的相对关系就会被破坏,从而使指令执行过程发生错乱,导致控制作用失效。此时导弹的滚转控制是由导弹上的自动驾驶仪自行完成的。

3)执行机构

在大气层中高速飞行的导弹,可通过改变空气动力的方向获得控制力,而改变推力矢量的大小和方向的方法获得控制力则可以应用于大气层内或大气层外飞行的导弹。改变空气动力或推力矢量方向的装置称为执行机构。

执行机构是导弹控制系统的重要组成部分,它的功用是根据导弹的控制信号或测量元件输出的稳定信号,操纵导弹的舵面或副翼偏转,或改变发动机的推力矢量方向,以控制和稳定导弹的飞行。

执行机构一般是由放大变换元件、舵机和反馈元件等组成的一个闭合回路。放大变换元件的作用是将输入信号和舵的反馈信号进行综合、放大,并根据舵机的类型,将信号变换成舵机所需的信号形式;舵机是操纵舵面转动的器件,它在放大变换元件输出信号的作用下,能够产生足够的转动力矩,使舵面迅速偏转,或将舵面固定在所需的角度上;反馈元件的作用是将执行机构的输出量(舵面的偏转角)反馈到输入端,使执行机构成为闭环调节系统,以提高执行机构的调节质量。舵机是执行机构的核心。

对执行机构的基本要求有:舵机能够产生足够大的输出力矩;能使舵面产生足够的偏转角和角速度;舵回路应有足够的快速性;舵回路的特性应尽量呈线性特性;外形尺寸小、质量轻、经济可靠等。

舵机包含能源和作动装置两部分,能源或为电池或为高压气源(液压)。舵机按所采用能源的不同，分为电动式舵机、气压式舵机和液压式舵机。

电动式舵机分为电磁式和电机式两种。电磁式舵机实际上是一个电磁机构，其特点是外形尺寸小，结构简单，快速性好，但电磁式舵机的功率小，一般用于小型导弹上。电机式舵机以直流、交流电动机为动力源，所以输出功率较大，且结构简单、制造方便，但电机式舵机快速性差。

气压式舵机按气源种类的不同分为冷气式和燃气式两种。冷气式舵机采用高压冷气瓶中储藏的高压气体（空气或氮气）为气源来操纵舵面的运动。燃气式舵机采用推进剂燃烧后所产生的气体为气源来操纵舵面的运动。

液压式舵机以液压油为能源，液压油储存在油瓶中，并充有高压气体给液压油加压。液压式舵机体积小、质量轻、功率大、快速性好。液压式舵机的不足是液体的性能受外场环境条件的影响较大，加工精度要求高，成本高。

随着现代地空导弹的发展，为了满足导弹控制快速性的要求，越来越多的地空导弹采用推力矢量装置控制导弹的飞行。推力矢量是依靠改变发动机排出气流的方向来改变导弹飞行方向的一种导弹控制方法。推力矢量方法首先运用于洲际弹道导弹，随着技术和制造工艺的发展，近些年才在战术导弹上普遍应用。与空气动力执行机构相比，推力矢量控制装置具有明显的优点，控制力大、响应快速，即使在高空飞行和低速飞行阶段，推力矢量控制装置都能提供有效的控制力，并且能获得很高的机动性能。推力矢量控制装置不依赖大气的空气动力，但不适用于被动段飞行的导弹。推力矢量控制装置是垂直发射的导弹的必备技术。

4）导引头

对于采用寻的制导体制的导弹，采用导引头获取目标信息。按目标信息源的不同，导引头分为主动导引头、半主动导引头和被动导引头。按接收能量的物理性质不同，导引头分为雷达导引头和光电导引头，光电导引头又分为电视导引头、红外导引头和激光导引头。

(1) 导引头的作用。

导引头的作用：截获并跟踪目标、测量并输出实现引导方法所需的参数，消除弹体扰动对天线空间指向稳定的影响。采用不同的引导方法所要求测量的参数类型不同：采用追踪法时，测量的参数为目标的速度矢量方向与目标视线之间的夹角；采用平行接近法或比例导引法时，则测量的参数为目标视线转动的角速度。

导引头是寻的制导装置的主要设备，它主要完成以下工作。

① 在飞行准备阶段，接受和执行火力控制系统的各种初始参数预置，产生导引头的预定指令。

② 快速截获指定目标。

③ 实现对目标的角度自动跟踪，并进行天线稳定，建立导弹与目标之间的运动联系。

④ 按选定的导引方法，获取导弹-目标相对运动的有关参数。对比例导引方法，要求导引头测量导弹-目标视线的转动角速度。

⑤ 测量导弹的某些运动参数，对飞行弹道进行补偿，优化导弹的飞行轨迹。

⑥ 根据导弹-目标运动参数和引导方法，产生相应的控制指令，送往自动驾驶仪。

⑦ 向引信发送有关参数、控制指令等。

导引头按照其功能模块可以分为探测系统、控制系统、信息处理系统三部分。雷达导引头探测系统采用无线电探测方式获取目标信息，并转换成电信号的形式送往信息处理系统。探测系统主要包括天线罩、天线和收发开关等。导引头常用的天线有单脉冲天线、旋转抛物面天线、平面缝隙阵列天线和相控阵天线等。天线一般位于导引头的最前端，为了改善导引头天线及天线伺服系统的使用环境，并保证形成良好的导弹气动外形，在天线外面覆盖有天线罩。

导引头信息处理系统用于完成对探测系统所获取的目标分类、目标检测、制导信息提取任务，根据导弹-目标相对运动关系和引导方法等形成引导指令，并按照目标质心相对于天线轴中心的误差，解算输出满足寻的制导控制系统要求的特性参数。对于主动式和半主动式雷达导引头来讲，接收机是完成导引头信息处理的主要装置，对于主动式雷达导引头还需要有发射机。信息处理系统主要包括信号检测系统、制导信息提取系统、指令形成与逻辑管理系统等。

雷达导引头控制系统，也称为导引头的伺服系统。其作用：首先稳定探测系统天线轴，隔离弹体姿态角扰动；然后利用控制电路，对信息处理系统输出的误差指令进行品质提高与功率放大，形成对目标进行跟踪的控制电流，同时通过控制调节器对导引头控制回路进行校正，以满足导引头系统的总体要求；最后通过力矩器接收与目标位置误差成比例的控制电流，形成驱动天线轴进动的控制力矩，实现对目标的自动跟踪。控制系统主要由导引头的预定回路、稳定回路和角跟踪回路等部分组成。

雷达导引头的简单工作过程是：装在导弹头部的导引头天线，通过头部天线罩辐射和接收电磁波。接收到的目标回波和各种杂波信号送到接收机进行放大、滤波和变换，然后在信号处理器中提取目标的角度信息和导弹-目标接近速度信息，再送到数据处理系统中，经过滤波估值得到各项运动信息，加上导弹自身信息，形成对天线伺服系统的控制指令，调整导引头天线跟踪目标，实现对目标的角度跟踪，同时发送到发射机系统，改变发射机频率，实现对目标回波的多普勒频率跟踪。在数据处理系统中还形成控制指令，送给自动驾驶仪，通过舵系统控制舵面偏转，实现导弹的俯仰和偏航方向上的控制。导引头还产生用于控制导弹状态转换的逻辑信号，以及送给引信各种控制信号和逻辑指令。在发射准备阶段，导引头还接收发控车的发射初始参数装订及飞行过程中还可能形成控制引信加电指令信号、控制引信工作状态的信号及导弹自毁信号等。

（2）导引头的组成。

① 雷达导引头。

雷达导引头的组成与采用的工作体制和天线的稳定的方式有关。连续波半主动导引头的组成包括回波天线、直波天线、回波接收机、直波接收机、速度跟踪电路以及天线伺服系统等。通常将回波天线、直波天线、回波接收机、直波接收机、速度跟踪电路等统称为接收机，其作用是敏感目标视线方向与导引头天线指向的角误差，输出与该误差角成正比的信号。由于导引头是一个角速度跟踪系统，因此接收机输出的信号实际上也与视线角速度成正比。则接收机的另一个作用是将直波信号的多普勒频移与回波信号的多普勒频移进行综合，输出与导弹-目标接近速度成正比的信号，由此获得引导方法所需的信号。

伺服系统的作用是根据接收机送来的角误差信号，控制天线转动，跟踪目标，消除误差。由于导引头在运动的导弹上工作，因此导引头必须具有消除弹体运动对导引头天线空间稳定影响的能力。雷达半主动导引头的组成框图如图 3-4 所示。

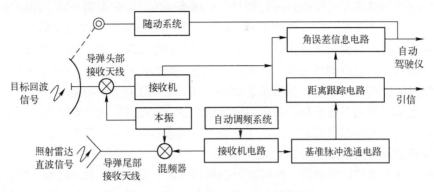

图 3-4　雷达半主动导引头组成框图

雷达主动导引头除了接收机外，还装有雷达发射机，可以独立捕获和跟踪目标。目前装备的雷达主动导引头的工作频率通常为 8~16GHz。

② 红外导引头。

红外自寻的制导分为红外非成像自寻的制导和红外成像自寻的制导两种。

红外非成像自寻的制导是发展较早的一种制导技术，一般简称为红外寻的制导，它是利用目标辐射的红外线作为信号源的被动式自寻的制导技术。在红外非成像自寻的制导装置中，光学系统将目标成像于焦平面上，所以也称为红外点源自寻的系统。随着目标的运动，成像于焦平面上的目标点发生移动，敏感元件测量出移动的目标点与导弹轴线的偏差，形成控制信号，控制导弹偏转，使导弹的轴线对准目标。红外导引头的示意图如图 3-5 所示。

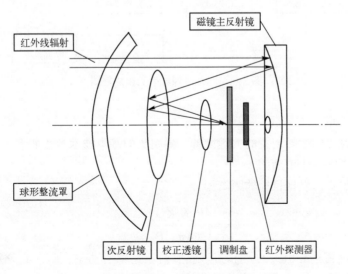

图 3-5　红外导引头示意图

目标发出的红外辐射经透镜、磁镜主反射镜、次反射镜、校正透镜，被聚焦在调制盘上。经光学系统聚焦后的目标像点，是强度随时间不变的热能信号，如直接进行光电变换，得到的电信号只能表明导引头视场内有目标存在，但不能判定目标的方位。因此，在光电转换前需对目标像点进行调制，将接受到的恒定辐射能变换为随时间断续变化的辐射能，并使调制后的信号的幅值、频率、相位随目标在空间方位的变化而变化。调制盘对所接受的目标信息进行调制，从而鉴别出目标偏离光轴（导弹基线）的方位，产生偏差信号，送给自动驾驶仪，形成控制指令，执行机构依据指令操纵舵面，导弹偏转，使导弹的轴线指向目标，同时调制盘还具有空间背景滤波的功能。

红外点源自寻的系统从目标获得的信息量太少，只有目标的位置信息，不能反映目标的形状，没有区分多目标的能力，并且受气象因素影响较大。随着红外干扰技术的发展，红外点源自寻的系统已难以适应。

红外成像自寻的制导利用红外探测器探测目标的红外辐射，利用红外成像技术获取目标的红外图像，据此进行目标捕获与跟踪。红外成像又称为热成像，红外成像技术就是将物体表面温度的空间分布情况变为按时间顺序排列的电信号，用数字信号处理方法处理这种图像，从而获得制导信息。实际上，红外成像探测的是目标和背景间的微小温差或辐射频率差引起的热辐射分布图像。目前使用的实现红外成像的典型装置是以美国"幼畜"空地导弹为代表的多元红外探测器线阵扫描成像制导装置，采用红外光枢机扫描成像导引头；与非成像红外制导相比，成像红外制导具有视场大、响应速度快、探测能力强、作用距离远、全天候能力强等优点，有更好的对地面目标的探测和识别能力，但成本较高，一般是非成像红外制导装置的几倍。红外成像导引头的组成框图如图 3-6 所示。

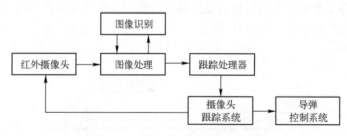

图 3-6　红外成像导引头组成框图

（3）导引头的基本参数。

导引头是自寻的制导装置的关键设备，导引头的基本技术参数如下。

① 发现和跟踪目标的距离。

对雷达导引头，发现目标的距离为

$$r_\mathrm{f} = \left(\frac{P_\mathrm{tc} K_1 K_2 \lambda^2 \sigma}{(4\pi)^3 P_\mathrm{min}} \right)^{\frac{1}{4}}$$

式中：P_tc 为主动雷达导引头的发射功率或照射雷达辐射功率；K_1，K_2 分别为主动导引头发射、接收天线的增益系数或半主动导引头接收天线和照射雷达天线的增益系数；P_min 为导引头接收机灵敏度。

由此可见，导引头发现和跟踪的距离取决于目标的特性、照射目标能源的功率、导引头噪声和波束宽度等因素。

② 视场角。

导引头观测和跟踪目标的角度，称为视场角，导引头的视场角是一个立体角。对光学导引头，视场角的大小由导引头光学系统的参数决定；对雷达导引头，视场角的大小由雷达天线的特性（如扫描、多波束等）与工作波长决定。视场角越小，导引头的分辨率越高；视场角越大，跟踪快速目标越有利。这两者之间是矛盾的，视场角的大小要视目标特性而定。固定式导引头的视场角一般为10°或更大一些。

③ 导引头框架转动范围。

导引头一般安装在一组框架上，它相对弹体的转动自由度受到空间和机械结构的限制，一般限制在±40°以内。

④ 角跟踪系统带宽。

为保持天线指向目标，导引头的角跟踪系统必须有较大的带宽。一般情况下，多数导引头的带宽为1~2Hz。对于跟踪高速目标并防止由于导弹滚转可能引起的干扰，可能需要更大的带宽。

⑤ 盲距。

在自寻的制导装置中，随着导弹向目标逐渐接近，目标视线角速度逐渐增大，导引头接收的信号越来越强，当导弹与目标之间的距离缩小到某个数值时，大功率信号将引起导引头接收回路过载，从而不能分离出关于目标运动参数的信号，这个最小距离称为"盲距"。在导弹进入导引头最小距离（盲距）时，导引头将中断自动跟踪回路的工作，从而可能造成脱靶。因此，当给定导弹脱靶量和已知目标、导弹特性时，是可以确定导引头的允许盲距的。

3. 引战系统

引战系统包括引信、战斗部以及对两者动作起连接和保险作用的安全执行机构。引战系统是决定地空导弹最终能否成功摧毁目标的一个重要装置，在导弹脱靶量符合指标要求的前提下，引信和战斗部的配合决定导弹的杀伤概率。

1) 引信

引信是地空导弹接近目标时控制战斗部起爆时机并引爆战斗部的一种装置。地空导弹多采用非触发（近炸）引信，也有采用触发（碰撞）引信的直接碰撞式引信。引信是引爆战斗部的信息控制系统，使战斗部对目标造成最大限度的杀伤。

一般情况下，地空导弹直接碰撞目标的概率很小，所以，战斗部的起爆通常采用非触发引信，使用触发引信的很少。也有在使用非触发引信的同时，再装上触发引信作为补充。非触发引信是指导弹没有碰撞目标，离目标还有一定距离时就引爆战斗部的引信。非触发引信以无线电引信和红外引信最为常见，它们都是利用感受来自目标的物理量（如无线电波、红外线等），自动地确定引爆的时间和距离，从而使战斗部爆炸有效地杀伤目标。

地空导弹常用的几种近炸引信有无线电引信、电容引信和光学引信，其中无线电引信应用最多。无线电引信发展较早，技术上较为成熟，具有多种波段和调制方式。光学引信近年来发展很快，光学引信在抗电子干扰方面具有明显优势。

便携式地空导弹由于战斗部威力较小，一般采用触发引信。不同体制的引信在抗干扰方面各有优缺点，因此多模复合引信的发展越来越引起重视。

2) 战斗部

战斗部是导弹用来直接杀伤预定目标的爆炸装置，是导弹的有效载荷。战斗部通常由壳体、装药和传爆装置组成。地空导弹的战斗部多采用常规装药，少数也有采用核装药的。常规装药的战斗部以其壳体在爆炸瞬间形成的破片和冲击波杀伤目标，破片的形状多为预制的立方形、球形或连续杆形。

当战斗部接受安全引爆装置送来的起爆脉冲时，战斗部起爆，以不同的机理杀伤目标。对付空中目标的反飞机导弹（地空导弹、空空导弹），战斗部多采用杀伤式战斗部（破片式、连续杆式）；对付装甲目标的导弹（如反坦克导弹、反舰导弹），主要采用聚能式战斗部和穿甲战斗部；对付地面目标的导弹（战术弹道导弹、空地导弹）常采用爆破战斗部和侵彻战斗部。

破片杀伤式战斗部在地空导弹上应用最多，是地空导弹的首选战斗部。破片杀伤式战斗部是以主装药爆炸时所产生的高速破片群杀伤目标，由于在高空破片的速度下降慢，破片速度、打击动能的衰减变慢，因此破片杀伤式战斗部高空威力大，杀伤范围大，但破片式战斗部必须要有多个破片击中目标的要害才能起到有效的杀伤作用。破片式战斗部的主要性能参数有有效杀伤破片总数、单个破片质量、破片飞散角 Ω（$\Omega=\phi_2-\phi_1$）、破片飞散方向角 ϕ、破片飞散初速、战斗部威力半径等，如图 3-7 所示。

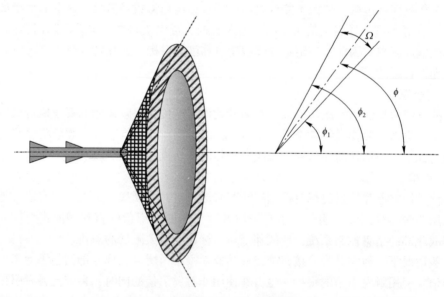

图 3-7　战斗部破片的飞散示意图

连续杆式战斗部是以主装药爆炸时所产生的高速杀伤环切割目标，在威力半径范围内，对目标的切割作用具有极高的杀伤效率。连续杆式战斗部高空杀伤威力大，但要求制导精度较高，在同样的杀伤半径下，其质量比破片杀伤式战斗部大。

聚能型战斗部在爆炸时形成高温高压聚能金属射流击毁目标，聚能型战斗部要求直接命中目标，一般用于反坦克或反舰导弹上。

内部装药是战斗部的能源，目前常规战斗部的装药种类有梯恩梯（TNT）、黑索金（RDX）、奥克托今（HMX）、泰安（PETN）、特屈尔（CE）。

随着地空导弹作战空域的增大，目标速度的增快，目标机动性和防护性的增强，以及反导反巡航能力的要求，对地空导弹战斗部的要求越来越高。地空导弹战斗部的发展方向是定向战斗部。定向战斗部通过控制破片飞散方向的技术实现战斗部在与目标遭遇时，能依据目标与导弹的相对位置调整战斗部的爆炸方向，使战斗部的大多数破片高速射向目标的易损部位，最大限度地提高导弹的终端威力，对目标发挥最大的杀伤效能。有些国家已将定向战斗部应用于具体型号，如美国的先进中距空空导弹AIM-120、俄罗斯的远程空空导弹KS-172和先进中距空空导弹AA-12的改进型。

3）安全执行机构

安全执行机构用于完成系统保险、解除保险和快速引爆战斗部的任务。

安全执行机构可防止战斗部在导弹维护、勤务处理、弹道初始段发生意外的爆炸。在保险状态时，安全执行机构将启动指令电路与执行机构隔离，将传爆电路与战斗部隔离。保险装置通常利用导弹的动力学参数，如加速度、发动机燃烧室压力，以及定时装置等逐级解除保险。这些条件在导弹发射之前是不具备的。当导弹发射且飞行到一定距离之后，安全执行机构就逐级自动解除各级保险，使引信与战斗部之间构成通路，战斗部处于待爆状态，这时如果引信发出了启动指令，战斗部就能适时起爆。

在导弹与目标交会过程中，当目标的电磁或红外辐射满足引信触发条件时，引信执行级工作，通过引爆装置、传爆系统，使战斗部装药爆炸，战斗部摧毁目标。当导弹穿越目标，或控制系统发生故障，导弹不能正常飞向目标时，在解除三级保险的前提下，地面制导站遥控发出自毁指令或导弹自身的延时装置发出自毁指令，引爆战斗部，使导弹在空中解体，以免导弹落在己方造成破坏，或落在对方造成失密。

如SA-2导弹，导弹发射后，导弹的纵向过载使无线电引信的惯性启动器工作，解除导弹的一级保险；导弹飞行8s~12s后，液体发动机工作产生的压力使氧化剂压力信号器触点闭合，解除导弹的二级保险；当导弹距目标525m时，制导站发出K3指令，导弹解除三级保险，引信处于待发状态。如导弹未与目标遭遇，在导弹发射$(60\pm3)s$后，引信发出自毁信号，战斗部爆炸，导弹在空中自毁，以确保安全和防止泄密。

"响尾蛇"导弹的引战系统设置了三级保险和遥控解锁，从而具有极高的安全性，保证筒弹在贮存、运输、测试、转装以及其他勤务处理时，战斗部不发生意外爆炸，并保证导弹发射时具有大于300m的安全距离。

4）引战配合

地空导弹与目标在遭遇段都处于高速运动状态，如何使战斗部的杀伤破片准确地击中并致命地杀伤目标就涉及引信与战斗部的配合问题，引战配合是所有导弹必须考虑的问题，尤其对于地空和空空导弹，引战配合问题更显得突出。引信与战斗部配合性能的好坏，用引信与战斗部配合效率来衡量。引战配合是引信和战斗部联合作用的效率，以对目标的条件杀伤概率表示，它是衡量或评定引信和战斗部参数设计协调性的一个综合指标。引战配合效率通常应在95%以上。

战斗部动态杀伤区覆盖目标要害部位，是破片杀伤目标的必要条件。战斗部起爆提前或滞后，动态杀伤区都不会穿过目标要害部位。因此，必须正确地选择战斗部起爆的位置和时刻。为使战斗部的动态杀伤区恰好覆盖目标的要害部位，引信应在合适的位置和适当的时间引爆战斗部，引战配合特性就是指引信的实际引爆区与战斗部的有效起爆区之间的配合（或协调）的程度。引信的启动区应和战斗部的动态杀伤区配合一致，使战斗部起爆时，目标要害部位恰好落入战斗部的动态杀伤区内，从而对目标造成较大的毁伤效果。

为了使战斗部动态杀伤区恰好穿过目标的要害部位，必须正确地选择引信的引爆位置或时刻。显然，在目标周围空间存在这样一个区域：战斗部只有在这个区域内起爆，其动态杀伤区才会穿过目标的要害部位，破片才有可能杀伤目标，我们称这个区域为战斗部的有效起爆区。图3-8（a）所示为迎击目标时的有效起爆区，图3-8（b）所示为尾追目标时的有效起爆区。引信的引爆都是有条件的，引信能正常引爆战斗部的区域称为引信的实际引爆区，只有当引信的实际引爆位置落入战斗部的有效起爆区内时，战斗部的动态杀伤区才会覆盖目标的要害部位。

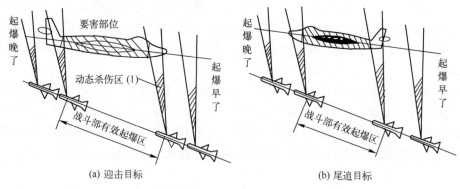

图3-8 战斗部有效起爆区

对于采用定向战斗部的地空导弹，引战配合问题更为复杂。定向战斗部爆炸后，远处的目标固然不可能被杀伤，近处的目标也未必一定能被破片击中。只有当目标的要害部位恰好处于战斗部的动态杀伤区内时，目标才有可能被杀伤，如图3-9所示。

引战配合特性应主要满足下列要求。
（1）引信的实际引爆距离不得大于战斗部的有效杀伤半径，否则杀伤效果为零。
（2）引信的实际引爆区与战斗部的有效起爆区之间应力求协调。
（3）引信的实际引爆区的中心应力求接近战斗部的最佳起爆位置，以便获得尽可能大的杀伤效果。

影响引战配合的因素主要有遭遇条件、目标特性、战斗部参数、引信参数等。提高引战配合效率的措施主要包括调整引信的启动区、调整战斗部的动态飞散区等。

4. 动力装置

动力装置（推进系统）是导弹飞行的动力源，动力装置是导弹上的发动机及其附件的统称，动力装置用于产生足够的推力，保障导弹达到必要的飞行速度、高度和射程。现代的地空导弹普遍采用固体火箭发动机和固体冲压组合发动机,早期的地空导弹武器系统型号采用液体火箭发动机和固体助推器。除主航发动机外,部分地空导弹还装有起飞发动机(又称助推器),两者的结合形式分并联和串联两种。导弹起飞后,当助推器燃烧结束与主航发动机点火之际,助推器即行脱落。为了使两者能协调工作,对结构的轴对称性和分离机构的灵敏可靠性都有严格的要求。

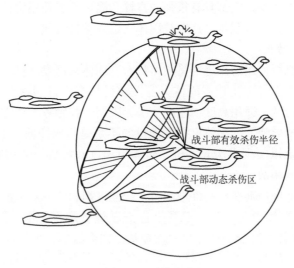

图3-9 引战配合

火箭发动机的基本工作原理是:推进剂在燃烧室内燃烧产生高温高压气体,推进剂的化学能转变为气体的热能和压力能;高温高压气体通过喷管加速,高速喷出,产生作用力,气体的热能和压力能转变为气体的动能;依据牛顿第三定律,该作用力对发动机产生一个反作用力,即推力,推力推动导弹运动。

火箭发动机的特点:一是由于自带氧化剂和燃烧剂,因此火箭发动机的工作不受外界环境影响;二是工作效率高;三是推重比大(推力与发动机重量之比)。由于这些优点,火箭发动机广泛应用于各种导弹的动力装置上。

1) 液体火箭发动机

液体火箭发动机是使用液体推进剂的火箭发动机。液体火箭发动机主要由推力室、推进剂、推进剂储箱和输送系统组成。推进剂是火箭发动机的能源和工质,由燃烧剂和氧化剂组成,液体推进剂则是指发动机所用的燃烧剂和氧化剂均为液体状态。目前,液体火箭发动机都使用双组元推进剂。液体火箭发动机由推进剂输送系统(分挤压式输送系统和涡轮泵式输送两种)、流量调节控制活门、推力室(燃烧室和喷管的总称,液体火箭发动机的燃烧室和喷管做成一体),以及冷却系统和固定零部件的发动机架等部分组成。其中,推力室是液体推进剂进行混合和燃烧,燃气进行膨胀以高速喷出而产生推力的部件。推力室包括有喷注器、燃烧室和喷管三部分。喷注器的作用是把推进剂喷入燃烧室,使之雾化并混合均匀;燃烧室是液体推进剂进行雾化、混合和燃烧的地方,所以它具有一定的形状和容积;喷管的作用是为了将气流加速到超声速,喷管通过先收敛后扩张的外形,在喷管的收敛段先将气流从亚声速加速到声速,而后在喷管的扩张段再将气流从声速加速到超声速。常用的喷管有锥形喷管和特型喷管。

液体火箭发动机与固体火箭发动机相比，推进剂成本低，比冲（每千克推进剂所产生的冲量）大，性能稳定，适用高度、速度范围无限制，推力调节方便，可实现多次开关机，可长时间工作。对于大推力、长时间工作的发动机，液体火箭发动机自身尺寸小、质量轻，因此液体火箭发动机在早期的导弹系统中被广泛应用。在目前的航天运载工具中，液体火箭发动机仍是主要的动力装置。液体火箭发动机的缺点：系统结构复杂，造价高；很多液体推进剂都具有很强的毒性和腐蚀性，使用维护复杂，技勤工作繁杂，故不适于战术导弹，近些年已逐渐被固体火箭发动机替代。

2) 固体火箭发动机

固体火箭发动机所使用的推进剂呈固体状态。固体火箭发动机主要由推进剂、燃烧室、喷管和点火装置等部分组成。固体火箭发动机具有推进剂密度大，结构简单、紧凑，工作可靠，造价低，适用高度、速度范围无限制，技勤务工作方便的特点，因此被广泛应用于各种战术导弹上。固体火箭发动机的不足是：比冲低，工作时间不宜过长，推力调节困难，并难以实现多次开关机，对环境温度较敏感，装药缺陷（裂纹、脱黏等）较难发现而导致事故。

目前常用的固体推进剂有双基推进剂、复合推进剂和改性双基推进剂。双基推进剂的主要成分是硝化棉和硝化甘油，双基推进剂燃烧稳定、无烟，但能量较低（比冲低）。复合推进剂以各种高分子复合物为燃烧基，如聚氨酯、聚乙烯、聚硫等，以过氯酸铵或过氯酸钾为氧化剂，并添加铝粉、镁粉等增加燃烧热的金属粉末或丝条；复合推进剂具有能量较高的特点，但燃烧有烟，容易暴露发射阵地。由于复合推进剂的能量较高，因此现代导弹所使用的固体推进剂大多为复合推进剂。为了减少复合推进剂燃烧有烟雾的缺陷，目前许多国家正在进行无烟或少烟固体复合推进剂的研究。改性双基推进剂是在双基推进剂中添加过氯酸铵和金属粉末，推高推进剂的能量。

早期的固体火箭发动机采用自由装填式推进剂，即将推进剂制成柱状，而后在导弹使用前，将推进剂药柱装填进火箭发动机的壳体中，如 SA-2 的固体助推器。现代的固体火箭发动机均采用整体浇注式推进剂，即将推进剂浇注进火箭发动机的壳体中，在推进剂和壳体之间粘贴有隔热层和阻燃层。固体火箭发动机推力的调节是通过药柱形状的设计实现的。药柱的形状不同，所产生的燃烧面积不同，因而所产生的推力不同。药柱出现裂纹或推进剂和壳体之间隔热层脱黏，会导致燃烧面积的急剧变化或壳体局部温度急剧升高从而导致事故。

战术导弹所使用的固体火箭发动机有单推力和双推力之分。单推力固体火箭发动机只有一种推力，采用这种发动机的导弹一般采用被动段飞行方式；双推力固体火箭发动机又称为单室双推固体火箭发动机，即在一个燃烧室内通过装药的形状的设计或采用两种不同燃速的装药产生两种推力，助推段（起飞段）的大推力和续航段的小推力。

3) 冲压发动机

冲压发动机的工作原理是利用导弹高速飞行时空气在进气道中滞止产生发动机工作所必需的静压，燃料在空气中燃烧并释放出热能使气流通过发动机通道时动能增加，从而产生反作用推力。冲压发动机主要由扩压器、带喷嘴的燃烧室以及喷管组成。冲压发动机利用导弹高速飞行产生静压，从而舍去了涡喷或涡扇发动机的压气机。冲压发动机具有结构简单、质量小、造价低、可长时间工作的特点。冲压发动机的缺点：低速时推力小，耗油率高；静止时不产生推力，因而不能自行起飞；不适于低速飞行；对飞行状态的变化很敏感，飞行高度、攻角、速度均对冲压发动机的工作、性能及应用产生直接影响。

火箭冲压发动机是由火箭发动机和冲压发动机组合成的组合发动机，它同时具有火箭发动机和冲压发动机的特性。火箭冲压发动机能够在缺乏冲压的情况下产生大推力，弥补冲压发动机无法起飞助推的缺点。火箭冲压发动机的能量特性优于火箭发动机，飞行速度和高度范围优于冲压发动机。火箭冲压发动机具有比冲压发动机更高的推力，具有比固体火箭发动机更高的比冲。火箭冲压发动机按所用推进剂不同分为液体火箭冲压发动机、固体火箭冲压发动机和混合火箭冲压发动机，按燃烧方式分为亚声速燃烧和超声速燃烧火箭冲压发动机。地空导弹所使用的固体火箭冲压发动机一般为整体式结构，将固体火箭发动机作为助推器，将冲压发动机作为主发动机，主装药的固体推进剂燃烧完毕后空出的燃烧室空间作为冲压发动机的燃烧室。首先采用这种结构的地空导弹是苏联的SA-6。

固体火箭冲压发动机与冲压发动机相比，结构简单，工作可靠。固体火箭冲压发动机采用贫氧固体推进剂的燃气发生器所产生的贫氧燃气作为燃料，供给冲压发动机燃烧室进行二次燃烧（补燃）。与火箭发动机相比，固体火箭冲压发动机比冲大（大约为 $500\sim1200\mathrm{daN\cdot s/kg}$），由于发动机结构简单、固体推进剂的密度大、比冲大、固体助推器可与冲压发动机共用同一燃烧室，因此采用固体火箭冲压发动机的导弹尺寸和质量大大减小，具有广泛的应用前景。固体火箭冲压发动机的不足为推力调节困难，协调关系复杂。

4）推力矢量控制装置

对导弹进行操纵的方法有两大类：偏转气动控制面和改变发动机推力方向。推力矢量控制（thrust vector control，TVC）具有在导弹低速时可提供较大操纵力、响应特性快的特点，但推力矢量控制装置结构较为复杂，主要采用燃气舵、扰流片和摆动喷管3种方式实现。

推力矢量控制技术是实现垂直发射的关键技术之一，用于在导弹垂直发射后，在短时间内以最小的转弯半径完成程序转弯，使导弹转向目标平面。

导弹垂直发射的初始段速度较小，气动动压小，气动控制效率只有正常状态的百分之几，因此采用气动控制面不能产生使导弹迅速转弯的足够法向力。而推力矢量控制不受动压影响，能以极快的速度产生攻角和机动过载，转弯快（3s以内）。理论计算和实验结果表明，导弹在气动控制下需上升至1000m以上才能转弯，但在推力矢量控制下仅需上升至10m左右就能转弯。因此，垂直发射的导弹在初始转弯段必须采用推力矢量控制，目前国内外先进地（舰）空导弹均采用推力矢量控制，如俄罗斯的С-300ПМУ系列。

5. 弹上能源系统

弹上能源系统通常是指弹上设备及活动装置工作时所需的动力源，弹上设备工作时需要电源，活动装置工作时需要电源、气源或液压源。弹上能源系统为弹上的设备提供起动、控制和运转的能源，弹上能源系统通常由蓄电池、高压气（液）瓶和相应的分配装置组成。

弹上的电源一般采用化学电源，如铅酸电池、锌银电池、热电池等。化学电源平时电解液和电极分离，需要电池工作时，利用其他能源（如气压源、加热等）激活电池，提供电力。早期的地空导弹使用铅酸电池，铅酸电池价格便宜，但体积比能量和质量比能量均较小，低温性能不好，在现代地空导弹上已很少采用。锌银电池价格较为高，但体积比能量和质量比能量均较铅酸电池大，比功率小，放电时电压平稳，激活时间小于1.5s，低温性能好，是现代地空导弹应用的主要电池，如美国的"爱国者"、法国的"响尾蛇"均采用的锌银电池。热电池是一种高能贮备电池，工作可靠、比功率大、脉冲放电能力强、使用温度范围广、结构牢靠、环境适应能力好、不需维护、贮存寿命长、成本较低，在地空导弹的应用上有逐渐取代锌银电池的趋势。

弹上的电源的另一种形式是燃气涡轮发电机，它由燃气发生器产生的燃气推动涡轮，涡轮带动发电机发电。

以上电源称为弹上一次电源，将一次电源输出的电能变换成弹上各种设备所需的各种电压、频率的电能的设备称为弹上二次电源，地空导弹上应用的二次电源主要是变流器。

弹上的气源主要用来为舵机操纵和发动机增压装置提供高压气源。弹上的气源分为冷气源和热气源两种。冷气源一般由气瓶、减压器组合和相应管道组成。气瓶用来储存导弹飞行过程中所需要的全部压缩气体，充气压力一般为35MPa~70MPa。减压器组合将来自气瓶的高压气体降压至所需要的工作压力，并保持出口压力的稳定。热气源则由发动机或专门的气体发生器提供。

3.2 导弹运动学原理

3.2.1 导弹飞行常用坐标系

利用数学工具描述作用在导弹上的力和力矩，描述导弹在空间的运动，需要在坐标系中进行。为分析问题方便，使被描述的运动方程简单明了，可以采用不同的坐标系。

选取坐标系的原则是既要对所研究的问题简便，又要使被描述的问题简单明了、清晰易懂。选取的坐标系不同，则所建立的描述导弹运动的数学方程组的形式和复杂程度就有所不同，坐标系的选取直接影响求解导弹运动方程组的难易程度和运动参数变化描述的直观程度。因此，选取合适的坐标系是十分重要的。

导弹在空间飞行过程中，作用在导弹上的力是一个空间力系，因此，坐标系的定义应使这些力在某些坐标系中的投影具有非常简单的表达式，或者某些力就在所定义的相应的坐标系中给出。

导弹飞行原理中经常用的有 5 种坐标系：地面直角坐标系 $Oxyz$；地面极坐标系 $OR\varepsilon\beta$；弹体坐标系 $Ox_1y_1z_1$；弹道坐标系 $Ox_2y_2z_2$；速度坐标系 $Ox_3y_3z_3$。

1. 地面坐标系

1) 地面直角坐标系

地面直角坐标系 $Oxyz$ 是与地球表面固联的坐标系，如图 3-10 所示，其坐标原点 O

可选取在地球表面的任一点。

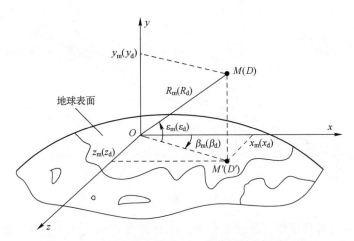

图 3-10　地面直角坐标系 $Oxyz$ 和地面极坐标系 $OR\varepsilon\beta$

通常在计算导弹的弹道时，坐标原点取在发射点（严格地说，应取在起飞瞬时导弹的瞬时质心）；Ox 轴与地球表面相切，其指向可以是任意方向，一般取为指向目标的方向；Oy 轴垂直于地面，向上为正；Oz 轴垂直于 xOy 平面，组成右手直角坐标系。显然 xOy 平面是一个铅垂平面，有时又称为发射面；Oxz 平面就是地平面。

地面直角坐标系和地球表面固联，相对于地球是静止的，随着地球运动而运动。实际上，地面直角坐标系是一个动坐标系。然而，对研究近程飞行的地空导弹的运动，可将地球视作静止不动的，将地球表面视为平面，重力和 Oy 轴平行反向，则在这种条件下，地面直角坐标系可视为惯性坐标系。

有时为应用方便，用北天东坐标系作为地面直角坐标系，即坐标原点 O 选取在制导雷达所在点；Ox 轴位于包含制导站的水平面内，指向真北方向为正（真北，即地球北极方向，与地球的磁北方向差一个磁偏角）；轴 Oy 垂直于水平面指向上方为正；Oz 轴垂直于 xOy 平面，组成右手直角坐标系，指向正东。

地面直角坐标系是计算坐标系，引入地面直角坐标系的目的是描述导弹质心的运动学规律（弹道），并描述导弹在空间的姿态及导弹速度方向等。

2) 地面极坐标系

地面极坐标系是雷达获取目标（导弹）空间位置和运动状态的观测坐标系，是在地面直角坐标系的基础上建立的，如图 3-10 所示。

地面极坐标系和地面直角坐标系之间的关系由高低角 ε 和方位角 β 描述。依据几何关系有，$x = R\cos\varepsilon\cos\beta$，$y = R\sin\varepsilon$，$x = R\cos\varepsilon\sin\beta$。

2. 弹上坐标系

1) 弹体坐标系

弹体坐标系 $Ox_1y_1z_1$ 的坐标原点 O 取在导弹的瞬时惯性中心；Ox_1 轴与导弹的纵轴重合，指向头部为正；Oy_1 轴在导弹弹体的纵对称平面内，垂直于 Ox_1 轴，向上为正；Oz_1 轴垂直于 x_1Oy_1 平面，与 Ox_1 轴、Oy_1 轴构成右手直角坐标系，如图 3-11 所示。

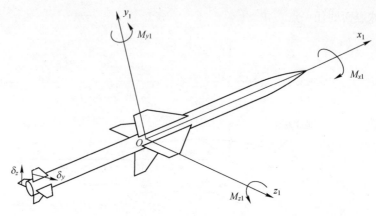

图 3-11 弹体坐标系

弹体坐标系与弹体固联，是动坐标系，随导弹在空间运动。它与地面坐标系配合，可以确定弹体在空中的姿态。将导弹的旋转运动方程式投影到弹体坐标系，可使方程式简单清晰。因此，利用弹体坐标系决定导弹相对于地面坐标系的姿态具有简单清晰的特点。另外，作用在导弹上的推力、推力力矩以及气动力矩，都是对导弹弹体施加作用，因此利用该坐标系研究作用在导弹上的力和力矩比较方便。

导弹纵轴 Ox_1 与地平面 zOx 间的夹角称为俯仰角 θ，导弹纵轴 Ox_1 在水平面的投影与地面坐标系的 Ox 轴的夹角称为偏航角 ψ，导弹纵对称平面与包含纵轴的垂直平面间的夹角称为滚转角 γ，滚转角实际上就是导弹绕导弹纵轴 Ox_1 转动的角度。这 3 个角度描述了弹体坐标系与地面直角坐标系之间的关系。

2）弹道坐标系

弹道坐标系 $Ox_2y_2z_2$ 的坐标原点 O 取在导弹的瞬时惯性中心，Ox_2 轴指向导弹的速度方向，与导弹的速度矢量 V_d 重合；Oy_2 轴位于包含速度矢量 V_d 的铅垂平面内，垂直于速度矢量，向上为正；Oz_2 轴在水平面内，与 x_2Oy_2 组成右手直角坐标系，如图 3-12 所示。根据定义，弹道坐标系与导弹的速度矢量 V_d 固联，是一个动坐标系。

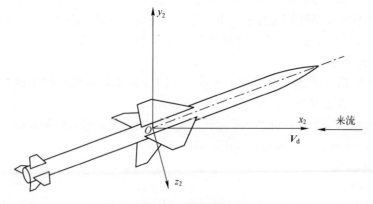

图 3-12 弹道坐标系

弹道坐标系主要用于研究导弹质心的运动特性，可以利用该坐标系研究描述导弹质心运动规律的动力学方程。依据理论力学的知识，在研究质点的曲线运动时，将动力学方程投影到弹道坐标系的各坐标轴上，可使研究弹道特性的动力学方程简单清晰。所以，弹道坐标系是研究导弹在任一瞬间相对地面坐标系运动趋势较为方便的坐标系。

导弹速度矢量与水平面的夹角称为弹道倾角 θ_v，导弹速度矢量与地面坐标系平面 xOy 间的夹角称为弹道偏角 ψ_v，这两个角度描述了弹道坐标系和地面直角坐标系之间的关系。

3）速度坐标系

速度坐标系 $Ox_3y_3z_3$ 的坐标原点 O 取在导弹瞬时惯性中心，Ox_3 轴与导弹速度矢量 V_d 的指向一致；Oy_3 轴位于导弹弹体的纵向对称平面内，与 Ox_3 轴垂直，向上为正；Oz_3 轴垂直于 x_3Oz_3 平面，与 Ox_3、Oy_3 轴形成右手直角坐标系，如图 3-13 所示。此坐标系与导弹速度矢量 V_d 固联，是一个动坐标系。

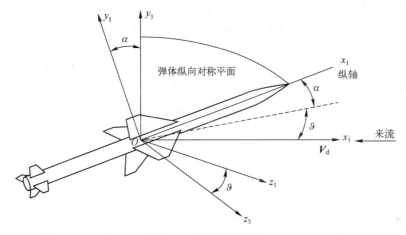

图 3-13 速度坐标系

导弹的气动力是在导弹运动过程中产生的，与导弹的飞行速度密切相关，因此采用速度坐标系描述导弹的气动力较为方便。导弹的气动力在速度坐标系内以 3 个分量的形式给出，空气动力 R 在速度坐标系 3 个轴上的投影分量分别为阻力 X、升力 Y 和侧向力 Z。

当导弹的纵轴与导弹的速度矢量不重合时，即来流非对称地流过导弹时，来流和导弹纵轴之间形成迎角 α 和侧滑角 ϑ。迎角 α 是导弹速度矢量 V_d 在弹体纵对称平面的投影与弹体纵轴间的夹角，也称为攻角。弹体纵轴在速度矢量投影上方时，迎角 α 为正。侧滑角 ϑ 是导弹速度矢量 V_d 与弹体纵对称平面间的夹角，来流从导弹右侧方向流向弹体时，侧滑角为正。迎角 α 和侧滑角 ϑ 描述了速度坐标系与弹体坐标系之间的关系。

速度坐标系的 Ox_3 轴与弹道坐标系的 Ox_2 重合，差别在于 Oy_3 轴与 Oy_2 轴的方向不同，虽然 Oy_3 轴与 Oy_2 轴都位于通过原点 O、垂直于速度矢量 V_d 的平面内，但 Oy_2 轴在包含速度矢量 V_d 的铅垂平面内，Oy_3 轴在导弹的纵向对称平面内。只有纵向对称平面在铅垂平面内时，两个坐标系才重合。速度坐标系与弹道坐标系在空中的位置只相差一个速度倾斜角 γ_v，是速度坐标系绕弹道坐标系的 Ox_2 轴旋转的角度，实质上就是速度坐标

系的 Oy_3 与弹道坐标系的 x_2Oy_2 平面的夹角,它描述了速度坐标系与弹道坐标系之间的关系。

3. 各坐标系间的相互关系

在上述 5 个坐标系中,地面极坐标系是为了适应雷达测量参数的要求建立的,是雷达获取目标(导弹)空间位置和运动状态的观测坐标系,其他 4 个坐标系均为右手直角坐标系。在 4 个右手直角坐标系中,地面直角坐标系 $Oxyz$ 的原点一般取制导站所在的位置点;地面直角坐标系是静坐标系;在地面直角坐标系中,目标和导弹被视为质点。弹体坐标系 $Ox_1y_1z_1$、弹道坐标系 $Ox_2y_2z_2$ 和速度坐标系 $Ox_3y_3z_3$ 这 3 个坐标系的原点都取在导弹瞬时惯性中心,它们的不同体现在各坐标轴的方向上;这 3 个坐标系都是动坐标系;在这 3 个坐标系中,导弹被视为刚体。在任一瞬时,上述 3 个坐标系在空中有各自的位置。如导弹在某一瞬时飞行至空中某一点上,其相对于地面直角坐标系的位置和姿态由弹体坐标系相对地面直角坐标系的关系来确定。因此,研究导弹的运动就是研究弹体坐标系相对于地面直角坐标系的运动。

导弹作为一个质点有 3 个自由度,作为一个刚体则有 6 个自由度。弹体坐标系相对地面直角坐标系的位置由 6 个坐标来确定,即弹体坐标系坐标原点在地面直角坐标系中的 3 个坐标(x、y、z)和弹体坐标系相对地面直角坐标系之间的 3 个角度(俯仰角 θ、偏航角 ψ、滚转角 γ)。如果弹体坐标系相对地面直角坐标系之间关系确定了,那么,导弹相对于地面直角坐标系的位置和姿态也就确定了。同理,要确定导弹相对于速度矢量的位置,只要确定弹体坐标系与速度坐标系的相对关系即可。因此,确定了弹体坐标系与地面直角坐标系之间的关系和地面直角坐标系与速度坐标系之间的关系(或速度坐标系相对于弹体坐标系之间的关系),导弹在空中的位置和相对地面直角坐标系的姿态,以及导弹相对于速度矢量的姿态就确定了。4 个右手直角坐标系的属性如表 3-1 所列。

表 3-1 坐标系属性

坐标系	原点	Ox 轴	Oy 轴	描述内容
地面直角坐标系 $Oxyz$	发射点	正北	垂直于地面	导弹质心的运动学规律 导弹的重力
弹体坐标系 $Ox_1y_1z_1$	导弹瞬时惯性中心	导弹纵轴	导弹弹体的纵对称平面内	确定弹体在空中的姿态 导弹的推力、力矩
弹道坐标系 $Ox_2y_2z_2$	导弹瞬时惯性中心	导弹速度方向	包含速度矢量的铅垂平面内	导弹质心的动力学规律
速度坐标系 $Ox_3y_3z_3$	导弹瞬时惯性中心	导弹速度方向	导弹弹体的纵对称平面内	导弹的气动力

作用在导弹上的力,是在不同的坐标系里描述的。如空气动力在速度坐标系里描述,并沿速度坐标系 3 个坐标轴分布;发动机推力在弹体坐标系里描述,如推力无偏心,则可认为推力沿弹体的纵轴(Ox_1 轴)分布;重力 G 在地面直角坐标系里描述,并沿地面直角坐标系的 Oy 轴方向。在研究描述导弹质心移动的动量方程和描述导弹绕质心转动的动量矩方程时,分别将动量和动量矩投影到弹道坐标系和弹体坐标系上去,则可将相应的矢量方程简化为相应坐标系的标量方程。将作用在导弹上的所有分布在不同

坐标系中的外力在不同的坐标系中进行转换，可通过坐标转换实现。研究坐标系之间转换的目的是实现将描述导弹飞行的运动方程投影到某一便于处理的坐标系中，从而求出导弹的弹道。

对于定义的5个常用的坐标系，它们之间的转换关系如图3-14所示。

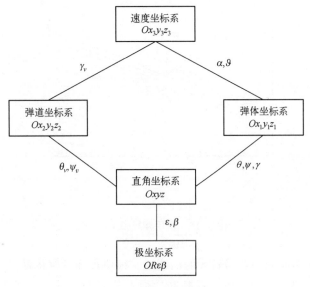

图 3-14 坐标系转换关系

它们之间的关系由10个角参数（高低角 ε、方位角 β、俯仰角 θ、偏航角 ψ、滚转角 γ、弹道倾角 θ_v、弹道偏角 ψ_v、迎角 α、侧滑角 ϑ、速度倾斜角 γ_v）描述，这10个角参数称为欧拉角。若不考虑地面极坐标系，即不考虑高低角 ε 和方位角 β，则剩余8个欧拉角，但这8个欧拉角并不完全独立。例如，导弹的速度矢量 $\boldsymbol{V}_d$ 相对于地面直角坐标系 $Oxyz$ 的方位，可以通过弹体相对于地面直角坐标系的姿态角 θ、ψ、γ 以及弹体相对于速度矢量 $\boldsymbol{V}_d$ 的角参数 α、ϑ 来确定。随之，决定速度矢量 $\boldsymbol{V}_d$ 的角参数 θ_v、ψ_v 以及速度倾斜角 γ_v 也就确定了。也就是说，在8个角参数中只有5个是独立的，其余3个角参数可分别由5个独立的角参数来表示。

3.2.2 作用在导弹上的力

地空导弹在大气中飞行过程中，作用在导弹上的力由三部分组成，即发动机的推力 $\boldsymbol{P}$、地球引力所体现出的重力 G 和空气动力 R，如图3-15所示。

空气动力是空气对在空气中运动的物体所体现的作用力，总空气动力的作用线一般不通过导弹的质心，因此，将形成对质心的空气动力矩。发动机推力矢量通常与弹体纵轴重合，若推力矢量的作用线不通过导弹的质心，将形成对质心的推力矩。作用在导弹上的重力，严格地说，应是地心引力和因地球自转所产生的离心惯性力的合力。

1. 发动机推力

发动机推力 $\boldsymbol{P}$ 是导弹飞行的动力，导弹发动机内的推进剂燃烧后，产生高温高压燃气流，燃气流从发动机尾喷管高速喷出，产生推力。导弹上采用的发动机有火箭发动机和航空发动机。发动机的类型不同，推力特性也不一样。推力矢量 P 可能通过导弹的质心，也可能不通过导弹的质心，方向可能与导弹纵轴一致，也可能与导弹纵轴有一定的夹角，发动机推力在弹体坐标系中描述。

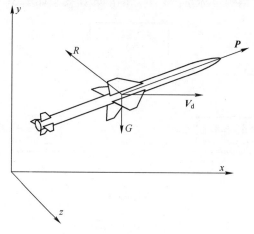

图 3-15　作用在导弹上的力

为了使导弹在短时间内获得较大的加速度，很快离开发射装置，并且能在离开发射装置后稳定飞行，快速击中目标，在某些导弹上装有助推器，一般采用固体火箭发动机。图 3-16 所示的是典型的固体火箭发动机推力与时间的关系曲线。

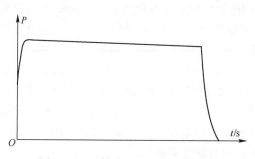

图 3-16　固体火箭发动机推力曲线

助推器工作完毕，自行脱落，以减少导弹的质量。导弹主发动机在助推器工作即将结束时，即点燃工作，继续推动导弹运动。主发动机有液体火箭发动机、固体火箭发动机、冲压发动机等类型。

火箭发动机推力的表达式为

$$P = \dot{m}u_e + S_a(p_a - p_h) \tag{3-1}$$

式中：P 为发动机总推力（N）；$\dot{m}$ 为单位时间内的推进剂消耗量（kg/s）；u_e 为燃气在喷口截面处的喷出速度（m/s）；S_a 为发动机喷口截面积（m²）；p_a 为发动机喷口截面处的燃气流压强（Pa）；p_h 为发动机喷口周围的大气静压强（Pa）。

火箭发动机推力的大小取决于发动机的性能参数，并且与导弹的飞行高度有关，与导弹的飞行速度无关。式（3-2）中的 $\dot{m}u_e$ 项是由于燃气介质以高速喷出而产生的推力部分，称为动力学推力或动推力；$S_a(p_a-p_h)$ 项是由于发动机喷口截面处的燃气流压强 P_a 与大气压强 P_h 的压差引起的推力部分，称为静力学推力或静推力，它与导弹的飞行高度有关。

随着导弹飞行高度的增加，推力略有增加，其值可表示为

$$P=P_0+S_a(p_0-p_h) \tag{3-2}$$

式中：P_0 为地面推力值（N）；p_0 为发动机喷口处的地面大气静压（Pa）。

冲压发动机的推力，不仅与导弹的飞行高度有关，还与导弹的飞行速度、迎角 α 等运动参数有关。

2. 重力

重力 G 就是地球和导弹之间的引力。重力 G 作用在导弹的质心上，方向始终沿着地球表面的法线方向指向地心，在地面直角坐标系中描述，即平行于 Oy 轴，与 Oy 轴反向。其大小为

$$G=mg \tag{3-3}$$

式中：m 为导弹的质量（kg）；g 为重力加速度（m/s²）。

导弹在飞行过程中，推进剂不断消耗，因此其质量是随时间变化的。在主动段飞行中，导弹的质量 m 是时间的函数。在被动段飞行中，质量 m 才是常数。在导弹飞行过程中的瞬时 t，导弹质量的表达式可写成

$$m = m_0 - \int_0^t \dot{m}\mathrm{d}t \tag{3-4}$$

式中：m_0 为导弹的起始瞬时质量（kg）；$\dot{m}$ 为发动机的推进剂秒流量（kg/s）。

重力加速度 g 的大小与导弹的飞行高度 H 有关，即

$$g = g_0 \frac{R_e^2}{(R_e+H)^2} \tag{3-5}$$

式中：g_0 为地球表面处的重力加速度（一般取值为 9.81m/s²）；R_e 为地球平均半径（$R_e=6371$km）；H 为导弹离地球表面的高度（km）。

由此可见，重力是时间、高度的函数。当 $H=32$km 时，$g=0.99g_0$，重力加速度仅减小 1%。有翼导弹一般飞行高度都不会很高，因此在整个飞行过程中，可认为重力加速度 g 是常量，取地面上的数值。

3. 空气动力

1) 空气动力的分解

空气动力 R 在速度坐标系里描述。总空气动力 R 沿速度坐标系 $Ox_3y_3z_3$ 分解为互相垂直的 3 个分量，即升力 Y、侧向力 Z 和阻力 X，升力 Y 和侧向力 Z 的正向与 Oy_3、Oz_3 轴的正向一致，阻力 X 的方向与 Ox_3 轴反向。实验结果表明：空气动力的大小与来流的动压头 q 和导弹的特征面积 S 成正比，即

$$\begin{cases} X=C_x qS \\ Y=C_y qS \\ Z=C_z qS \end{cases} \tag{3-6}$$

式中：$q=\frac{1}{2}\rho V_d^2$ 为来流的动压头，ρ 为空气的密度；S 为导弹的特征面积；C_x、C_y、C_z

分别为阻力系数、升力系数和侧力系数。

阻力系数、升力系数和侧力系数统称为空气动力系数，为无量纲的比例系数，通过实验确定。

总空气动力在导弹上的作用点称为压心（压力中心），压心是一个十分重要的概念。一般情况下，导弹的压心与导弹的质心是不重合的，所以空气动力会对导弹产生力矩。导弹的特征面积一般选取导弹弹体中有代表性的面积作为特征面积。有翼导弹的特征面积 S 常用弹翼的投影面积表示，无翼导弹的特征面积 S 常用弹身的最大截面积表示。

由以上公式可以看出，当导弹外形、飞行速度和飞行高度一定的情况下，研究导弹飞行中所受的空气动力，可简化成研究相应的空气动力系数。

2）升力

导弹所受升力可以用能量守恒定律来解释，如图 3-17 所示。以低速理想（无黏性）气流流过非对称弹翼为例。来流从弹翼前缘 A 分成两股，分别沿上、下翼面流至后沿并重新汇合向后流去。由于弹翼上翼面凸出得多，流程比下翼面长，而上下两股气流都要汇集至 B 处。根据质量方程，弹翼上表面气流的流速快。根据能量守恒原理，弹翼上表面受到的气流静压比下表面小。两个静压的压差形成的合力将使弹翼受到一个向上的作用力，此力即为弹翼的升力 Y。升力垂直于气流速度矢量。

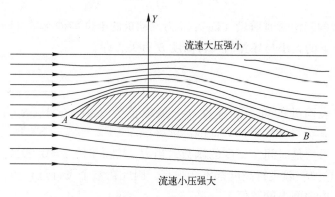

图 3-17 升力的产生

对于对称弹翼，当导弹的弹翼平放在气流中时，上、下翼面的压强分布是完全对称的，上、下翼面没有压差，就不会产生升力。但如果弹翼与来流方向有一定的夹角（迎角 α），弹翼上、下表面的气流与非对称弹翼相似，就会产生升力。因此，采用对称弹翼的导弹飞行时，弹头总是略微上仰，从而使对称弹翼与气流形成迎角 α，产生升力。

由迎角 α 所引起的那部分升力 $Y^{\alpha}\alpha$ 的作用点，称为导弹的焦点，焦点也是一个十分重要的概念。焦点一般并不与压力中心重合，仅在 $\delta_z=0$，且导弹相对于 x_1Oz_1 平面完全对称（$C_{y0}=0$）时，焦点才与压力中心相重合。

舵面偏转会使舵面的偏转角发生变化，舵面偏转所引起的那部分升力 $Y^{\delta_z}\delta_z$ 作用在舵面的压力中心。

弹身、舵面和尾翼产生升力的原因和弹翼相似。导弹全弹的升力可视为是弹翼、弹身、尾翼（或舵面）等各部件产生的升力，以及各部件间的相互干扰产生的附加升力之和。对于有弹翼的导弹，弹翼是产生升力的主要部件，尾翼（或舵面）和弹身产生的升力相对较小。

对于给定的导弹气动布局和外形参数，升力是导弹飞行速度、飞行高度、迎角和舵面偏转角等4个参数的函数。

3）阻力

作用在导弹上的空气动力在速度方向上的分量称为阻力，它总是与速度方向相反，起阻碍导弹运动的作用。阻力受空气黏性的影响最为显著，用理论方法计算阻力必须考虑空气黏性的影响，精确计算比较困难。阻力分为摩擦阻力、压差阻力和诱导阻力。

当空气流过导弹时，紧靠导弹表面的一层好像被"黏"在导弹表面上，流速等于零，这是由于气流与导弹表面摩擦所引起的。被"黏"住的空气给导弹表面一个与飞行方向相反的作用力，这就是摩擦阻力。

气流流过弹翼时，在弹翼前沿气流因受阻而减慢，压力增大，在弹翼后沿因气流分离形成涡流区，压力减小，如图3-18所示。弹翼的前后产生压力差，形成压差阻力。弹身、舵面也会产生压差阻力。

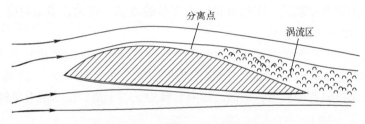

图3-18 弹翼表面气流的分离

诱导阻力是由升力"诱导"产生的，没有升力，诱导阻力就不存在。有翼导弹的诱导阻力主要来自弹翼。当弹翼下表面的压强大于上表面的压强时，空气便要从下表面绕过翼尖向上表面流动，从而使翼尖部分的气流发生扭转而形成翼尖涡流。翼尖涡流使流过弹翼的气流产生下洗速度，使气流倾斜形成下洗流，如图3-19所示。气流向下倾斜的角度，称为下洗角。

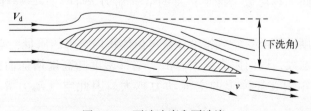

图3-19 下洗速度和下洗流

因升力与气流方向垂直，所以弹翼升力便会相应向后倾斜，如图3-20所示。实际升力 Y' 垂直于飞行速度 V_d 方向的分力 Y 仍起着升力的作用，平行于飞行速度 V_d 方向的分力 X 则起着阻力的作用，这就是诱导阻力。

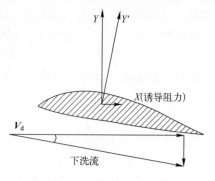

图 3-20 诱导阻力的产生

4) 侧向力

侧向力 Z 也像升力 Y 一样,在导弹气动布局和外形尺寸一定的情况下,侧向力系数 C_z 基本取决于马赫数 Ma、侧滑角 ϑ 和方向舵的舵面偏转角 δ_y,当 ϑ、δ_y 较小时,C_z 可表示为 ϑ 和 δ_y 的线性函数,即

$$C_z = C_z^\vartheta \vartheta + C_z^{\delta_y} \delta_y \tag{3-7}$$

根据所采用的符号规则,正的 ϑ 值对应于负的 C_z 值,正的 δ_y 值也对应于负的 C_z 值,因此系数 C_z^ϑ 和 $C_z^{\delta_y}$ 永远是负值。

导弹所受到的侧向气动力是由于气流不对称地流过导弹纵向对称面引起的,这种飞行状况称为侧滑,如图 3-21 所示,侧滑的程度用侧滑角度量。图 3-21 给出了正的侧滑角的定义。飞行原理中规定,侧向力指向右翼为正。于是,正的侧滑角将引起负的侧向力。

5) 空气动力影响因素

从大量的飞行试验结果、风洞试验及理论研究都证明,升力 Y、侧向力 Z 和阻力 X 取决于导弹的飞行速度、飞行高度、导弹部件的形状和大小以及导弹相对于气流的姿态等。

(1) 飞行速度的影响。气流速度越大,它的动能就越大。当气流吹到导弹上,由于速度受到阻滞,大部分动能转化为压力能,使导弹前后的压力差增加,总的空气动力增加。在同一马赫数条件下,总的空气动力 R 的大小与导弹飞行速度的平方成正比。

(2) 空气密度的影响。空气密度 ρ 是单位体积内空气的质量,空气密度越大表现出空气的惯性力越大,因而阻力越大。由于空气密度随高度增加而减小,高度越低,空气密度越大,作用在导弹上的空气动力越大。因此空气动力 R 与空气密度 ρ 成正比。

(3) 导弹形状和表面状况的影响。导弹形状不同,则流过导弹的气流速度分布及相应的压力不同,从而改变空气动力的大小和方向。导弹表面状况对空气动力的影响也很大,表面越粗糙,气流流过导弹表面受到的阻滞越大,摩擦力越大。

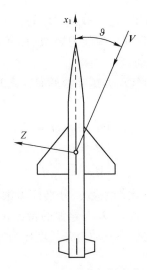

图 3-21 侧滑角与侧向力

3.2.3 作用在导弹上的力矩

若将导弹视为一个刚体,则它在空间的运动可看成是其质心的移动和绕质心的转动的合成运动。这两种类型的运动,分别有 3 个自由度。导弹质心的移动由作用在导弹上的力决定,导弹弹体绕导弹质心的转动由作用在弹体上相对于质心的力矩决定。作用在导弹上的力矩,可由发动机的推力形成,也可由空气动力形成。由于压心与导弹的质心不重合,作用在导弹上的空气动力对导弹产生力矩,简称为气动力矩,气动力矩是导弹力矩的主要部分。气动力矩在弹体坐标系中的描述如图 3-22 所示。

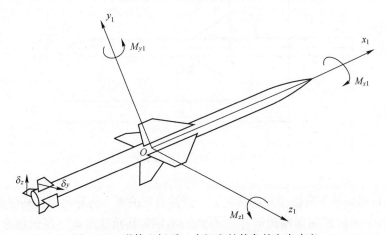

图 3-22 弹体坐标系、力矩和舵偏角的方向定义

为便于分析导弹的旋转运动,把总空气动力矩 M_R 沿弹体坐标系 $Ox_1y_1z_1$ 分解为 3 个垂直分量,分别称为滚转力矩(或倾斜力矩)M_{x1}、偏航力矩 M_{y1} 和俯仰力矩 M_{z1},则气动力矩 M_R 可表示为

$$M_R = M_{x1} + M_{y1} + M_{z1} \tag{3-8}$$

在图 3-22 中，用箭头表示了 M_{x1}、M_{y1}、M_{z1} 的正向。滚转力矩 M_{x1} 又称为倾斜力矩，它使导弹绕纵轴 O_{x1} 做旋转运动；偏航力矩 M_{y1} 使导弹绕立轴 O_{y1} 做旋转运动；俯仰力矩 M_{z1} 使导弹作抬头或低头转动。

与研究空气动力一样，用对气动力矩系数的研究来取代对空气动力矩的研究。空气动力矩的表达式为

$$\begin{cases} M_{x1} = m_{x1}qSL \\ M_{y1} = m_{y1}qSL \\ M_{z1} = m_{z1}qSL \end{cases} \tag{3-9}$$

式中：m_{x1}，m_{y1}，m_{z1} 为无量纲的比例系数，分别称为滚转力矩系数、偏航力矩系和俯仰力矩系数（统称为气动力矩系数）；L 为导弹的特征长度，通常选用弹身长度作为特征长度，也可将弹翼的翼长度或平均气动力弦长度作为特征长度。

1. 俯仰力矩

俯仰力矩 M_z 又称纵向力矩，它将使导弹绕 Oz_1 轴做抬头或低头的转动，其值等于作用在导弹上的空气动力在 Oy_1 轴方向的分量与压心到质心距离的乘积。由图 3-23 得俯仰力矩为

$$M_z = Y_1(x_G - x_d) \tag{3-10}$$

式中：Y_1 为空气动力在 Oy_1 轴方向的分量；x_G 为导弹质心至头部顶点的距离；x_d 为导弹压心至头部顶点的距离。

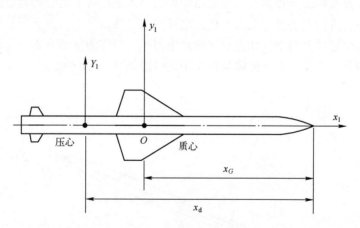

图 3-23 导弹的俯仰力矩

在气动布局和外形参数给定的情况下，俯仰力矩的大小与导弹飞行马赫数、飞行高度 H、迎角 α、升降舵舵面偏转角 δ_z、导弹绕 Oz_1 轴旋转角速度 ω_z（高低角速度）、迎角 α 变化率 $\dot{\alpha}$ 以及升降舵舵面偏转角速度 $\dot{\omega}_z$ 有关。影响俯仰力矩的主要因素是迎角 α、舵偏角 δ_z 和导弹绕其质心转动的角速度 ω_z。

对正常式气动布局（舵面安装在弹身尾部），并具有静稳定性的导弹来说，当舵面偏转一个负的角度 δ_z 时，舵面上产生向下的操纵力（舵面升力 $Y_z^{\delta_z}\delta_z$），并形成相对于导弹质心的抬头力矩，称为俯仰操纵力矩，如图 3-24 所示。

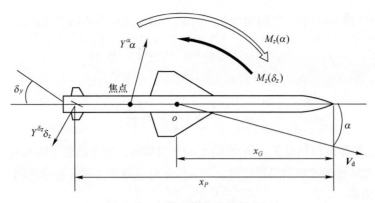

图 3-24 舵偏角引起的俯仰力矩

设舵面压力中心至导弹头部顶点的距离为 x_P，如舵偏角 δ_z 较小，俯仰操纵力矩为

$$M_z(\delta_z) = Y^{\delta_z}\delta_z(x_G - x_P) = C_y^{\delta_z}\delta_z qS(x_G - x_P) = M_z^{\delta_z}\delta_z = m_z^{\delta_z}\delta_z qsL \tag{3-11}$$

由此得

$$m_z^{\delta_z} = C_y^{\delta_z}(\bar{x}_G - \bar{x}_P) \tag{3-12}$$

式中：$m_z^{\delta_z}$ 为舵面偏转单位角度时所引起的操纵力矩系数，称为舵面效率；$C_z^{\delta_z}$ 为舵面偏转单位角度时所引起的升力系数；$\bar{x}_G = x_G/L$ 为导弹质心至弹身头部顶点距离的无量纲值；$\bar{x}_P = x_P/L$ 为舵面压心至弹身头部顶点距离的无量纲值。

对于正常式导弹，质心总是在舵面之前，所以总有 $m_z^{\delta_z} < 0$，对于鸭式导弹，$m_z^{\delta_z} > 0$。

2. 偏航力矩

偏航力矩 M_y 是总气动力矩 M_R 在弹体坐标系 Oy_1 轴上的分量，它使导弹绕 Oy_1 轴做旋转运动。可近似认为，导弹的偏航力矩 M_y 等于作用在导弹上的侧向力 Z 和压力中心至质心间距离的乘积，如图 3-25 所示。

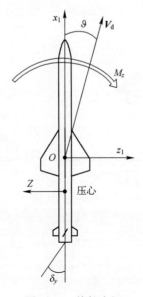

图 3-25 偏航力矩

偏航力矩与俯仰力矩产生的物理原因类似，偏航力矩系数的表达式为

$$m_y = m_y^\vartheta \vartheta + m_y^{\delta_y} \delta_y + m_y^{\overline{\omega}_y} \overline{\omega}_y + m_y^{\overline{\dot\vartheta}} \overline{\dot\vartheta} + m_y^{\overline{\dot\delta}_y} \overline{\dot\delta}_y \tag{3-13}$$

式中：

$$\overline{\omega}_y = \frac{\omega_y L}{V}, \quad \overline{\dot\vartheta} = \frac{\dot\vartheta L}{V}, \quad \overline{\dot\delta}_y = \frac{\dot\delta_y L}{V} \tag{3-14}$$

由于所有导弹外形相对于 x_1Oz_1 平面布局是对称的，故在偏航力矩系数中不存在 m_{y0} 这一项。m_y^ϑ 表征导弹的横向静稳定性，当 $m_y^\vartheta < 0$ 时，导弹是横向静稳定的。

3. 滚转力矩

滚转力矩（又称倾斜力矩）M_x 是使导弹绕纵轴 Ox_1 做旋转运动的气动力矩，它是由于迎面气流不对称地绕导弹流过所产生的。当导弹有侧滑角、某些操纵机构的偏转、翼面的安装角和尺寸制造误差、或导弹绕 Ox_1 及 Oy_1 轴旋转时，均会使气流流动的对称性受到破坏。

滚转力矩的大小取决于导弹的形状和尺寸，飞行速度 V 和高度，迎角 α，侧滑角 ϑ，舵面及副翼的偏转角 δ_x、δ_y、δ_z，角速度 ω_x、ω_y 及制造误差等。

当导弹绕纵轴 Ox_1 旋转时，将产生滚转阻尼力矩 $M_x^{\omega_x} \omega_x$，该力矩产生的物理原因与俯仰阻尼力矩类似。滚转阻尼力矩主要是由弹翼产生。从图 3-26 可看出，导弹绕 Ox_1 轴的旋转使得弹翼的每个剖面均获得相应的附加速度

$$V_y = -\omega_x z \tag{3-15}$$

式中：z 为弹翼所选剖面至导弹纵轴 Ox_1 的垂直距离。

当 $\omega_x > 0$ 时，右翼每个剖面的附加速度方向是向下的，而左翼与之相反。所以，右翼任意剖面上的迎角增量为

$$\Delta a = \frac{\omega_x z}{V} \tag{3-16}$$

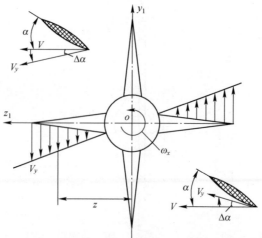

图 3-26　绕 Ox_1 轴旋转时，弹翼上的附加速度与附加迎角

而左翼对称剖面上的迎角则减小同样的数值。左、右翼迎角的差别将引起升力的不同，因而产生滚转力矩，该力矩总是阻止导弹绕纵轴 Ox_1 转动，故称该力矩为滚转阻尼力矩。滚转力矩系数与无量纲角速度 $\bar{\omega}_x$ 成正比。

导弹绕纵轴 Ox_1 转动或保持倾斜稳定是由滚转操纵力矩控制的，滚转操纵力矩是由一对副翼或差动操纵面的向不同方向偏转获得。副翼安装在弹翼后缘的翼梢处，两边副翼的偏转角方向相反，如图 3-27 所示。轴对称导弹用差动操纵面代替副翼。差动操纵面的特点是两个操纵面可以对称的偏转，也可以不对称的偏转，差动操纵面与副翼的工作原理相同。

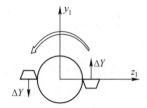

图 3-27　副翼工作原理示意图（后视图）

3.2.4　导弹运动方程组

由理论力学知，任何自由刚体在空中的任意运动，都可以视为是刚体质心的平移运动和绕质心旋转运动的合成，决定刚体质心瞬时位置的有 3 个自由度，决定刚体瞬时姿态的有 3 个自由度。因此，可以应用质心运动定理研究刚体质心的运动规律，利用动量矩定理来研究刚体绕质心旋转的运动规律。如以 m 表示刚体的质量，V 表示刚体质心的速度，H_c 表示刚体相对于质心的动量矩，则描述刚体移动和绕质心转动的动力学基本方程为

$$m\frac{dV}{dt} = \sum F \tag{3-17}$$

$$m\frac{dH_c}{dt} = \sum M_c \tag{3-18}$$

式中：$\sum F$ 为作用于刚体上所有外力之和；$\sum M_c$ 为作用于刚体上所有外力对质心的力矩之和。

然而，运动着的导弹并不是一个刚体。导弹在飞行过程中，要受到气动力等力和力矩的作用，要发生弹性变形；导弹作为一个被控对象，当控制系统驱动操纵机构偏转时，将对导弹的运动施加控制作用。这时，操纵机构、控制系统的电气和机械部件都有相对运动，操纵面的偏转也不时改变着导弹的外形；火箭发动机不断地以高速喷出高温燃气，使导弹的质量不断发生变化；对于装有冲压发动机的导弹，一方面新的空气不断进入发动机内部，另一方面推进剂不断燃烧，燃气流不断排出，推进剂在不断减少。因此，这就使研究导弹的运动比研究刚体的运动要复杂得多。

研究导弹的运动规律时，通常略去一些次要因素，如结构的弹性变形对运动的影响，将变质量系统假想为一个虚拟的刚体，把任一瞬时发动机喷口截面内的燃气组成视为是"冻结"的等。这种假定称为"凝固假设"，或称"冻结原理"。依据此假设可将

时变的导弹视为一个虚拟的定常质量系统,从而可以应用动量定理和动量矩定理建立运动方程,求得导弹的运动规律。

在这个虚拟刚体上的作用力有反作用力（推力）、气动力、科里奥利惯性力、变分力（由发动机内流体质点的非定常运动引起的）和重力等。由于科里奥利惯性力和变分力较小,计算时常忽略。

于是,在研究导弹质心运动时,将反作用力作为外力,将每一瞬时具有质量 $m(t)$ 的导弹视为该瞬时的一个定常质量刚体。实践表明,采用这种简化方法,可获得所需的计算精度。

1. 导弹动力学方程

在建立导弹的动力学方程时,只考虑重力、空气动力和发动机的推力。

1）导弹质心运动的动力学方程

工程实践表明,对研究导弹质心的运动来说,选取弹道坐标系 $Ox_2y_2z_2$ 作为动坐标系最为方便,把地面直角坐标系 $Oxyz$ 作为惯性坐标系可保证所需要的准确度。这样,由弹道坐标系所描述的质心运动的动力学方程为

$$\begin{cases} m\left(\dfrac{dV_{x_2}}{dt}+\Omega_{y_2}V_{z_2}-\Omega_{z_2}V_{y_2}\right)=\sum F_{x_2} \\ m\left(\dfrac{dV_{y_2}}{dt}+\Omega_{z_2}V_{x_2}-\Omega_{x_2}V_{z_2}\right)=\sum F_{y_2} \\ m\left(\dfrac{dV_{z_2}}{dt}+\Omega_{x_2}V_{y_2}-\Omega_{y_2}V_{x_2}\right)=\sum F_{z_2} \end{cases} \quad (3-19)$$

式中：Ω_{x_2},Ω_{y_2},Ω_{z_2} 为弹道坐标系相对于地面直角坐标系的角速度 Ω 在弹道坐标系 3 个坐标轴上的投影；V_{x_2},V_{y_2},V_{z_2} 为导弹质心速度 V_d（相对于地面直角坐标系）在弹道坐标系上的投影；$\sum F_{x_2}$,$\sum F_{y_2}$,$\sum F_{z_2}$ 为作用于导弹上的所有外力在弹道坐标系上的投影之和。

2）导弹绕质心转动的动力学方程

选取弹体坐标系为动坐标系,建立导弹绕质心旋转运动的动力学方程为

$$\begin{cases} J_x\dfrac{d\omega_x}{dt}+(J_z-J_y)\omega_z\omega_y=M_x \\ J_y\dfrac{d\omega_y}{dt}+(J_x-J_z)\omega_x\omega_z=M_y \\ J_z\dfrac{d\omega_z}{dt}+(J_y-J_x)\omega_y\omega_x=M_z \end{cases} \quad (3-20)$$

式中：J_x,J_y,J_z 为导弹相对弹体坐标系 $Ox_1y_1z_1$ 的 3 个坐标轴 Ox_1、Oy_1、Oz_1 的转动惯量；ω_x,ω_y,ω_z 为导弹相对于地面直角坐标系的旋转角速度矢量 $\boldsymbol{\omega}$ 在弹体坐标系各轴上的投影分量（弹体坐标系相对于地面直角坐标系的角速度在弹体坐标系各轴上的投影）；$\dfrac{d\omega_x}{dt}$,$\dfrac{d\omega_y}{dt}$,$\dfrac{d\omega_z}{dt}$ 为导弹相对于地面直角坐标系的旋转角加速度矢量 $\dfrac{d\boldsymbol{\omega}}{dt}$ 在弹体坐标系各轴上的投影分量（弹体坐标系相对于地面直角坐标系的角加速度在弹体坐标系各

轴上的投影); M_x, M_y, M_z 为作用于弹上的所有外力对质心之力矩在弹体坐标系 $Ox_1y_1z_1$ 各轴上的分量。

2. 导弹运动学方程

研究导弹质心运动的运动学方程和绕质心转动的运动学方程，其目的是确定质心每一瞬时的坐标位置以及导弹相对于地面直角坐标系的瞬时姿态。

1) 导弹质心运动的运动学方程

根据弹道坐标系 $Ox_2y_2z_2$ 的定义可知，导弹的速度矢量 V_d 与 Ox_2 轴重合，利用弹道坐标系 $Ox_2y_2z_2$ 和地面直角坐标系 $Oxyz$ 之间的变换矩阵或方向余弦表即可求得导弹质心相对于地面直角坐标系 $Oxyz$ 的位置方程，则导弹质心的运动学方程为

$$\begin{bmatrix} \dfrac{dx}{dt} \\ \dfrac{dy}{dt} \\ \dfrac{dz}{dt} \end{bmatrix} = \begin{bmatrix} V_x \\ V_y \\ V_z \end{bmatrix} = \begin{bmatrix} V\cos\theta_v\cos\psi_v \\ V\sin\theta_v \\ V\cos\theta_v\sin\psi_v \end{bmatrix} \tag{3-21}$$

2) 导弹绕质心转动的运动学方程

建立描述导弹相对地面坐标系 $Oxyz$ 姿态的运动学方程，亦即建立导弹姿态角 θ、ψ、γ 对时间的导数与转动角速度 ω_x、ω_y、ω_z 之间的关系。描述导弹相对地面直角坐标系 $Oxyz$ 姿态的运动学方程组为

$$\begin{cases} \dfrac{d\theta}{dt} = \omega_y\sin\gamma + \omega_z\cos\gamma \\ \dfrac{d\psi}{dt} = \dfrac{\omega_y\cos\gamma - \omega_z\sin\gamma}{\cos\theta} \\ \dfrac{d\gamma}{dt} = \omega_x - \tan\theta(\omega_y\cos\gamma - \omega_z\sin\gamma) \end{cases} \tag{3-22}$$

3. 导弹质量方程

导弹在飞行过程中，由于发动机不断地消耗推进剂，导弹的质量在不断减小。所以，导弹质量变化的描述形式为微分方程，即

$$\frac{dm}{dt} = -\dot{m}(t) \tag{3-23}$$

式 (3-23) 可独立于其他方程单独求解，即在瞬时 t，导弹质量的表达式可写成

$$m(t) = m_0 - \int_0^t \dot{m}(t)dt \tag{3-24}$$

至此，已建立了描述导弹质心运动的动力学方程组、导弹绕质心转动的动力学方程组、导弹质心运动的运动学方程组、导弹绕质心转动的运动学方程组、质量变化方程，并考虑相应的坐标变换几何关系方程，以上共 16 个方程，组成无控导弹运动方程组。如果不考虑外界干扰，只要给出初始条件，求解这组方程，就可唯一地确定一条无控弹道，并得到相应的 $V_d(t)$、$\theta_v(t)$、$\psi_v(t)$、$\theta(t)$、$\psi(t)$、$\gamma(t)$、$\omega_x(t)$、$\omega_y(t)$、$\omega_z(t)$、$x(t)$、$y(t)$、$z(t)$、$m(t)$、$\alpha(t)$、$\vartheta(t)$、$\gamma_v(t)$ 等 16 个运动参数随时间的变化规律。

4. 控制关系方程

对于可控导弹，仅有上述 16 个方程还不能求解导弹在空中的运动规律，因为方程组中的力和力矩不仅与上述的运动参数有关，还与操纵机构的偏转角 $\delta_x(t)$、$\delta_y(t)$、$\delta_z(t)$ 以及发动机的调节参数有关。所以，仅给出起始参数，还不能唯一地确定可控导弹的飞行轨迹。在相同的初始条件下，操纵机构偏转角的规律不同，飞行轨迹也就不同。为了唯一确定导弹的飞行轨迹，必须对导弹的运动施加一定的约束，这些约束用控制关系方程描述。

操纵导弹的俯仰、偏航和滚转运动，要通过操纵导弹的 3 个转动自由度，来改变法向力的大小和方向，以达到操纵飞行的目的。为了形成任一方向的法向力，同时又不能使控制系统过于复杂，一般只操纵导弹绕某一轴或两根轴转动，而对第三根轴保持稳定。例如，对于轴对称导弹，只操纵导弹绕 Oy_1 轴和 Oz_1 轴转动，即可实现俯仰和偏航运动，而对绕 Ox_1 轴的转动加以稳定，以保证俯仰和偏航控制信号不发生混乱。在导弹中这种稳定是由自动驾驶仪自动完成的，称为导弹的稳定回路。对于面对称导弹，一般只使其绕 Ox_1 和 Oz_1 轴转动，改变速度倾角 γ_v 和攻角 α 来产生所需的法向力。此外，还可以采用推力矢量控制方法，通过调节发动机的推力的大小和方向达到改变速度大小和方向的目的。

由此可见，对于可控导弹可采用 4 个操纵机构实现导弹飞行的控制，即升降舵、方向舵、副翼的操纵机构和发动机的调节装置。因此，需对导弹的运动附加 4 个约束，即 4 个控制关系方程。

5. 导弹运动方程组的简化

将上面讨论的诸多方程式联立，即组成描述导弹空中运动的运动方程组。作为可操纵的变质量的导弹，在空中飞行时，精确地、完整地描绘其运动是很复杂的。在实际工程问题中，用于计算和设计弹道时所包含的方程式，还需加上力和力矩的计算公式、控制系统方程、目标运动方程等，方程式数量还会增加。但在导弹设计的各个阶段，尤其是在导弹和控制系统的初步设计阶段，为了估算弹道的主要特性或其他有关运动参数的变化规律，若直接求解复杂的运动方程组，既费时间、又不经济，而且也没有必要。因此，通常是根据导弹设计不同阶段的不同要求，在求解精度允许范围内，应用近似方法对导弹运动方程组进行简化。实践证明，在一定的假设条件下，应用一些近似方法，对导弹运动方程进行简化，利用简化的方程组快速了解导弹的飞行特性是可行的，并具有很好的实用价值。

3.3　导弹控制方法

3.3.1　导弹控制力的产生

一般情况下，作用在导弹上力有重力、发动机推力和空气动力。为了控制导弹的飞行弹道，需要改变这些力的合力的大小和方向。由于重力无法改变，因此控制飞行是通过改变发动机推力和空气动力的合力的大小和方向来实现的。合力通常称为控制力，这些控制力又可按照实现方式的不同进一步细分。

1. 气动力控制

气动力控制是指采用空气动力实现对导弹控制的方式，空气动力的各种控制方法与导弹纵向气动布局密切相关，如尾翼控制、旋转弹翼控制、鸭翼控制分别对应正常式、全动弹翼式和鸭式气动布局。针对目前新型地空导弹多采用尾翼控制，这里重点介绍尾翼控制方法。

图 3-28 是尾翼控制正常式布局导弹的法向力作用状况。静稳定条件下，在控制开始时由舵面负偏转角 $-\delta$ 产生一个使头部上仰的力矩，舵面偏转角始终与弹身攻角增大方向相反，舵面产生的控制力的方向也始终与弹身攻角产生的法向力增大方向相反，因此导弹的响应特性比较差。图 3-29 为旋转弹翼控制、鸭翼控制和尾翼控制响应特性的比较，从图中看出，正常式布局的响应是最慢的。

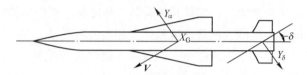

图 3-28　正常式布局法向力作用

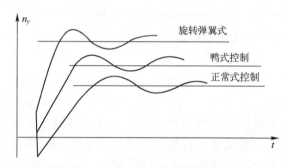

图 3-29　不同气动布局响应特性对比

由于正常式布局舵偏角与攻角方向相反，全弹的合成法向力是攻角产生的法向力减去舵偏角产生的法向力，即

$$Y = Y_\alpha - Y_\delta \tag{3-25}$$

因此，正常式布局的升力特性也总是较鸭式布局和全动弹翼布局要差。由于舵面受前面弹翼下洗影响，其效率也有所降低。当固体火箭发动机出口在弹身底部时，由于尾部弹体内空间有限，可能使控制机构安排有困难。此外，尾舵有时不能提供足够的滚转控制。

正常式布局的主要优点是尾舵的合成攻角小，从而减小了尾舵的气动载荷和舵面的铰链力矩。因为总载荷大部分集中在位于质心附近的弹翼上，所以可大大减小作用于弹身的弯矩。由于弹翼是固定的，对后舵面带来的洗流干扰要小些，因此尾翼控制布局的空气动力特性比旋转弹翼控制、鸭翼控制布局更为线性，这对要求以线性控制为主的设计具有明显的优势。此外，由于舵面位于全弹尾部，离质心较远，舵面面积可以小些。在设计过程中改变舵面尺寸和位置对全弹基本气动力特性影响很小，这一点对总体设计十分有利。

2. 推力矢量控制

推力矢量控制是一种通过控制主推力相对弹轴的偏移产生改变导弹方向所需力矩的控制技术。与空气动力执行机构相比，推力矢量控制装置的优点是：只要导弹处于推进阶段，即使在高空飞行和低速飞行段，它都能对导弹进行有效的控制，而且能获得很高的机动性能。推力矢量控制不依赖于大气的气动压力，但是当发动机停止工作后，将不再产生推力。

地空导弹推力矢量控制主要采用燃气舵、扰流片和摆动喷管3种方式。

1) 燃气舵

燃气舵是最早应用于导弹控制的一种推力矢量式执行机构。其基本结构是在火箭发动机喷管的尾部对称地放置4个舵片。对于一个舵片来说，当舵片没有偏转角时，舵片两侧气流对称，不会产生侧向力；当舵片偏转某一角度时，则产生侧向力。当4个燃气舵片偏转的方向不同时，可使飞行器产生俯仰、偏航及滚转3个方向所需要的侧向力。导弹发射后，依据弹上控制系统的指令，燃气舵在燃气流中偏转，改变燃气流的方向，从而改变推力的方向。燃气舵通常与空气舵联在一起，用同一套伺服系统驱动，使两者同步工作，以提供较大的横向控制力。燃气舵一般由耐烧蚀的材料制造，如石墨、钨渗铜等。燃气舵的构型基本上与空气舵相似，形状一般为三角形平面，其舵面效率高，阻力较小，前缘被烧蚀后对压力中心的影响也较小。

采用燃气舵进行推力矢量控制是目前战术导弹采用较多的一种推力矢量控制方式（如美国的"海麻雀"、俄罗斯的C-300ПМУ系列）。以色列的"巴拉克"导弹采用一台固体火箭发动机和一台装有燃气舵推力矢量控制系统的助推器，当导弹加速到马赫数1.6后，推力矢量控制系统自行脱落，导弹的有效射程约为10km。导弹的4个燃气舵和控制舵由伺服机构进行控制。导弹发射0.6s后，推力矢量控制系统把导弹从垂直弹道转向水平弹道，导弹的横向过载大于$25g$，由于转弯半径小，导弹最小射程为0.3km~1km。

燃气舵推力矢量控制的主要优点是结构简单、可靠，作动功率小，转动速率高，易同气动舵结合，仅需4个舵就可以进行全姿态的稳定与控制。燃气舵主要缺点是推力损失大，约为总推力的0.5%~2%，烧蚀严重。燃气舵的操纵效率随燃气舵烧蚀程度和装药温度的变化而变化。

2) 扰流片

扰流片推力矢量控制采用扰流器，扰流器上有4个叶片，称为扰流片，扰流片由液压传动机构或电动传动机构操纵。扰流片可在火箭发动机出口平面内移动，阻塞部分出口，在喷管的膨胀锥内产生斜激波，引起压力分布不均，产生横向推力。

英国垂直发射的"海浪"导弹在尾部加装一个由英国宇航公司制造的扰流片推力矢量控制系统，它有4个可动叶片。舰载雷达获得的目标参数传输给微处理机，操纵扰流片，干扰燃气流场，使之产生必要的推力矢量，起到操纵航向的作用，控制导弹在离发射点50m高的俯仰平面内完成程序转弯。

扰流片推力矢量控制的主要优缺点与燃气舵类似。英国萨默菲尔德研究站的试验结论是：单叶片喷流偏转角为14°时，每偏转1°，轴向推力损失约为1%。

3）摆动喷管

摆动喷管推力矢量控制靠直接转动喷管使推力产生横向分量。摆动喷管推力矢量控制是推力损失最小的一种推力矢量控制方式。摆动喷管有球窝喷管和柔性喷管两种。

球窝喷管是将喷管与燃烧室的连接部分设计成球窝形状，喷管可在球窝中摆动，作动筒依据引导指令摆动喷管，改变推力方向。球窝喷管无推力损失，推力矢量角与喷管运动方向呈直线性；与柔性喷管相比，摆动球窝喷管所需的作动力矩要低得多。球窝喷管的不足是滑动密封连接零件受热严重。

柔性喷管是采用柔性材料将喷管连接到发动机的燃烧室上，而后通过作动筒依据引导指令摆动喷管，改变推力方向。柔性喷管无滑动受热零件和平衡环，气体密封可靠；但柔性喷管组合安装较为复杂，摆动喷管所需的作动力矩较大。

摆动喷管实施推力矢量控制的主要优点是能迅速产生大攻角，改变导弹方向，导弹转弯时间短，推力损失小。缺点是机构复杂庞大，增加了操纵机构重量，占用空间大，且不能进行滚转控制。要进行滚转控制就要采用双喷管形式，则需要设计更为复杂的结构。

3. 直接力控制

随着反导作战的需求，对拦截弹机动性的要求更强，满足更高机动性要求的新一代推力矢量控制技术为直接侧向力技术。直接侧向力技术就是在导弹弹体周围安置若干小发动机，当需要提供侧向力时，相应的小发动机点火，迅速提供所需的侧向力。直接力技术就是侧向喷管推进器推力矢量控制技术的新发展。

目前，直接侧向力控制技术主要应用于反导拦截弹的控制。因为为了成功拦截体积小、速度高、机动能力强的空中来袭导弹，就必须提高拦截弹的控制精度，拦截过程末段必须增加直接侧向力控制系统，以提高导弹的机动能力和制导精度。目前国内外具有反导能力的拦截导弹，几乎都采用了直接侧向力控制技术。

依据操纵原理的不同，直接力控制可分为姿控直接力方式和轨控直接力方式，分别如图3-30（a）、（b）所示。

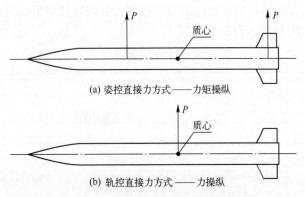

图3-30 横向喷流装置安装位置示意图

1）姿控直接力方式

姿控方式，即利用空气动力与安装在相对质心一定距离的微小型火箭发动机系统相结合所组成的力矩控制系统对导弹进行控制。这种方式是利用在导弹四周重心前径向安装的几十个小型姿控发动机控制点火,产生脉冲推力,使导弹产生相应的运动,从而进行姿态的调整。姿控火箭空间点火方位以及产生的推力大小将决定导弹系统的控制形式,由于姿控火箭个数有限,并且一经设计定型,其推力大小以及作用时间即被确定,因而是一种非线性控制,它根据的调节规律与轨控发动机相同。

典型的地空导弹如美国的 ERINT-1 导弹,姿态控制系统由弹体前部安装的 180 个微小型固体脉冲发动机组成。当导弹在滚转飞行时,这些姿控发动机根据引导指令依次点火工作,修正弹体姿态,确保导弹灵活机动、自主寻的、直接命中并摧毁目标。

2) 轨控直接力方式

轨控方式,即利用配置在质心的燃气动力或火箭发动机进行控制。执行机构安装在拦截弹的质心处,侧向力直接提供横向机动能力。采用这种控制方法,侧向喷流反作用力可直接使导弹质心移动,实现导弹机动。

在导弹质心附近安装的侧向推力系统,可以是多个径向分布的小型固体火箭发动机,也可以是小型的液体火箭发动机。如果是末段的侧向力轨控发动机,一般在与目标遭遇前 1s 左右点燃侧喷发动机,这样可以保证减小脱靶量至最小,接近直接碰撞的水平。

3.3.2 导弹的控制方法

在导弹运动过程中,要使导弹改变飞行的速度和方向,必须使导弹获得相应的控制力,控制力可分为两个分量,平行于速度矢量的切向控制力和垂直于速度矢量的法向控制力。切向控制力改变飞行速度,法向控制力改变飞行方向。对在大气层中飞行的地空导弹,可由空气动力 R 获得控制力,也可通过改变推力 P 的大小和方向获得控制力。产生法向力有几种基本方法:一是围绕质心转动的飞行器,使导弹产生迎角,由此形成气动升力,这种产生法向力的方法被广泛采用;二是直接产生法向力,这种方法不需改变导弹的迎角,如推力矢量系统;介于以上两种方法之间的第三种方法是采用旋转弹翼产生法向力,法向力由弹翼偏角产生的直接控制力和弹体转动引起的迎角产生的气动力组成。导弹控制方法分类如表 3-2 所列。

表 3-2 导弹控制方法分类

导弹控制方法	直角坐标控制	空气动力控制	尾翼控制
			鸭翼控制
			旋转弹翼控制
			滚转控制
		推力矢量控制	摆动喷管
			扰流片
			燃气舵
	极坐标控制	空气动力控制	鸭翼控制
			尾翼控制
			旋转弹翼控制

1. 直角坐标控制

如果导弹为轴对称气动外形或能在两个垂直的纵向平面上产生法向力，则改变法向力的空间方向不需要转动弹体，法向力由两个相互垂直的分量合成，这种控制法向力方向的方法，称为直角坐标控制。"+"字形和"×"字形舵面布置的导弹一般采用直角坐标控制。

如图 3-31（a）所示，导弹需产生指向 D 方向的法向力，则导弹舵面偏转，产生相互垂直的升力（控制力）分量，两分量合成为指向 D 方向的法向力，使导弹改变飞行方向。

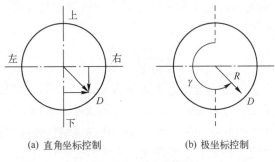

(a) 直角坐标控制　　(b) 极坐标控制

图 3-31　导弹的控制

采用直角坐标控制的导弹，在垂直和水平方向有相同的控制性能，且任何方向控制都很迅速。直角坐标控制需要两对升力面和操纵舵面，因导弹不滚转，则需要有 3 个操纵机构。目前，气动控制的导弹大都采用直角坐标控制。

2. 极坐标控制

如果导弹为飞航式气动外形或仅能在一个纵平面上产生法向力，为改变法向力的空间方向，则导弹需绕弹体纵轴转动，使产生的法向力指向 D 方向，这种控制法向力方向的方法称为极坐标控制。

采用极坐标控制如图 3-31（b）所示，导弹需产生指向 D 方向的控制力，则副翼偏转，使导弹从某一固定方向滚转 γ 角，使产生的法向力指向 D 方向，从而改变导弹的飞行方向。

极坐标控制一般只用一对升力面和一对舵面，导弹的重量小、阻力小（超声速导弹的阻力约一半来自 4 个弹翼和 4 个舵面）。"-"字形舵面配置的导弹有利于在舰船甲板上水平存储和在机翼下发射。

3.4　导弹机动性和操纵性

3.4.1　导弹的机动性

导弹的机动性是指导弹改变飞行速度方向的能力，如果导弹要攻击活动目标，特别是攻击空中的高速机动目标，导弹必须具有良好的机动性，导弹机动性可用法向加速度描述。但通常用法向过载的概念评价导弹的机动性。

在同一飞行高度和速度下,导弹的法向机动性越好,则导弹的转弯半径就越小,就越利于攻击高速活动目标。对采用空气动力控制的有翼导弹,其法向机动性取决于法向空气动力的大小,导弹能提供的最大法向空气动力越大,其法向机动性就越好。对推力矢量控制的导弹,其法向机动性则取决于发动机推力的大小及其可偏离弹体轴线的角度。

1. 过载的定义

作用在导弹上的外力有空气动力、推力和重力,前两种力是可控制的,重力是不可控制的。所以评定导弹机动性时,不计重力。作用在质量为 m 的导弹上除重力之外的所有外力的合力 N 产生的加速度(N/m)与重力加速度 g 的比值,即合力 N 与导弹重量 G($G=mg$)的比值称为导弹的过载,其计算公式为

$$n = \frac{N/m}{g} = \frac{N}{G} \tag{3-26}$$

过载 n 是个矢量,它的方向与外力主矢量 N 的方向一致,其模值表示外力 N 为其重量的多少倍。这就是说,过载矢量表征了力 N 的大小和方向。

过载的概念,除用于研究导弹的运动之外,在弹体结构强度和控制系统设计中也常使用,因为过载矢量决定了弹上各个部件或仪表所承受的作用力。例如,导弹以加速度 a 做平移运动时,相对弹体固定的某个质量为 m_i 的部件,除受到随导弹做加速度运动引起的惯性力 $-m_i a$ 之外,还要受到重力 $G_i = m_i g$ 和固紧力(或称连接反力)F_i 的作用。部件在这 3 个力的作用下处于相对平衡状态,即

$$-m_i a + G_i + F_i = 0 \tag{3-27}$$

导弹的运动加速度为

$$a = \frac{N+G}{m} \tag{3-28}$$

所以

$$F_i = m_i \frac{N+G}{m} - m_i g = m_i \frac{N}{m} = m_i g \frac{N}{mg} = G_i n \tag{3-29}$$

可以看出,弹上任何部件所承受的固紧力的合力为其本身重量 G_i 乘以导弹的过载矢量 n。因此,如果已知导弹在飞行中所承受的过载,就能确定弹上任何部件所承受的载荷。

过载这一概念,在研究导弹引导弹道时还有另外的定义,即把过载定义为作用在导弹上的所有外力(包括重力)的合力与导弹重量的比值。显然,在同样的情况下,过载的定义不同,其值也不一样。

过载矢量的大小和方向,通常由它在某坐标系中的投影来确定。对弹体或部件研究其受力情况和进行强度分析时,需要知道过载矢量在弹体坐标系 $Ox_1 y_1 z_1$ 中的投影。

在给定速度的情况下,法向过载越大,曲率半径越小,导弹转弯速率就越大。随着飞行速度的增加,弹道曲率半径就增加,这说明速度越大,越不容易转弯。即当过载给定时,随着速度的增加,曲率半径也增加;若飞行速度给定,则法向过载越大,曲率半径就越小,导弹越容易转弯。

2. 需用过载、极限过载、可用过载和使用过载

在导弹设计中，常需要考虑导弹在飞行过程中可能承受的过载。根据战术技术要求的规定，在导弹飞行过程中过载不得超过限定的数值，这个数值决定了弹体和弹上各种部件可能承受的最大载荷。为保证导弹能正常飞行，飞行中的过载必须小于这个限定数值。

1) 需用法向过载

需用法向过载是指导弹按给定的理想弹道飞行时所需要的法向过载。

导弹的需用过载是飞行弹道的一个重要特性，它必须满足导弹的战术技术要求。对于导弹的弹道，不同的引导方法所对应的弹道特性具有明显的差异，因此需用过载与引导方法有着密切的关系。从设计和制造的观点来看，选用较好的引导方法，可使需用过载较小。这不但可使导弹具有较好的弹道特性（飞行弹道较平直），并且可使导弹在飞行过程中受力较小。这对导弹的结构、弹上设备的正常工作及减小制导误差均较有利。

2) 极限法向过载

当导弹的尺寸和外形给定时，在一定的飞行速度和高度的情况下，它只能产生一定大小的横向力，这种横向力取决于迎角 α、侧滑角 ϑ 及操纵机构的偏转角。正如导弹气动力分析指出的那样，导弹在飞行中，迎角、侧滑角不能无限增大，否则导弹将变得不稳定。一般情况下，α、ϑ 限制在比较小的范围内（如 $8°\sim12°$），即导弹飞行时的迎角和侧滑角有一个临界值。达到临界值时，升力和侧力达最大值，再增加 α 或 ϑ，导弹的飞行将失速。所以，把迎角或侧滑角达到临界值时的法向过载称为极限法向过载。

3) 可用法向过载

当操纵面的偏转角为最大时，导弹所能产生的法向过载称为可用法向过载，它表征导弹产生法向控制力的实际能力。若要使导弹沿着引导方法所确定的弹道飞行，那么，在这条弹道的任一点上，导弹所能产生的可用过载都应大于需用过载。

在正常情况下，达到平衡时的过载正比于该瞬时的迎角和侧滑角，也即与舵偏角 δ_y、δ_z 成正比，而 δ_y、δ_z 的大小是受限制的。如于导弹的升降舵，由于平衡时迎角不得超过临界值，同时舵面操纵机构的效率随舵偏角的加大而降低，以及结构强度的限制（如地空导弹，飞行高度增加时，空气密度减小，其横向过载将减小，为提高导弹的高空机动性，舵偏角应较大；低空飞行时，空气密度又较大，横向过载可能变大。这样，必须在低空时限制舵偏角的最大值，以避免横向过载太大而使弹体结构遭到破坏），则必须限定最大舵偏角。

4) 使用法向过载

由使用舵偏角引起的横向过载称为使用法向过载。在实际飞行过程中，各种干扰因素总是存在的，如目标飞行时的起伏、外界阵风、动力系统的扰动等，导弹不可能完全沿理想弹道飞行，克服上述因素的影响必然引起附加过载。因此，在导弹设计时，应留有一定的过载余量，用以克服各种扰动因素导致的附加过载，应使舵偏角比最大舵偏角小一点，如取可使用的舵偏角为最大舵偏角的 80%。

综上所述，需用法向过载、可用法向过载、使用法向过载和极限法向过载的关系为：需用法向过载≤使用法向过载<可用法向过载<极限法向过载。

3.4.2 导弹的操纵性

导弹的操纵性是指操纵机构（舵面或发动机推力矢量喷管）动作后，导弹改变其原来飞行状态（如迎角、侧滑角、高低角、偏航角、滚转角、弹道倾角等）的能力和反应快慢的程度。舵面偏转一定角度后，导弹随之改变飞行状态越快，则操纵性越好；反之，操纵性就越差。导弹的操纵性通常根据舵面阶跃偏转迫使导弹做振动运动的过渡过程评定。

导弹的操纵性与机动性有着密切的关系。操纵性表示操纵导弹的效率，通常指导弹运动参数的增量和相应舵偏角变化量之比；机动性则表示导弹舵偏角最大时，导弹所能提供的最大法向加速度。操纵性是一个相对量，而机动性则是一个绝对量，好的操纵性有助于提高机动性。

导弹的操纵性和稳定性是相互矛盾的，导弹的操纵性好，导弹就容易改变飞行状态；导弹的稳定性好，导弹就不容易改变飞行状态。提高导弹的操纵性就会削弱导弹的稳定性，提高导弹的稳定性就会削弱导弹的操纵性。但当舵偏后，导弹由原飞行状态改变到新飞行状态的过渡过程，稳定性好，过渡过程就短，则有助于提高导弹的操纵性。

3.5 导弹技术发展趋势

3.5.1 导弹性能提高

随着科学技术的进展，未来地空导弹将呈现出更大变化。导弹的速度、机动性、制导精度和目标识别能力将进一步提高。为了提高导弹的速度，将采用高性能的固体燃料火箭发动机，并通过改进弹上设备和战斗部，大幅度降低导弹有效载荷，使导弹整体最大速度由目前的2000m/s提高至2500m/s~3000m/s，用以拦截弹道类目标和目前正在研制的高超声速飞机。为了提高导弹的机动性，目前已很少采用的末级分离技术将被重新使用，最终用于打击目标的弹头末级重量将由目前的几十至几百千克减少至几十克至几千克，控制方式也将由以空气动力为主转变为以推力矢量为主，可精确控制的微型推力矢量发动机是实现这一转变的关键技术。由于弹头质量小、结构紧凑、控制简便，可在瞬间获得很大的横向加速度，因此末端导弹有很强的机动能力，一般可达到$40g$~$50g$甚至更高的极限过载，并且不受飞行高度的限制，这对于拦截未来的高机动飞机目标和空间目标是非常有利的。为了提高导弹制导精度，尤其是在恶劣电子环境和射击远距离目标时的射击精度，导弹将更多地采用复合制导，较合理的方式是程序+无线电指令+主动寻的，其中主动寻的是一项关键技术，目前正在深入研究的毫米波雷达和激光雷达很可能成为主动导引头主流。主动寻的主要特点是精度高、抗干扰能力强，其制导精度甚至可以达到直接命中目标的程度，这就使传统的导弹战斗部发生了变化。动能碰撞杀伤是目前被广泛认可的一种杀伤方式，但聚能激光和定向爆破流也可能成为更有效的杀伤方式。未来导弹的另外一个重要发展体现在目标识别能力上，目前的地空导弹一般不具备有效识别干扰或从假目标背景中识别被射击目标的能力，而在未来战场上，真假目标同存的现象经常存在，如弹道导弹末段多弹头分离时，弹头和分离后的碎片会形成几十个甚至上百个假目标，如何识别出其中的真目标是一个极为关键的因素。目标识别主要以导弹的精确跟踪能力为前提，结合采用各种智能目标处理技术，其中人工智能是一个很重要的发展方向，具有超级处理能力的超微计算机是保证实现这一能力的一项关键技术。

3.5.2 导弹轻小型化

导弹技术的一个重要发展方向是导弹的轻小型化。采用新材料和采用异型设计、采用直接碰撞杀伤方式从而取消战斗部都是实现导弹小型化的关键技术。如俄罗斯C-300ПМУ-2使用的9M96E2中远程地空导弹，射程200km，发射质量仅为420kg；相比之下，С-300ПМУ-1使用的48H6E导弹，射程150km，发射质量为1799kg；而9M100近程地空导弹，射程30km，发射质量仅80kg。

空袭目标种类多、技术先进、速度变化范围很大，机动性能也很高，解决导弹的引战配合效率问题在众多导弹技术问题中也显得尤为突出。

3.5.3 引信性能改进

1. 提高引信的抗干扰能力

引信的抗干扰是个复杂的问题，同时也是各种体制的引信必须考虑的问题。引信的干扰源为两类：第一类属于自然干扰源，主要是太阳、地物和海面等背景干扰源；第二类属于人为干扰源。通过利用多光路、匹配滤波器原理，以及在光学引信中选择适当的波段等方法，可以达到排除背景干扰的目的。引信体制的变化也是抗干扰的有效措施，多体制引信或复合体制引信的应用，对抗干扰是有利的。早期地空导弹无线电引信大都采用单一的连续波多普勒体制，只具有速度选择能力，不能抗低空地面背景干扰及敌方施放的有源干扰，容易在低空及存在有源干扰情况下引起早炸。近代引信的启动普遍采用多种目标特征参数的选择技术，包括速度、距离、多普勒频率和角度选择等。如法国"响尾蛇"导弹红外引信，苏联SA-6导弹无线电引信均采用了信号增强选择电路，抑止了固定目标的干扰，增强了对动目标的选择。近代地空导弹引信广泛采用了脉冲多普勒、伪随机码、连续波调频等体制的引信，增强了距离的选择，大大增强了抗背景和作用距离外的干扰的能力，同时提高了对引信启动区的控制精度。

2. 采用引信启动区自适应控制

引信启动区是对遭遇点（又称交会点）和交会条件而言的。遭遇点和交会条件不同，则引信的启动区不同。当遭遇点相同时，两组不同的交会条件，其启动区不同。当引信启动区与相同交会条件下战斗部的动态飞散区部分重合或完全重合时，引信与战斗部有最好的配合，战斗部起爆时，对目标产生最大的杀伤效果。为了适应不同的交会条件，提高引战配合效率，近代地空导弹广泛采用各种引信启动区的自适应控制技术，如引信延迟时间的自适应调整，引信天线波瓣倾角的控制等，使战斗部破片动态飞散区更准确地覆盖目标要害部位。当引信的启动区和引信的最佳启动区不一致时，可以用不同的延迟时间来协调。自适应选择延迟时间解决引战配合问题是一种很有前途的方法。微型电子计算机和大规模集成电路的迅速发展,为引信自适应选择最有利炸点创造了有利条件。随着引信和计算技术的进一步发展,启动区的自适应控制将越来越完善。法国"响尾蛇"地空导弹引信对不同的目标速度方向采用3挡延迟时间控制。苏联SA-2地空导弹的引信采用固定的延迟时间和固定的天线波瓣,因此引信启动区不能调整,但其改进型的引信采用了2挡天线波瓣倾角的控制,以便适应不同的相对速度的情况。新一代地空导弹由于弹上普遍采用计算机,可以处理更多的导弹和目标交会信息,如相对速度、交会角、脱靶量及脱靶距离等,按这些参数可以更精确地进行引信启动区的自适应控制。

3.5.4 战斗部性能改进

1. 减少战斗部的质量

战斗部的质量,应在导弹总质量中占有合理的比例:一方面,战斗部应在满足总体要求的杀伤概率条件下,质量尽可能小,以便增大导弹的射程或提高导弹的机动能力;另一方面,导弹总体对战斗部质量的限制,不应影响战斗部的威力。战斗部质量的大小,主要取决于武器系统的制导精度。战斗部对目标的有效杀伤半径应能弥补制导误差造成的目标"脱靶"。因此,不同的制导体制,战斗部的质量相差很大。例如,中程地空导弹在射程相同的情况下,寻的制导和指令制导两种体制的导弹,前者的战斗部质量只有后者的1/3~1/4。新一代地空导弹普遍采用精确制导技术,提高了制导精度,导弹的制导误差从几十米降到十几米、几米,因此,战斗部质量普遍有减小的趋势。例如,俄罗斯的С-300ПМУ-1地空导弹武器系统的48Н6Е导弹的战斗部质量为143kg,而为其新研制的小型导弹9M96E的战斗部质量仅为24kg。

2. 提高战斗部杀伤物质的定向飞散性能和进行飞散方向控制

战斗部杀伤物质是指战斗部爆炸时能杀伤目标的飞散物,如战斗部破片、连续杆、聚能射流等,它随战斗部的类型不同而异。为了在减小战斗部质量的同时,不降低其杀伤效能,普遍采用提高战斗部破片及其他杀伤物质的定向飞散性能,减小战斗部破片的飞散角,提高破片在飞散角内的密度,战斗部破片的质量亦有所减小,从早期的十几克降到几克。改变战斗部起爆点的位置可以改变破片飞散的方向,实施战斗部破片飞散方向的控制,以适应不同相对速度的情况。俄罗斯的新型地空导弹即采用了旋转战斗部技术,以实现战斗部爆炸定向的目的。

3. 提高制导精度

取消战斗部,向撞击目标的动能杀伤方向发展。随着制导技术水平的提高,地空导弹将可达到直接命中目标的技术水平,即利用导弹本身的动能摧毁目标,则导弹不需要配备专门的战斗部,而完全靠其本身的动能摧毁目标。目前,国外在研的新一代具有反导能力的地空导弹应用先进的精确末制导控制技术,采用动能杀伤拦截器直接碰撞杀伤目标。精确末制导控制技术包括:目标精确探测技术、快速响应精确控制技术、拦截器精确测量基准与导航技术以及直接命中引导方法等。在目标探测方法上,主要采用了红外成像或毫米波精确探测技术;在导弹自身制导上,采用捷联惯导系统或惯导+GPS组合制导系统,其定位精度可达到厘米级;在引导方法设计中主要采用直接命中导引方法，可保证理论脱靶量为零；在控制方法上，主要采用了快速响应的轨控、姿控发动机推力脉冲开关控制技术。

采用动能杀伤拦截器技术的导弹有美国的 THAAD 和 ERINT 拦截导弹。THAAD 导弹的动能杀伤拦截器能够搜索和锁定目标，然后使用高速弹体对来袭导弹进行撞击；动能杀伤拦截器上装有双组元推进剂的轨道和姿态控制发动机系统，其中，4 个轨控发动机以"+"字形安装在拦截器质心周围，6 个姿控发动机安装在拦截器尾部，姿控发动机可提供姿态、横滚和稳定性控制以及末段机动转向能力；动能拦截器采用中波红外寻的导引头，用于对目标进行搜索跟踪，对 TBM 弹头目标最大探测距离为 42km；动能杀伤拦截器的综合导引系统包括制导控制计算机、小型激光陀螺惯性测量装置和 GPS 接收机，用于提供动能杀伤拦截器杀伤的制导精度。

思 考 题

1. 导弹主要由哪些部分组成？
2. 导弹的气动布局的含义是什么？
3. 战术导弹的空气动力面沿弹身周向配置的常见形式有哪些？
4. 战术导弹的弹翼和舵面沿弹身轴向配置的常见形式有哪些？
5. 什么是鸭式布局？它有哪些特点？
6. 弹上制导装置的功能是什么？它由哪些部分组成？
7. 引导指令产生装置的作用是什么？
8. 自动驾驶仪由哪些部分构成？它的功能是什么？
9. 执行机构的功用是什么？
10. 导引头有哪些类型？它有什么作用？
11. 引战系统的组成和作用是什么？
12. 什么是引战配合？影响引战配合的因素有哪些？
13. 描述导弹飞行常用的坐标系有哪些？
14. 作用在导弹上的力有哪些？
15. 作用在导弹上的力矩有哪些？
16. 导弹的控制方法有哪些？
17. 什么是需用法向过载？需用法向过载与引导方法有什么关系？
18. 什么是可用法向过载？可用法向过载与引导方法有什么关系？
19. 什么是导弹的机动性、操纵性？二者有什么关系？

第4章 制导系统

导弹与普通武器的根本区别在于它具有制导系统，制导系统的工作状况直接影响导弹命中目标的概率，制导系统引导导弹飞向目标所依据的技术原理称为制导体制，制导系统引导导弹飞向目标所依据的运动学关系称为引导方法（也称为引导规律或导引方法）。

4.1 制导系统功能和组成

将导弹导向目标、并准确命中目标是制导系统的中心任务。导弹能准确命中目标，是由于制导系统能按一定的引导方法对导弹实施引导，并控制导弹按理想弹道飞向目标实现的。

4.1.1 基本功能

制导系统从功能上可分为引导系统和姿态控制系统（简称控制系统）两部分。对导弹实施控制的信息来自于引导系统，对导弹实施控制的控制力来自于控制系统。

引导系统通过搜索跟踪装置确定导弹相对目标或发射点的位置，依据一定的引导方法形成引导指令。探测装置对目标和导弹运动参数的测量，可以用不同类型的装置实现，最常用的是雷达系统。导弹在飞向目标的过程中，雷达系统不断地测量导弹和目标的相对位置，确定导弹的实际运动相对于理想运动的偏差，并根据所测得的运动偏差按照一定的引导方法形成适当的引导指令，此即"引导"功能。

控制系统直接操纵导弹，按照引导系统所提供的引导指令，产生一定的控制力，控制导弹改变运动状态，消除运动偏差，使导弹的实际弹道尽可能与理论弹道相符，使导弹准确命中目标，此即"控制"功能。控制系统的另一项重要任务是保证导弹在飞行过程中的稳定。

4.1.2 基本组成

制导系统包括指令形成装置、指令发送装置、指令接收装置、执行装置、敏感装置等控制导弹飞行的所有设备，其组成如图4-1所示。

各类导弹由于用途、目标性质、射程等因素的不同，制导系统的差异较大。各类导弹的控制系统都装在导弹上，工作原理也大致相同，而引导系统的设备可能全部放在导弹上，也可能全部放在制导站，或将引导系统的主要设备放在制导站。

引导系统一般由指令形成装置、指令发送装置等组成，其功能是测量导弹相对理论弹道或目标运动的偏差，按照预定的引导方法，由引导计算机计算形成引导指令，引导指令通过指令发送装置发送给导弹，控制系统依据引导指令控制导弹的运动。

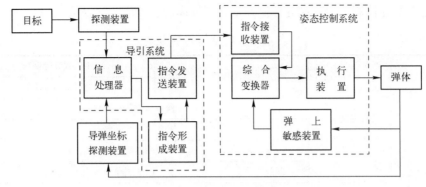

图 4-1 制导系统组成框图

导弹姿态控制系统又称自动驾驶仪，一般由指令接收装置、执行装置和敏感装置等组成。

其主要功能是保证导弹在引导指令控制下沿着要求的弹道稳定地飞向目标。由自动驾驶仪组成的导弹姿态控制系统还起着稳定导弹飞行的功用，因此常称其为稳定回路，稳定回路中通常含有校正装置，用以保证具有较高的控制质量。稳定回路系统是导弹制导系统的重要环节，它的性能直接影响制导系统的制导精度。弹上控制系统应既能保证导弹飞行的稳定性，又能保证导弹的机动性。

4.1.3 对制导系统的要求

制导系统是以弹体为控制对象的闭环自动控制系统，但它又区别于一般自动控制系统，对其主要要求如下。

（1）地空导弹武器系统所拦截的目标是在空中高速飞行并可能机动的飞行器，这就要求武器系统能连续测定目标的状态，并控制导弹按照一定的规律飞行，这样才能有效地命中目标。

（2）目标在空中飞行的高度、方位和速度可以在一定的范围变化，这就要求制导系统必须能适应这样的变化。

（3）由于导弹是在一定的空域内机动飞行，飞行中它的运动参数和控制参数都会有相当大幅度的改变，致使导弹动态特性会发生很大变化。为了获得满意的导弹自动驾驶仪控制品质和导弹飞行性能，制导系统不能按一条特定的弹道设计，必须有自适应能力。这就会带来系统设计中的非线性、变参数和多输入多输出等难题。

（4）导弹战斗部的威力范围具有一定限制，因此，制导系统对导弹的制导精度必须满足对目标命中概率的要求。

（5）由于现代防空作战面临着严峻的干扰环境，因此制导系统设计时必须充分考虑到各种随机干扰的影响，并具备相应对抗措施。

4.2 制导体制分类及基本原理

导弹可选用的制导体制类型很多，按制导系统的特点和工作原理，可分为自主制导体制、遥控制导体制、寻的制导体制和复合制导体制,如表 4-1 所列。

表 4-1 制导体制的分类

制导体制	自主制导	惯性制导	平台式惯性制导
			捷联式惯性制导
		程序(方案)制导	
		天文(星光)制导	
		地图匹配制导	
		GPS 制导	
	遥控制导	指令制导	
		波束(驾束)制导	雷达波束制导
			激光波束制导
		TVM 制导	
	寻的制导	按信号来源分	主动寻的制导
			半主动寻的制导
			被动寻的制导
		按信号物理特性分	雷达寻的制导
			光电寻的制导
	复合制导	串联形式	程序+指令+寻的(依次)
		并联形式	惯导+GPS+指令(同时)

4.2.1 自主制导体制

自主制导体制不需要导弹以外的任何信息,即制导过程中不需要从目标或制导站获取信息,引导信号完全由弹上制导设备产生,控制导弹沿预定弹道飞向目标。

自主制导体制根据控制信号形成的方法不同,可分为惯性制导、程序制导、天文导航、地图匹配制导、GPS 制导等类型。

1. 惯性制导体制

惯性制导体制是一种不依赖任何外部信息、也不向外部辐射能量的自主制导体制。惯性制导系统利用弹上的惯性元件,测量导弹相对于惯性空间的运动参数(如加速度),在给定运动的初始条件下,在完全自主的基础上,由制导计算机计算出导弹的速度、距离、位置及姿态等参数,依据预先确定的弹道形成控制信号,引导导弹按预定弹道飞行。

惯性制导以牛顿力学定律为基础,通过测量载体在惯性参考系中的加速度,将加速度对时间进行积分,并且把它变换到导航坐标系中,就能够得到导弹在导航坐标系中的速度、偏航角和位置等信息。

惯性制导可分为两大类,即平台式惯性制导和捷联式惯性制导,它们的主要区别在于,平台式惯导有实体的物理平台,陀螺和加速度计置于由陀螺稳定的平台上,该平台跟踪导航坐标系,加速度计的测量轴稳定在导航坐标系的轴向,能直接测量导弹在导航坐标系的轴向加速度，并可从平台的框架轴上直接拾取导弹的姿态和航向信息，以实现速度和位置的解算，如图 4-2 所示。

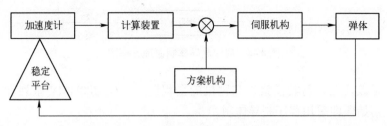

图 4-2　平台式惯性制导原理方框图

捷联式惯性制导没有实体的物理平台，陀螺和加速度计直接固联在导弹弹体上，惯性平台的功能由计算机完成，故有时也称捷联式惯性制导的稳定平台为"数学平台"，平台的姿态数据是通过计算获得的，如图 4-3 所示。由于捷联式惯性制导不需要由陀螺稳定的平台，结构简单，因此目前较先进的地空导弹均采用此体制。

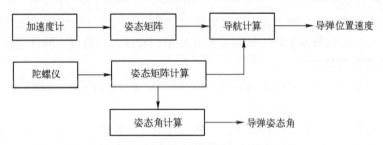

图 4-3　捷联式惯性制导原理方框图

惯性制导有固定的漂移率，从而会造成物体运动的误差，因此远射程的武器系统通常会采用指令、GPS、星光等方法对惯导进行定时修正，以获取持续准确的位置参数。如中距空空弹中段一般采用捷联式惯导+指令修正制导，联合制导攻击弹药 JDAM 采用自主式的全球定位/惯性导航组合（GPS/INS）制导，"战斧"巡航导弹采用 GPS/INS+地形匹配制导。

平台式惯导系统设备复杂，价格昂贵，定位精度较高，只有精度要求较高的远程飞行器才采用，大多数运载火箭都采用平台式惯导。

捷联惯导系统由于结构简单、可靠性好、体积小、重量轻、成本低、容易维修等特点，近年来发展很快，并且在战术导弹中得到广泛应用。由于捷联惯导系统的精度尚未达到平台惯导系统的精度水平，所以其应用范围受到了一定程度的限制。

惯性制导体制由于不依赖外界的任何信息，不受外界的干扰，也不向外界发射任何能量，所以具有很强的抗干扰能力和良好的隐蔽性。

2. 程序制导体制

程序制导体制又称"方案制导体制"。程序制导体制利用预先给定的弹道程序，控制导弹飞向目标。程序制导原理如图 4-4 所示。

程序制导体制的优点是设备简单，制导系统与外界没有关系，抗干扰性好，但引导误差会随飞行时间的增加而增加。程序制导常用于弹道导弹的主动段、有翼导弹的初始

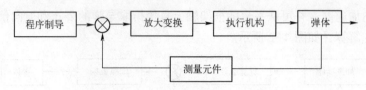

图 4-4 程序制导体制原理方框图

段和中段制导以及无人驾驶侦察机和靶机的全程制导。С-300ПМУ 系列和"爱国者"地空导弹的初始段即采用程序制导体制。

3. 天文导航体制

天文导航体制是根据导弹、地球、星体三者之间的运动关系来确定导弹的运动参量，将导弹引导向目标的一种自主制导体制。导弹天文导航系统一般有两种：一种由光电六分仪或无线电六分仪跟踪一个星体，引导导弹飞向目标；另一种用两部光电六分仪或无线电六分仪，分别观测两个星体，根据两个星体等高圈的交点，确定导弹的位置，导引导弹飞向目标。

战略导弹采用的星光修正弹道的制导体制就是一种天文导航体制。俄罗斯的新型战略导弹"白杨"在惯导的基础上增加了星光修正制导体制，提高了导弹的命中精度。

4. 地图匹配制导体制

地图匹配制导体制是利用地图信息进行制导的一种制导体制。地图匹配制导又分为地形匹配制导和景象匹配制导两种体制。

地形匹配制导利用的是地形信息，也称为地形等高线匹配制导。景象匹配制导利用弹上计算机预存的地形图或景象图与导弹飞行到预定位置时弹上传感器测出的地形图或景象图进行相关比较，确定出导弹所在位置与预定位置的纵向和横向偏差，形成引导指令，将导弹引导向预定目标。

目前，采用地形匹配制导体制的导弹制导精度可在几十米以内，而采用景象匹配制导体制的制导精度更高，制导误差一般只有几米。

5. GPS 制导体制

GPS 制导体制是利用导弹上安装的 GPS 接收机接收 4 颗以上导航卫星播发的信号，用来修正导弹的弹道的制导体制。它常与惯性制导体制一起使用，用以修正惯性制导的累积误差。美国的"战斧"Ⅲ型巡航导弹采用全球定位系统和惯性导航系统（GPS/INS）进行中制导，用改进型数字景象匹配区域相关器和辅助地形匹配进行末制导，提高了制导精度，并且有效地缩短了任务规划时间。

4.2.2 遥控制导体制

遥控制导体制常用于攻击活动目标。在地（舰）空导弹应用最多。遥控制导可分为指令制导、波束制导、TVM 制导等体制。

1. 指令制导体制

指令制导是由制导站发送无线电指令信号，控制导弹飞向目标的制导体制。无线电指令制导是地空导弹武器系统最常用的制导体制，分为单波束无线电指令制导和双波束无线电指令制导两种。单波束指令制导由同一个波束跟踪目标和导弹，如图 4-5 所示，双波束指令制导由两个波束分别跟踪目标和导弹。在实际装备中，指令形成装置、发送装置和跟踪雷达一般安装在同一个平台上。

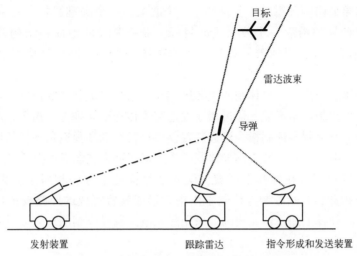

图 4-5　单波束无线电指令制导体制原理图

无线电指令制导体制的优点是，在距离较近时制导精度高、弹上设备简单、受天气条件和能见度影响小、指令信号经过编码后抗干扰性较强。但指令制导体制的制导精度随距离的增加而降低，且指令制导要求同时测量目标和导弹的参数，并且要给导弹发送指令，因此抗干扰性能较差。无线电指令制导体制广泛应用于各种地空导弹武器系统。С-300ПМУ 系列和"爱国者"的中段制导、SA-2 全程、"响尾蛇"等地空导弹均采用无线电指令制导体制。

2. 波束制导体制

波束制导又称为驾束制导。波束制导是地面站发射波束照射目标，弹上制导装置控制导弹沿波束中心线飞向目标的制导体制。导弹依靠弹上制导装置接收雷达或光波束调制信号，当导弹偏离波束中心时，弹上制导装置产生误差信号控制导弹沿波束中心飞行直到命中目标，如图 4-6 所示。

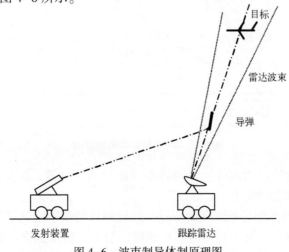

图 4-6　波束制导体制原理图

波束制导分为单波束制导和双波束制导。在单波束制导体制中，地面站-导弹-目标连成一条直线，引导方法为三点法，因此弹道曲率较大，要求导弹具有较高的机动性。双波束制导采用两部雷达，各自产生一个波束，一个瞄准目标，另一个瞄准目标的前置点，并使导弹沿后一个波束飞向目标。波束制导的地面站结构较为简单，距离近时制导精度较高，但随着导弹离开雷达距离的增加，制导精度降低，且易受电子干扰。

波束制导体制与指令制导体制的主要区别在于信号形成装置的位置，在指令制导体制中，引导信号在制导站形成，通过指令发送装置传送到导弹上，指令形成装置位于制导闭合回路内。波束制导体制指令形成装置仅仅执行运动学弹道角坐标的计算，并利用计算结果引导波束，因此，波束制导体制的指令形成装置在制导回路之外。在波束制导体制中，误差信号直接在导弹上形成，误差信号描述了导弹相对于波束轴的角偏差（或线偏差）。因此，在指令制导体制中由指令形成装置完成的回路校正功能，在波束制导体制中是由导弹上的仪器完成的。采用激光波束制导体制的地空导弹武器系统有瑞典的 RBS-70、国际合作的"阿达茨"。

3. TVM 制导体制

TVM（track-via-missile）制导又称为类"指令+寻的"制导体制，是一种变形的半主动寻的和指令制导结合的制导体制。TVM 制导体制通过地面站测量目标和导弹的坐标，当导弹接近目标时，导弹上的测向仪接收目标散射的地面站照射信号以测量目标相对于导弹的精确坐标，并将测量到的坐标数据通过下行通道发回地面，由地面站进行处理，形成相应的导弹控制指令，由地面指令发射机通过上行通道传送给导弹，控制导弹飞行，如图 4-7 所示。在末端采用 TVM 制导体制的地空导弹武器系统有俄罗斯的 C-300ПМУ 系列。

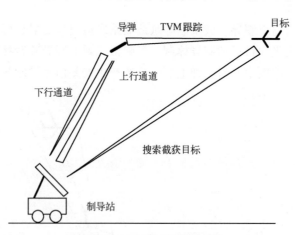

图 4-7　TVM 制导体制原理图

TVM 制导体制实际上是将半主动寻的制导的导引头分置，探测部分放在弹上，数据处理部分放在地面制导站上。

TVM 制导具有寻的制导精度高的特点，并且制导精度不随武器系统作用距离的增加而降低，导弹越接近目标，信号越强，信噪比越大，精度越高。TVM 制导与半主动寻的制导系统一样，需要对目标进行照射，弹上测向仪是通过接收目标反射的地面站照射信号实现对目标的跟踪测量，因此 TVM 制导具有半主动寻的制导的隐蔽性。TVM 制导弹上设备简单，利用地面设备在抗干扰性方面具有很大的处理能力和灵活性，并具有指令制导的潜在抗干扰性能。但 TVM 制导无线电通道多（上、下通道，雷达探测目标和导弹通道，指令通道），因此受干扰的可能性较大；但 TVM 制导在利用导弹测量目标参数的同时，地面站也测量目标的参数，因此对目标参数测量的可靠性增加，相对而言又提高了抗干扰性能，因此 TVM 制导体制的抗干扰性能高于指令制导体制。

从某种角度讲，TVM 制导体制是在当时的技术条件下，寻的制导导引头技术不过关的情况下提出的一种替代引导方法，随着导引头技术的发展和完善，在新型地空导弹中，采用寻的制导体制替代 TVM 制导体制。

4.2.3 寻的制导体制

寻的制导是由弹上设备接收目标辐射或散射的能量，测出目标的位置和运动参数，形成控制指令，使导弹按一定的引导方法飞向目标的制导体制。目标辐射的能量可以是热能（红外辐射）、无线电波、光波或声波等。在寻的制导系统中，地面站的作用是发现、监视、选择目标，测量目标的实时坐标，确定初始装订参数和给导引头提供照射能量等。在寻的制导系统中，对地面站测量目标的精度要求较低，但弹上设备比较复杂，一般用于近距制导或复合制导系统中。按导弹所接收的目标信息源所处的位置，寻的制导可分为主动寻的制导、半主动寻的制导和被动寻的制导 3 种体制。

1. 主动寻的制导体制

主动寻的制导是由弹上制导装置主动向目标发射能量（无线电波、激光等），并接收目标散射的回波，按一定的引导方法形成引导信号，控制导弹飞向目标的制导体制。其中以雷达寻的制导体制应用最多。

主动寻的制导体制的优点是发射后导弹能独立工作，即发射后不管。缺点是由于导弹的尺寸有限，弹上发射机的功率较小，因此作用距离受到限制。而且弹上辐射源一旦暴露，易受干扰，导弹命中概率会大大降低。

在地空导弹武器系统中，主动寻的制导体制很少单独使用，一般都是与其他制导体制复合使用，常用作整个制导过程的末制导。末制导采用主动寻的制导体制的地空导弹武器系统有美国的"爱国者"PAC-3。

2. 半主动寻的制导体制

半主动寻的制导是由地面站向目标发射能量（无线电波、激光等），导弹接收经目标散射回来的回波，由导弹自身按一定的引导方法形成引导信号，控制其飞向目标的制导体制。在半主动寻的制导中，地面站连续不断地跟踪和照射目标，并通过副瓣将同一照射信号直接发送到导弹作为频率基准（称为直波基准信号）。导弹一方面接收目标散射的照射能量，另一方面通过直波天线接收照射站发送的直波信号，通过对两个信号的比较，获得多普勒频移，如图 4-8 所示。

由于照射雷达发射机的频率会有微小漂移，从而对测量精度产生影响，此外照射雷达通常采用频率捷变方式对抗干扰。为消除照射雷达频率波动对测量精度的影响，需要利用直波信号为导弹提供照射雷达频率基准，以使导弹获得照射雷达当时准确的照射频率。

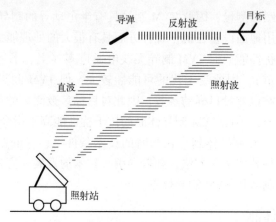

图 4-8 半主动寻的制导体制原理图

半主动寻的制导的照射能源由地面站提供,由于地面站的发射功率大、天线增益高,因此半主动寻的制导作用距离较远,而且弹上设备简单、体积小、重量轻。半主动寻的制导体制的不足是仍然需要地面站配合,同时对付多目标的能力受到限制。采用半主动寻的制导体制的地空导弹武器系统有美国的"霍克"、俄罗斯的 SA-11、意大利的"斯帕达"等。

3. 被动寻的制导体制

被动寻的制导是由弹上制导装置接收目标辐射的能量(无线电波、红外线等),由导弹自身按一定的引导方法形成引导信号,控制其飞向目标的制导体制。反辐射导弹就是一种典型的被动寻的制导的导弹。

被动寻的制导的作用距离取决于目标的辐射特征和接收设备的性能,一般可达几千米或几十千米。被动寻的制导的特点是,由于不向目标辐射能量因而保密性好,抗干扰性较强,但其作用距离受气象条件和环境影响较大。

目前现役和在研的大多数便携式地空导弹武器系统均采用被动寻的制导体制。

4.2.4 复合制导体制

中程以上的地空导弹武器系统在不同飞行阶段,一般会采用不同制导体制,也可在一个飞行阶段同时或交替使用两种制导体制,以实现几种制导体制优势互补,提高制导精度、作用距离和抗干扰能力,这就是复合制导体制,即由几种制导体制依次或协同参与工作实现对导弹的制导。

复合制导体制设计的首要问题是复合方式的选择问题,选择复合方式考虑的主要因素有武器系统的战术技术指标要求、目标及环境特性、各种制导体制的特点及相应的技术基础。各种制导体制的对比如表 4-2 所列。

表 4-2 制导体制特点对比

制导体制	优　点	缺　点	应　用	典型型号
自主制导	隐蔽性好,不易被干扰;射程远,制导精度较高;发射后不用管	发射后,弹道不能改变,只能用于攻击固定目标,或把目标引到固定的区域	地空导弹初始段	С-300ПМУ系列

续表

制导体制	优点	缺点	应用	典型型号
寻的制导	制导精度高，主动寻的可实现发射后不管	导弹结构复杂，作用距离有限，易受干扰	中近程地空导弹全程中远程地空导弹末段	斯帕达霍克
指令制导	制导精度较高，作用距离远，弹上制导设备较简单	制导精度随导弹距制导站的距离的增大而降低；容易受外界干扰	中近程地空导弹全程中远程地空导弹中段	SA-2响尾蛇
复合制导	作用距离远，制导精度高	技术复杂，交班问题困难	第三代地空导弹武器系统基本都采用复合制导体制	С-300ПМУ系列爱国者系列

由于没有一种制导体制能完全满足根据战术要求确定的导弹飞行各阶段所需的弹道特性。因此可在导弹的不同飞行阶段采用不同的制导体制。如在一种制导体制的作用距离不能满足导弹射程需求或制导精度要求的情况下可采用程序制导+无线电指令制导+寻的制导的复合制导体制，即：在导弹飞行的初始段采用程序制导，将导弹引导到要求的区域；导弹飞行中段采用无线电指令制导，比较精确地将导弹引导到目标附近；末段采用寻的制导，充分利用寻的制导体制制导精度高的特点。这样的复合制导体制不仅增大了制导系统的作用距离，而且提高了制导精度。采用复合制导体制可充分发挥各种制导体制的优点，取长补短满足较高的战术技术要求。

复合制导体制中一个重要的问题是不同制导体制的转换，它包括两方面的内容：一是不同制导段弹道的衔接；二是不同制导段转换时目标的交班，交班问题是两种制导体制转换的限制条件。在交班过程中，各种制导设备的工作必须协调过渡，使导弹的弹道能够平滑地衔接起来。复合制导体制作用距离远、制导精度高、抗干扰性能好，因此在新型地空导弹武器系统中得到广泛应用。С-300ПМУ系列、С-400、"爱国者"等均采用的是复合制导体制。

4.3 制导回路与稳定回路

在地空导弹武器系统中，雷达和导弹是通过制导回路相互联系起来的，制导回路的输入是目标和导弹的运动参数，输出是对导弹的控制指令。在地空导弹武器系统中，绝大多数先进技术手段和方法都是应用于制导回路的，其目的是提高制导回路的性能，敌方干扰、机动的目的也是为了破坏制导回路的正常工作状态，从而降低地空导弹武器系统的射击效能。制导回路将地空导弹武器系统中最重要的概念、原理、技术和设备有机地联系在一起，因此对于制导回路的深刻理解将十分有益于对整个武器系统的深入掌握。

4.3.1 制导回路

地空导弹制导回路也可称为制导与控制回路，俗称大回路。制导回路是由导弹制导系统、姿态稳定系统与控制系统、导弹弹体和运动学环节构成的自动控制闭合回路。

典型的指令制导系统的制导回路如图4-9所示，包括探测装置、引导指令形成和传输装置、带稳定回路的弹体、运动学环节以及气动参数调节装置等，虚线框内的是稳定回路。

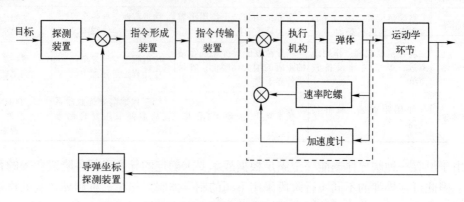

图 4-9　指令制导系统的制导回路

稳定回路是制导大回路的内回路，而且可能是多回路系统（如包括阻尼回路和加速度计反馈回路等），而稳定回路中的执行机构通常也采用位置或加速度反馈形成闭合回路。当然并不是所有的制导系统都要求具备稳定回路，例如，有些小型导弹就可能没有稳定回路，也有些导弹的执行机构采用开环控制，但所有的导弹都必须具备制导系统大回路。

1. 目标、导弹探测装置

目标、导弹探测装置测量导弹与目标视线的角偏差，其输入量是实际的角偏差，输出量为测量出的角偏差。雷达可以测量出目标和导弹的角偏差，并给出形成引导指令所需的角偏差信号。

2. 引导指令形成装置

引导指令形成装置的输入为探测跟踪装置测量出的角偏差，输出为引导指令电压。

3. 引导指令传输装置

引导指令传输装置包括指令发射装置和指令接收装置。指令发射装置将引导指令电压经调制或编码变成指令 K，指令 K 与输入电压成正比。弹上指令接收装置接收指令 K，并对其进行解调或译码，输出量是控制电压。

4. 弹体

弹体的输入为舵偏角，输出为弹体高低角速度。

5. 运动学环节

采用指令制导时，弹体输出参数（如横向加速度）与制导站探测跟踪装置测量的导弹高低角、方位角偏差（这里是输入信号）之间存在着固有的耦合关系，描述这一耦合关系的环节称为导弹的运动学环节。实际上，导弹的运动学环节即为描述导弹运动的运动方程组。

6. 气动参数调节装置

为进一步改善制导系统的动态特性，增大系统的相位稳定裕度，确保制导系统在整个工作过程中保持稳定，通常在导弹上安装有气动参数调节装置（或称为舵的传速比变化机构），以调节导弹控制回路参数。

典型的寻的制导系统的制导回路如图 4-10 所示，包括导引头、指令解算装置、自动驾驶仪、带稳定回路的导弹弹体和运动学环节。

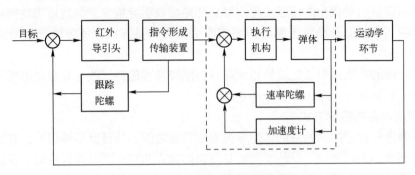

图 4-10　寻的制导系统的制导回路

4.3.2　稳定回路

自动驾驶仪与导弹弹体构成的闭合回路称为稳定回路，俗称小回路。稳定回路的任务是稳定导弹绕质心的姿态，并根据控制指令操纵导弹飞行。稳定回路稳定导弹绕质心的姿态的工作是由自动驾驶仪自行完成的，不需制导系统提供指令信息。

1. 稳定回路的功能

1) 稳定弹体在空间的角位置和角速度

对于非旋转导弹，制导系统一般要求滚转角保持为零或接近于零。如果导弹上没有稳定滚转角的设备，若导弹在飞行过程中发生滚转，控制指令坐标系与弹上执行坐标系之间的相对关系就遭到破坏，从而使引导指令执行过程发生错乱，导致控制失效。因为导弹弹体的滚转运动是没有静稳定性的，即使在常态飞行条件下，也必须对导弹进行滚转控制。

2) 改善导弹的稳态和动态特性

任何控制系统对输入信号的时间响应都由动态响应和稳态响应两部分组成。动态响应指一个稳定系统在外力的作用下，从一个状态转移到另一个状态的过程；稳态响应指时间趋于无穷时系统输出的响应。

由于导弹飞行的高度、速度的变化，其气动参数也在变化，导弹的稳态特性和动态特性也会随之变化，从而使控制系统复杂化。为保证制导系统正常工作，要求稳定回路在所有飞行条件下，保持导弹的静态稳定特性和动态稳定特性。

3) 增大弹体绕质心角运动的阻尼系数，改善制导系统的过渡过程品质

在引导过程中，导弹的过渡过程可能存在严重振荡、超调量和调节时间很大等难以接受的动态性能，从而降低导弹的跟踪精度，增大脱靶量，甚至可能造成导弹失控。因此，要求稳定回路改善弹体的阻尼性能，使弹体具有适当的阻尼系数。

4) 提高短周期振荡频率，保证导弹质心运动的稳定性

在导弹制导回路中，存在一定的动态滞后，需在稳定回路中引入超前校正。

5) 对静不稳定导弹进行稳定

对于在导弹飞行过程中的某一阶段为中立稳定或静不稳定的弹体，可以靠自动驾驶

仪保证飞行过程中的稳定性。

6) 执行引导指令，操纵导弹质心沿基准弹道飞行

稳定回路是引导指令的传递通路。稳定回路接收引导指令，经过适当变换放大，并依据导弹的飞行状态，操纵控制面偏转或改变推力矢量方向，使弹体产生所需的法向过载。

稳定回路的功能简而言之就是稳定导弹、限制导弹滚转、改善导弹动态特性、执行引导指令，它是制导回路正常工作的基础。

2. 稳定回路的控制方式

对导弹进行稳定控制的目的是使导弹命中目标时质心与目标足够接近，有时还会有交会角的要求。为达到这一目的就需要对导弹的质心和姿态同时进行控制。目前，大多数导弹是通过对姿态的控制间接实现对质心的控制。导弹的姿态运动有3个自由度，即俯仰、偏航和滚转，通常称为3个通道。如果以控制通道的选择分类，则稳定控制方式可分为单通道控制、双通道控制和三通道控制3类。

1) 单通道控制方式

一些小型导弹弹体直径小，在导弹以较大的角速度绕纵轴旋转的情况下，可用一个控制通道控制导弹在空间的运动，这种控制方式称为单通道控制。采用单通道控制方式的导弹可采用"-"字形舵面，继电式舵机，一般采用尾喷管斜置和尾翼斜置使导弹产生自旋。利用弹体自旋，采用一对舵面，按一定规律，在弹体旋转过程中不停地从一个极限位置向另一个极限位置交替偏转，其综合效果产生的控制力，使导弹沿基准弹道飞行。

在单通道控制方式中，弹体自旋是必需的，如果导弹不绕其纵轴旋转，则一个通道只能控制导弹在某一个平面内的运动，而不是控制其空间运动。

单通道控制方式由于只有一套执行机构，弹上设备较少，结构简单，质量轻，可靠性高。

2) 双通道控制方式

通常制导系统对导弹实施横向机动控制，故可将其分解为在互相垂直的俯仰和偏航两个通道内进行的控制，对于滚转通道仅由稳定系统对其进行稳定，而不需要进行控制，这种控制方式称为双通道控制方式，即直角坐标控制。

采用双通道控制方式的制导系统，由探测跟踪装置测量出导弹和目标在测量坐标系的运动参数，按引导方法分别形成俯仰和偏航两个通道的控制指令。导弹控制系统将两个通道的控制信号送到执行坐标系的两对舵面上（"+"字形或"×"字形），控制导弹向减小误差信号的方向运动。

双通道控制方式中的滚转回路分为转动角位置稳定和滚转角速度稳定两类。在遥控制导体制中，控制指令在制导站形成，为保证在测量坐标系中形成的误差信号正确地转换到控制坐标系中形成控制指令，一般采用滚转角位置稳定。若弹上有姿态测量装置，且控制指令在弹上形成，可以不采用滚转角位置稳定。在主动寻的制导体制中，测量坐标系与控制坐标系的关系是确定的，控制指令的形成对滚转角位置没有要求。

3) 三通道控制方式

制导系统对导弹实施控制时，对俯仰、偏航和滚转3个通道都进行控制的方式，称

为三通道控制方式。如垂直发射导弹的发射段的控制及滚转转弯控制等。三通道控制方式需要计算形成 3 个通道的控制指令，导弹滚转的控制不再由弹上自动驾驶仪实施。

4.4 引导方法分类及基本原理

引导方法是描述导弹在向目标接近的整个过程中所应遵循的运动学关系，它决定导弹的弹道特性及其相应的弹道参数。导弹按不同的引导方法引导，导弹飞行的弹道参数和运动参数是不同的，而导弹弹道参数则是导弹气动外形、推进系统、制导系统、稳定控制系统和引战系统设计以及确定导弹载荷设计情况的重要依据。导弹的引导方法对导弹的速度、过载、制导精度和单发杀伤概率有直接影响，而速度、过载、制导精度和单发杀伤概率是决定导弹杀伤目标空域大小和特性的主要因素。

制导体制不同，其引导方法也可能不一样，采用遥控制导和寻的制导的地空导弹，根据目标的飞行情况，制导系统按预先选定的引导方法形成引导指令，控制导弹改变飞行方向，将导弹导向目标，此时导弹所对应的飞行弹道称为导引弹道。导引弹道的运动学分析方法是把导弹和目标的运动看成质点运动，制导系统的工作是理想的，目标的运动规律为已知，导弹的速度是已知的时间函数，导弹的运动遵循所选择的导引关系（或称理想控制关系）。于是，导弹导引运动方程组中的运动学方程与其余方程（如动力学方程等）无关，可独立求解。

目前，地空导弹武器系统实际采用的几乎都是经典的引导方法。因此，在制导系统中，经典引导方法的深化应用仍是重要的课题。经典引导方法的分类如图 4-11 所示。

经典引导方法 { 按位置导引 { 三点法, 前置点法 }; 按速度导引 { 追踪法, 平行接近法, 比例导引法 } }

图 4-11 经典引导方法分类

经典引导方法需要信息量少，结构简单，容易实现，因此大多数现役地空导弹仍然使用经典引导方法或其改进形式，如三点法、前置点法、比例导引法或其改进形式。所有经典引导方法都是在特定条件下，按导弹快速接近目标的原则确定的。

4.4.1 按位置导引的引导方法

在研究按位置导引的引导方法及弹道特性时，将导弹、目标和制导站均视为质点，并假设制导系统的工作是理想的，目标的运动规律已知，导弹的速度是已知的时间函数，导弹的运动遵循所选择的引导方法（或称理想控制关系）。

按位置导引的引导方法，习惯上采用雷达测量坐标系 $Ox_R y_R z_R$，如图 4-12 所示，并定义：原点 O 与在地面上固定不动的制导站重合；Ox_R 轴指向跟踪物（目标和导弹）；Oy_R 轴在包含 Ox_R 轴的铅垂面内垂直于 Ox_R 轴，指向上方为正；Oz_R 轴与 Ox_R 轴和 Oy_R 轴组成右手直角坐标系。

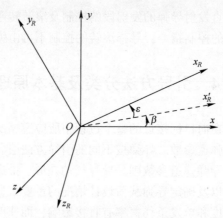

图 4-12 雷达测量坐标系

雷达测量坐标系 $Ox_R y_R z_R$ 与地面直角坐标系 $Oxyz$ 之间的关系由两个角度确定：高低角 ε 为 Ox_R 轴与地平面之间的夹角，$0° \leqslant \varepsilon \leqslant 90°$。跟踪物为目标，则称之为目标高低角，用 ε_m 表示；跟踪物为导弹，则称之为导弹高低角，用 ε_d 表示。方位角 β 为 Ox_R 轴在地平面上的投影 Ox'_R 与地面上参考轴 Ox 之间的夹角。若从 Ox 轴逆时针转到 Ox'_R 上，β 为正。跟踪物为目标，则称之为目标方位角 β_m；跟踪物为导弹，则称之为导弹方位角 β_d。

跟踪目标的坐标可以用 (x_R, y_R, z_R) 表示，也可以用 (R, ε, β) 表示。其中 R 为坐标原点到跟踪目标的距离。

1. 引导方程

在按位置导引的经典引导方法中，在雷达测量坐标系内确定导弹、目标间的运动学关系。为了简化讨论，将导弹和目标的运动分解为水平平面的运动和铅垂平面的运动，下面只探讨导弹、目标在铅垂平面内运动的情况。如某瞬时导弹、目标分别位于 d、m 点，如图 4-13 所示。

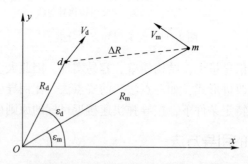

图 4-13 遥控制导时导弹、目标运动关系（铅垂平面内）

由 ΔOdm 可得导弹、目标位置的几何关系为

$$\frac{\Delta R}{\sin(\varepsilon_m - \varepsilon_d)} = a_\varepsilon \tag{4-1}$$

式中：ΔR 为目标、导弹的斜距差，当导弹接近目标时，$\Delta R \approx R_m - R_d$；$a_\varepsilon$ 为铅垂平面（高低角平面）内，由引导方法确定的系数，是时间的函数。

考虑探测跟踪设备对目标、导弹同时精确跟踪的视场范围不能太大，否则将减小导弹、目标运动的相关性。因此，一般取$|\varepsilon_m-\varepsilon_d|<5°$。于是式（4-1）近似为

$$\frac{\Delta R}{\varepsilon_m-\varepsilon_d}=a_\varepsilon \tag{4-2}$$

同理，可得水平平面（方位角平面）内导弹、目标运动的几何关系为

$$\frac{\Delta R}{\beta_m-\beta_d}=a_\beta \tag{4-3}$$

则依据式（4-2）和式（4-3），得

$$\begin{aligned}\varepsilon_d=\varepsilon_m-A_\varepsilon\Delta R\\\beta_d=\beta_m-A_\beta\Delta R\end{aligned} \tag{4-4}$$

式中：ε_m，β_m为跟踪装置测得的目标高低角、方位角；ε_d，β_d为引导方法要求的导弹高低角、方位角；A_ε，A_β为高低角平面、方位角平面由引导方法确定的系数，是时间的函数，$A_\varepsilon=\frac{1}{a_\varepsilon}$、$A_\beta=\frac{1}{a_\beta}$；$\Delta R$为跟踪装置测得导弹、目标的斜距差。

式（4-4）确定了每个时刻导弹、目标之间角坐标的关系，称为按位置导引的引导方程。选定了引导系数A_ε，A_β后，导弹每时刻的角位置便可确定。根据引导系数的不同，可分为三点法和前置点法。

2. 三点法

1）定义

三点法是指导弹在攻击目标的引导过程中，导弹始终处于制导站与目标的连线上。如果观察者从制导站上看目标，目标的影像正好被导弹的影像所覆盖。因此，三点法又称重合法、覆盖法或视线法，如图4-14所示。

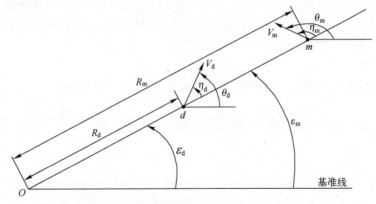

图4-14 三点法引导关系示意图（铅垂平面）

图中，O为制导站部署点；d为导弹质点；m为目标质点；R_m为制导站到目标的相对距离；R_d为制导站到导弹的相对距离；ε_d，ε_m分别为导弹和目标的高低角；V_d，V_m分别为导弹和目标的速度；θ_m，θ_d分别为导弹和目标速度矢量与基准线的夹角，并规定当速度矢量在基准线上方时角度为正，在基准线下方时角度为负；η_d，η_m分别为导弹和目标的速度矢量与目标视线的夹角，规定当速度矢量在目标视线上方时角度为负，反之为正。

2) 引导方程

由三点法的含义可知，由于制导站与导弹的连线 Od 和制导站与目标的连线 Om 重合在一起，所以令遥控引导方程中的 $A_\varepsilon = A_\beta = 0$，则得三点法的引导方程，即

$$\begin{cases} \varepsilon_d = \varepsilon_m \\ \beta_d = \beta_m \end{cases} \quad (4-5)$$

3) 三点法引导的运动学方程组

设攻击平面为铅垂平面，即目标和导弹始终在通过制导站的铅垂平面内飞行，可得三点法引导的相对运动方程组为

$$\begin{cases} \dfrac{dR_d}{dt} = V_d \cos\eta_d \\ R_d \dfrac{d\varepsilon_d}{dt} = -V_d \sin\eta_d \\ \varepsilon_d = \theta_d + \eta_d \\ \dfrac{dR_m}{dt} = V_m \cos\eta_m \\ R_m \dfrac{d\varepsilon_m}{dt} = -V_m \sin\eta_m \\ \varepsilon_m = \theta_m + \eta_m \\ \varepsilon_d = \varepsilon_m \end{cases} \quad (4-6)$$

式中，目标运动参数 $V_m(t)$、$\theta_m(t)$ 和导弹速度 $V_d(t)$ 的变化规律已知。给出初始条件 $(R_{d0}, \varepsilon_{d0}, \eta_{d0}, \theta_{d0}, R_{m0}, \varepsilon_{m0}, \eta_{m0}, \theta_{m0})$，用数值积分法解算方程组时，可首先积分方程组中第 4 式~第 6 式，求出目标运动参数 $R_m(t)$、$\varepsilon_m(t)$、$\eta_m(t)$，然后积分其余方程，解出导弹运动参数 $R_d(t)$、$\varepsilon_d(t)$、$\eta_d(t)$、$\theta_d(t)$。由 $R_d(t)$ 和 $\varepsilon_d(t)$ 可以在铅垂平面内绘制出三点法引导的运动学弹道。

4) 理想弹道

用图解法可得三点法引导导弹时的理想弹道，如图 4-15 所示。

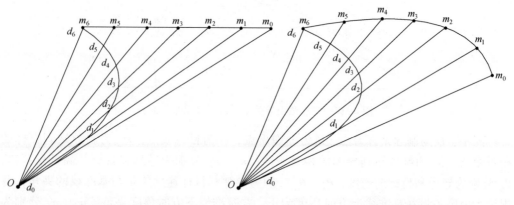

(a) 目标等速水平直线飞行时　　(b) 目标变向机动飞行时

图 4-15　三点法引导时导弹的理想弹道（铅垂平面）

在三点法引导的起始时刻 t_0，导弹和目标分别处于点 d_0 和 m_0 位置（见图 4-15（a），选取适当小的时间间隔，目标在时刻 t_1，t_2，t_3，…的位置分别以点 m_1，m_2，…表示。制导站的位置 O 分别与 d_1，d_2，…点相连。按三点法引导的定义，在每一时刻导弹的位置应位于 d_0O 点与对应时刻目标位置的连线上。导弹在时刻 t_1 的位置 d_1 点，即是以点 d_1 为圆心，以 $\frac{V_d(t_0)+V_d(t_1)}{2}(t_1-t_0)$ 为半径作圆弧与线段 Om_1 的交点。t_2 时刻导弹的位置 d_2 点，即是以 d_2 点为圆心，以 $\frac{V_d(t_1)+V_d(t_2)}{2}(t_2-t_1)$ 为半径作圆弧与线段 Om_2 的交点。依此类推，用光滑曲线连结 m_0，m_1，m_2，…各点，就得到三点法引导的运动学弹道曲线。为使计算的导弹平均速度 $\frac{V_d(t_i)+V_d(t_{i+1})}{2}$ 逼近对应瞬间的导弹速度，时间间隔 Δt 应尽可能取得小些，特别是在命中点附近。在用图解法绘制三点法引导导弹的理想弹道的过程中，可以得出这样的结论，即导弹速度对目标速度的比值越小，则运动学弹道的曲率越大。

当目标机动变向飞行时，如图 4-15（b）所示，用上述同样的方法，可得三点法引导时的理想弹道，图 4-15（b）所示的弹道比图 4-15（a）所示的弹道更弯曲。

当目标静止时，用三点法引导的导弹理想弹道是一条直线。

导弹按三点法引导时，在命中点处导弹过载受目标机动影响很大，以致在命中点附近可能造成很大的线偏差。

5) 三点法的优缺点

三点法最显著的优点是技术实施简单，抗干扰性能好，因此它是遥控制导常用的引导方法之一。但是三点法也存在明显的缺点。

首先，在迎击目标时，越是接近目标，弹道越弯曲，需用法向过载越大，命中点的需用法向过载最大。这对攻击高空和高速目标很不利。因为随着高度增加，空气密度逐渐减小，由空气动力所提供的法向力也逐步下降，使导弹的可用法向过载减小。同时，由于目标速度大，导弹的需用法向过载也相应增大。这样，在接近目标时可能出现导弹的可用法向过载小于需用法向过载而导致导弹脱靶。

其次，导弹在实际飞行中，由于导弹及制导系统的各个环节均存在惯性，不可能瞬时地执行控制指令，从而产生动态误差，导弹将偏离理想弹道飞行。理想弹道越弯曲（法向过载越大），引起的动态误差就越大。为了消除误差，需要在指令信号中加入动态信号予以校正。在三点法引导中，为了形成补偿信号，必须测量目标机动时的坐标及其一阶和二阶导数。由于来自目标的反射信号有起伏现象，以及接收机有干扰等原因，致使制导站测量的坐标不准确。如果再引入坐标的一阶和二阶导数，就会出现更大的误差，使形成的补偿信号不准确，甚至不易形成。因此，在三点法引导中，由目标机动所引起的动态误差难以补偿，从而形成偏离波束中心线十几米的动态误差。

6) 改进的三点法

导弹按三点法引导拦截低空目标时，其发射角很小。导弹离轨时的飞行速度也很小，控制效率比较低，空气动力所能提供的法向力比较小，所以导弹离轨后就可能发生下沉，有可能致使导弹触地。为此，地空导弹在拦截低空目标需对三点法引导方法进行改进。

改进的三点法引导方法是在三点法引导方法上加入一项前置偏差量,其目的是提高导弹的初始弹道的高度,防止导弹在制导飞行过程中,当超调量较大时触地。前置偏差量随着导弹接近目标逐渐减小,当导弹接近目标时,趋于零值。

为了抬高初始弹道高度,引入前置偏差量 $\Delta\varepsilon = \Delta\varepsilon_0 e^{-K\left(1-\frac{R_d}{R_m}\right)}$,$\Delta\varepsilon_0$ 为初始前置偏差量,K 为偏差系数。

则引导方程的形式为

$$\begin{cases} \varepsilon_d = \varepsilon_m + \Delta\varepsilon \\ \beta_d = \beta_m \end{cases} \tag{4-7}$$

改进的三点法引导方法也称为小高度三点法。在射击低空目标时,目标的高低角很小,如仍按原来的三点法引导,导弹就有可能在引入段触地。采用小高度三点法可提高初始弹道的高度,使导弹受控时,其高低角比目标高低角大,从而避免导弹在引入段触地并缩短引入结束时间,如图4-16所示。

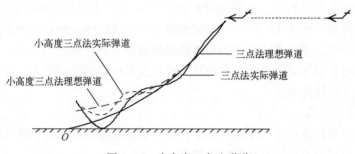

图4-16 小高度三点法弹道

改进的三点法引导方法在命中目标瞬间,其弹道比三点法引导方法的弹道平直得多。由于加入了一项随时间而衰减的前置偏差量,因此不论是拦截近界、中界或远界目标,导弹的弹道均比三点法的弹道高。初始的前置偏差量与预测遭遇点的位置有关,在杀伤区低远界杀伤目标时,前置偏差量较大,在杀伤区低近界杀伤目标时,前置偏差量较小。

采用改进的三点法引导方法,导弹的初始弹道按前置偏差量抬高,随着导弹飞行时间的增加,前置偏差量项快速下降。因此,采用小高度三点法只是抬高了理想弹道初始段的高低角,导弹与目标遭遇时仍为三点法。

3. 前置点法

为了改善遥控制导的引导特性,就需要寻找能使弹道比较平直,特别是能使弹道末段比较平直的引导方法。前置点法就是一种末段弹道较为平直的引导方法。

1)定义

前置点法就是指导导弹在整个引导过程中,制导站-导弹连线始终超前制导站-目标连线,这两条连线之间的夹角按某种规律变化。即导弹的高低角 ε_d 和方位角 β_d 分别超前目标的高低角 ε_m 和方位角 β_m 一个角度 $\Delta\varepsilon$、$\Delta\beta$,超前的角度称为前置角,如图4-17所示。

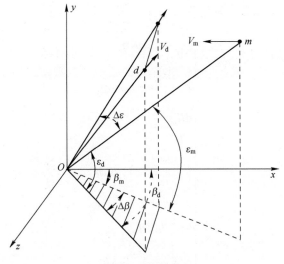

图 4-17 前置点法

2) 引导方程

采用雷达测量坐标系建立引导方程,前置点法的引导方程为

$$\begin{cases} \varepsilon_d = \varepsilon_m - A_\varepsilon \Delta R \\ \beta_d = \beta_m - A_\beta \Delta R \end{cases} \quad (4-8)$$

当引导系数 A_ε、A_β 为常数,但不等于零时,由式(4-8)决定的引导方法称为常系数前置点法,它用于某些遥控制导导弹拦截特定高速目标的情况。通过适当地选择系数 A_ε、A_β,可使导弹有一个初始前置角,因此采用前置点法引导时导弹的弹道比采用三点法时要平直。

当引导系数 A_ε、A_β 为给定的时间函数时,可得到全前置点法和半前置点法。半前置点法是遥控制导最常用的一种引导方法。

3) 前置点法引导的运动学方程组

设拦截平面为通过制导站的铅垂平面,在此平面内目标做机动飞行,导弹做变速飞行,如图 4-18 所示。

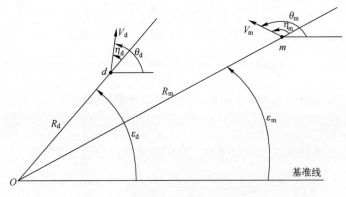

图 4-18 前置点法引导(铅垂平面)

前置点法引导的运动学方程组为

$$\begin{cases} \dfrac{\mathrm{d}R_\mathrm{d}}{\mathrm{d}t} = V_\mathrm{d}\cos\eta_\mathrm{d} \\ R_\mathrm{d}\dfrac{\mathrm{d}\varepsilon_\mathrm{d}}{\mathrm{d}t} = -V_\mathrm{d}\sin\eta_\mathrm{d} \\ \dfrac{\mathrm{d}R_\mathrm{m}}{\mathrm{d}t} = V_\mathrm{m}\cos\eta_\mathrm{m} \\ R_\mathrm{m}\dfrac{\mathrm{d}\varepsilon_\mathrm{m}}{\mathrm{d}t} = -V_\mathrm{m}\sin\eta_\mathrm{m} \\ \varepsilon_\mathrm{d} = \theta_\mathrm{d} - \eta_\mathrm{d} \\ \varepsilon_\mathrm{m} = \theta_\mathrm{m} - \eta_\mathrm{m} \\ \varepsilon_\mathrm{d} = \varepsilon_\mathrm{m} - k\dfrac{\dot\varepsilon_\mathrm{m}}{\Delta\dot R}\Delta R \\ \Delta R = R_\mathrm{m} - R_\mathrm{d} \\ \Delta\dot R = \dot R_\mathrm{m} - \dot R_\mathrm{d} \end{cases} \quad (4\text{-}9)$$

当目标的运动规律 $V_\mathrm{m}(t)$、$\theta_\mathrm{m}(t)$ 和导弹速度的变化规律 $V_\mathrm{d}(t)$ 已知时,上述方程组包含 9 个未知参量:R_d、R_m、ε_d、ε_m、η_d、η_m、θ_d、ΔR、$\Delta\dot R$。

4) 理想弹道

前置点法引导时,导弹理想弹道的作图方法与三点法相似,但复杂程度要高一点。如图 4-19 所示,前置点法引导时导弹的理想弹道比三点法引导时平直,导弹的飞行时间也短,对拦截机动目标十分有利。

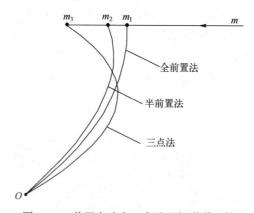

图 4-19 前置点法和三点法理想弹道比较

5) 半前置点法

通过推导得到采用前置点法引导时,命中点处导弹的转弯速率为

$$\dot\theta_\mathrm{dk} = \left[\dfrac{\dot\varepsilon_\mathrm{m}}{\dot R_\mathrm{d}}\left(2\dot R_\mathrm{m} + \dfrac{\Delta\ddot R\, R_\mathrm{m}}{\Delta\dot R}\right) - \dfrac{\dot V_\mathrm{m}}{\dot R_\mathrm{d}}\sin(\theta_\mathrm{m} - \varepsilon_\mathrm{m}) - \dfrac{R_\mathrm{m}\dot\theta_\mathrm{m}}{R_\mathrm{d}}\right]_{t=t_\mathrm{k}} \quad (4\text{-}10)$$

从式(4-10)可知,按前置点法引导,导弹在命中点处的需用法向过载仍受目标

机动的影响。因为目标机动，使 $\dot{V}_m$ 和 $\dot{\theta}_m$ 值不易测量，因此难以形成补偿信号来修正弹道，从而引起动态误差。特别是 $\dot{\theta}_m$ 对动态误差的影响更大，通常目标机动飞行时的 $\dot{\theta}_m$ 值可达 $0.03 \sim 0.1 \mathrm{rad/s}$。

同样，通过推导得到采用三点法引导时，命中点处导弹的转弯速率为

$$\dot{\theta}_{dk} = \left[\frac{\dot{R}_m}{\dot{R}_d} \dot{\theta}_m + \left(2 - 2\frac{\dot{R}_m}{\dot{R}_d} - \frac{R_d \dot{V}_d}{\dot{R}_d V_d} \right) \dot{\varepsilon}_m + \frac{\dot{V}_m}{V_m} \tan(\theta_d - \varepsilon_m) \right]_{t=t_k} \quad (4-11)$$

分析前置点法和三点法导弹的转弯速率的公式可知，对于同样的目标机动动作，即同样的 $\dot{V}_m$、$\dot{\theta}_m$ 值，在三点法中对导弹命中点处过载的影响与前置点法中所造成的影响正好相反。若在三点法中使过载增大，则在前置点法中使过载减小，反之亦然。因此，就可能存在介于三点法和前置点法之间的某种引导方法，按此种引导方法，目标机动对导弹命中点处的需用法向过载没有影响，这种引导方法就是半前置点法。

三点法和前置点法的引导方程可写成通式

$$\varepsilon_d = \varepsilon_m - k \frac{\dot{\varepsilon}_m}{\Delta \dot{R}} \Delta R \quad (4-12)$$

显然，在式（4-12）中，当系数 $k=0$ 时，为三点法；当系数 $k=1$ 时，是全前置点法。半前置点法是介于三点法和全前置点法之间的引导方法，其系数 k 介于 0 与 1 之间。若选取 $k=1/2$，则可以消除目标机动对 $\dot{\theta}_{dk}$ 的影响。此时，命中点处导弹的转弯速率为

$$\dot{\theta}_{dk} = \left\{ \frac{\dot{\varepsilon}_m}{2} \left[\left(2 - \frac{\dot{V}_d R_d}{V_d \dot{R}_d} \right) + \frac{R_d \ddot{R}}{\dot{R}_d \Delta \dot{R}} \right] \right\}_{t=t_k} \quad (4-13)$$

在半前置点法引导中，由于目标机动（$\dot{V}_m$、$\dot{\theta}_m$）对命中点处导弹的需用法向过载没有影响，从而减小了动态误差，提高了制导精度。所以，从理论上说，半前置点法引导方法是遥控制导中比较好的一种引导方法。

综上所述，命中点处导弹的过载不受目标机动的影响是半前置点法引导最显著的优点。但是，要实现半前置点法引导，就需要不断地测量导弹和目标的斜距 R_d、R_m，高低角 ε_d、ε_m 及其导数 $\dot{R}_d$、$\dot{R}_m$、$\dot{\varepsilon}_m$ 等参数，以便不断形成指令信号。这样，就使得制导系统的结构比较复杂，技术实现也比较困难。在目标发出积极干扰，造成假象的情况下，导弹的抗干扰性能较差，甚至可能造成很大的起伏误差。

与三点法相比，前置点法所需探测的信息较多，引导方程的解算也较复杂。但可通过前置系数的选择设计，对飞行弹道的曲率和目标机动的影响进行一定程度的调整，从而改善制导精度。

4.4.2 按速度导引的引导方法

1. 引导方程

按速度导引的相对运动方程实际上是描述导弹和目标之间的相对运动关系的方程。为了研究方便，将导弹和目标视为运动质点，并认为导弹和目标始终在同一固定的平面

内运动,该平面称为攻击平面。攻击平面可能是铅垂平面,也可能是水平面或倾斜平面。

如图 4-20 所示,设在某一时刻,目标位于 m 点位置,导弹处于 d 点位置。在上述假设条件下,导弹和目标之间的相对运动方程可以用定义在攻击平面内的极坐标参量 r、q 的变化规律来描述。

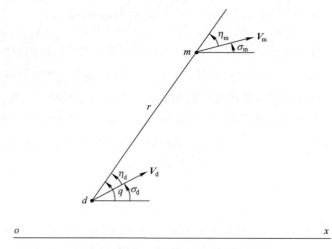

图 4-20 导弹与目标的相对位置

图 4-20 中,连线 dm 称为目标线,连线 ox 称为基准线或参考线;r 为由导弹至目标所在位置的相对距离,导弹命中目标时 $r=0$;

q 为目标线与攻击平面内某一基准线 ox 之间的夹角,称为目标线方位角;σ_d 为导弹弹道角;σ_m 为目标航向角;η_d 为导弹速度矢量前置角(简称为前置角);η_m 为目标速度矢量前置角(简称为前置角)。

基准线可任意选择,基准线的选择不影响导弹和目标之间的相对运动特性,只影响相对运动方程式的繁简程度。若目标是直线飞行,则选取目标的飞行方向为基准线方向最为简便。

目标线方位角可简称为目标线角,以导弹所在位置为原点,若从基准线逆时针旋转到相对距离矢量 r 上时,q 为正。导弹弹道角 σ_d 和目标航向角 σ_m 分别为导弹、目标速度矢量与基准线之间的夹角。分别以导弹、目标所在位置为原点,若由基准线逆时针旋转到各自的速度矢量上时,σ_d、σ_m 为正值。当攻击平面为铅垂面时,σ_d 就是弹道倾角 θ_v;若攻击平面为水平面时,σ_d 就是弹道偏角 ψ_v。导弹速度矢量前置角 η_d 和目标速度矢量前置角 η_m 分别为导弹、目标速度矢量与目标线之间的夹角。分别以导弹、目标为原点,若从各自速度矢量逆时针旋转到目标线上时,则 η_d、η_m 值为正。

根据图 4-20 所示的导弹和目标之间的相对运动关系建立相对运动方程。将导弹速度矢量 V_d 和目标速度矢量 V_m 分别沿目标线方向及其法线方向上分解,沿目标线分量 $V_d\cos\eta_d$ 指向目标,它使相对距离 r 减小;分量 $V_m\cos\eta_m$ 则使相对距离 r 增大。沿目标线的法线分量 $V_d\sin\eta_d$ 使目标线逆时针旋转,q 值增大;分量 $V_m\sin\eta_m$ 使目标线顺时针旋转,q 值减小。因而描述相对距离变化率 $\dfrac{dr}{dt}$ 和目标线方位角变化率 $\dfrac{dq}{dt}$ 的相对运动方程为

$$\begin{cases} \dfrac{\mathrm{d}r}{\mathrm{d}t} = V_\mathrm{m}\cos\eta_\mathrm{m} - V_\mathrm{d}\cos\eta_\mathrm{d} \\ \dfrac{\mathrm{d}q}{\mathrm{d}t} = \dfrac{1}{r}(V_\mathrm{d}\sin\eta_\mathrm{d} - V_\mathrm{m}\sin\eta_\mathrm{m}) \end{cases} \tag{4-14}$$

同时，考虑到图 4-20 所示的角度间的几何关系，就可以得到按位置导引的相对运动方程组为

$$\begin{cases} \dfrac{\mathrm{d}r}{\mathrm{d}t} = V_\mathrm{m}\cos\eta_\mathrm{m} - V_\mathrm{d}\cos\eta_\mathrm{d} \\ r\dfrac{\mathrm{d}q}{\mathrm{d}t} = V_\mathrm{d}\sin\eta_\mathrm{d} - V_\mathrm{m}\sin\eta_\mathrm{m} \\ q = \sigma_\mathrm{d} + \eta_\mathrm{d} \\ q = \sigma_\mathrm{m} + \eta_\mathrm{m} \end{cases} \tag{4-15}$$

从此方程组可以看出，当 V_d、V_m、η_m 为已知的时间函数时，方程组包含 5 个未知量：r、q、σ_d、η_d、σ_m（或 η_m），而方程组只含有 4 个方程，无法得到确定解，引入描述引导方法的引导方程，即可对方程组进行求解。

按位置导引中最常见的引导方法有：追踪法、平行接近法、比例引导法等，其中比例引导法在现役地空导弹武器系统中应用最多。

2. 追踪法

追踪法是指导弹在攻击目标的引导过程中，导弹的速度矢量始终指向目标的一种引导方法。这种方法要求导弹的速度矢量的前置角 η_d 始终等于零。因此，追踪法的引导关系方程为

$$\eta_\mathrm{d} = 0 \tag{4-16}$$

追踪法是最早提出的一种引导方法，追踪法可以用来攻击活动目标，也可以用来攻击固定目标。追踪法最大的优点是技术实现简便，它的缺点是当导弹迎击目标或攻击近距离高速目标时，弹道弯曲程度很严重，所需法向加速度很大。由于追踪法引导弹道特性存在的严重缺点，因此目前应用很少。

追踪法的主要缺点是导弹的相对速度落后于目标线，总要绕到目标的正后方去攻击，需用法向过载较大。为了克服这一缺点，出现了一种新的引导方法，即平行接近法。

3. 平行接近法

平行接近法是指在整个引导过程中，目标线在空间保持平行移动的一种引导方法，如图 4-21 所示。

其引导方程为
$$\dfrac{\mathrm{d}q}{\mathrm{d}t} = 0 \tag{4-17}$$

或

$$q - q_0 = 0 \tag{4-18}$$

$$V_\mathrm{d}\sin\eta_\mathrm{d} = V_\mathrm{m}\sin\eta_\mathrm{m} \tag{4-19}$$

式中：q_0 为开始引导瞬间的目标线角度。

按平行接近法引导时，不管目标做何种机动飞行，导弹速度矢量 $\boldsymbol{V}_\mathrm{d}$ 和目标速度矢量 $\boldsymbol{V}_\mathrm{m}$ 在垂直于目标线上的分量相等。

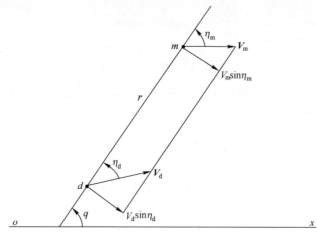

图 4-21 平行接近法

在按速度导引的引导方法中，平行接近法引导的弹道最为平直，因而需用法向过载比较小；当目标保持等速直线运动、导弹速度保持常值时，导弹的飞行弹道将成为直线；当目标机动、导弹变速飞行时，导弹的飞行弹道曲率比其他的方法小。此外，采用平行接近法引导可实现全向攻击。因此，从这个意义上说，平行接近法是最好的一种寻的制导引导方法。可是，到目前为止，平行接近法并未得到广泛应用。其主要原因是采用这种引导方法对制导系统提出了过于严格的要求，使制导系统结构十分复杂。采用平行接近法引导时，要求任何时刻都必须准确地实现引导方程，因此就要求制导系统在每一瞬间都要精确地测量目标、导弹的速度及其前置角，以严格保持平行接近法限定的运动关系（$V_d \sin\eta_d = V_m \sin\eta_m$）。实际上，由于发射时的偏差或飞行过程中的各种干扰，不可能绝对保证导弹的相对速度 V_r 始终指向目标，加之实现平行接近法引导方法所需的测量参数不易测量，因此这种引导方法在技术上很难实现。

4. 比例引导法

比例引导法是最重要的一种按速度导引的引导方法，它是追踪法、前置角法平行接近法引导方法的综合描述。比例引导法能敏感地反映目标的运动情况，响应快速机动目标和低空目标，并且引导精度高，因此在现役的地空导弹武器系统中，一般都采用比例引导法或改进的比例引导法。

1) 引导方程

比例引导法是指导弹在攻击目标的引导过程中，导弹速度矢量的旋转角速度与目标线的旋转角速度成比例的一种引导方法。比例引导法既可用于寻的制导的导弹，也可用于遥控制导的导弹。比例引导法的引导方程为

$$\frac{d\sigma_d}{dt} - K \frac{dq}{dt} = 0 \qquad (4-20)$$

式中：K 为比例系数。

对式（4-20）积分，得到比例引导法引导方程的另一种表达形式，即

$$(\sigma_d - \sigma_{d0}) - K(q - q_0) = 0 \qquad (4-21)$$

在几何关系式 $q = \sigma_d + \eta_d$（图 4-19）中，对 t 求导，得

$$\frac{\mathrm{d}q}{\mathrm{d}t} = \frac{\mathrm{d}\sigma_\mathrm{d}}{\mathrm{d}t} + \frac{\mathrm{d}\eta_\mathrm{d}}{\mathrm{d}t} \qquad (4-22)$$

将式（4-22）代入引导方程，可得到比例引导方程的另外两种表达形式，即

$$\frac{\mathrm{d}\eta_\mathrm{d}}{\mathrm{d}t} = (1-K)\frac{\mathrm{d}q}{\mathrm{d}t} \qquad (4-23)$$

和

$$\frac{\mathrm{d}\eta_\mathrm{d}}{\mathrm{d}t} = \frac{1-K}{K}\frac{\mathrm{d}\sigma_\mathrm{d}}{\mathrm{d}t} \qquad (4-24)$$

由式（4-24）可以看出：如果 $K=1$，则 $\frac{\mathrm{d}\eta_\mathrm{d}}{\mathrm{d}t}=0$，即 $\eta_\mathrm{d}=\eta_{\mathrm{d}0}=$常数，则为常值前置角法引导，而追踪法是常值前置角法的一个特例。

如果 $K=\infty$，则 $\frac{\mathrm{d}q}{\mathrm{d}t}=0$，即 $q=q_0=$常数，这就是平行接近法。

当比例系数在 $1<K<\infty$ 范围内时是比例引导法。换句话说，比例引导法是介于追踪法和平行接近法之间的一种引导方法。它的弹道特性也介于两者之间，如图4-22所示。随着比例系数 K 的增大，引导弹道越平直，需用法向过载也就越小。但 K 值的上限受导弹可用过载的限制，K 值过大还可能导致制导系统稳定性变差。

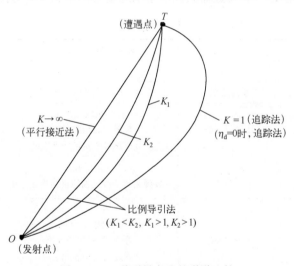

图4-22　3种引导方法的弹道比较

2) 比例引导法的优缺点

比例引导法的优点是：在满足 $K>\frac{2|\dot{r}|}{V_\mathrm{d}\cos\eta_\mathrm{d}}$ 的条件下，$|\dot{q}|$ 逐渐减小，弹道前段较弯曲，能充分利用导弹的机动能力；弹道后段较为平直，使导弹具有较富裕的机动能力；只要 K、$\eta_{\mathrm{d}0}$、$q_{\mathrm{d}0}$ 等参数组合适当，就可以使全弹道上的需用法向过载均小于可用法向过载，从而便于大范围机动。另外，与平行接近法相比，对瞄准发射时的初始条件要求不严；在技术实施上只需测量 $\dot{q}_\mathrm{d}$、$\dot{\sigma}_\mathrm{d}$，技术实现比较容易。因此，比例引导法在采用寻的制导的导弹上被广泛的应用。如美国的"响尾蛇"系列空空导弹，法国的"玛特拉"

R-530 和 R-550 等。

比例引导法的缺点是：命中目标时的需用法向过载与命中点的导弹速度和导弹的攻击方向有直接关系。

3) 改进的比例引导法

采用比例引导法，当导弹接近目标时，因导弹和目标相对距离 ΔR 趋于零，视线旋转速率无限增大，从而使弹道法向过载急剧增大，产生较大的脱靶量。

改进的比例引导法在经典的比例引导法基础上对导弹的加速度、重力的影响及目标机动性的影响进行了补偿，经补偿后，导弹接近目标时弹道平直。

4.5 制导体制与引导方法发展趋势

制导体制和引导方法是决定地空导弹武器系统硬件结构的主要软件因素。制导体制决定了制导系统的物理结构，引导方法决定了引导指令产生所依据的数学方程。

4.5.1 制导体制与引导方法的联系及要求

1. 两者间的联系

表 4-3 所列为在地空导弹武器系统中采用的制导体制和引导方法的相互联系。

表 4-3 制导体制和引导方法的联系

制导体制	引导方法	制导系统需测量的参数	测量装置位置
指令制导	三点法	$\varepsilon_d, \beta_d, \varepsilon_m, \beta_m$	制导站
	前置点法	$\varepsilon_d, \beta_d, R_d, \varepsilon_m, \beta_m, R_m$	
	比例引导法	弹目视线角速度 $\dot{q}$ 导弹-目标接近速度 $\dot{r}$ 导弹速度矢量转角速度 $\dot{\sigma}_d$	
波束制导	三点法	ε_m, β_m 导弹相对于波束轴的角偏差 ε_x, β_x	地面站和导弹
TVM 制导	比例引导法	视线角速度 $\dot{q}$ 导弹-目标接近速度 $\dot{r}$ 导弹速度矢量转角速度 $\dot{\sigma}_d$	制导站和导弹
主动寻的制导			导弹
半主动寻的制导			
被动寻的制导			

2. 制导体制与引导方法要求

1) 对制导体制（制导系统）的要求

一是满足制导精度要求。杀伤概率直接受制导精度和战斗部威力半径的影响，制导系统的制导精度高，在达到同样杀伤概率的条件下，相应地可降低战斗部的威力半径，从而降低战斗部的尺寸。因此，制导精度是对制导系统最基本也是最重要的要求。

制导系统的制导精度通常用导弹的脱靶量表示，脱靶量的允许值取决于许多因素，如命中概率、战斗部重量和性质、目标类型及其抗毁能力等。制导系统的制导精度由制导体制、引导方法和制导回路的特性及采取的补偿规律、设备的精度和抗干扰能力决定。因此，制导系统要通过正确选择制导体制和引导方法，设计具有优良响应特性的制导回路，设计合理的补偿规律，提高各分系统仪表设备的精度，加强抗干扰措施，满足制导精度的要求。

二是战术使用灵活。制导体制在战术使用上要灵活，对目标的探测范围大，跟踪性能好，对目标及目标群的分辨能力高，发射区域及攻击方位宽，进入战斗准备时间短，作战空域大。

三是可靠性高。可靠性是指产品在规定的条件下和规定的时间内完成规定功能的能力。制导系统的可靠性可看作是在给定的使用维护条件下，制导系统各种设备能保持其参数不超过给定范围的性能，通常用制导系统在允许工作时间内不发生故障的概率来描述。

除了以上基本要求外，对制导系统还有仪器设备结构简单、体积小、质量轻、成本低、可检测性好、维护性好等要求，同样对于弹上仪器设备也有同样的要求。

2）对引导方法的要求

导弹的弹道特性与所采用的引导方法有很大关系，如果引导方法选择得当，就能改善导弹的飞行特性，充分发挥导弹武器系统的作战性能。在选择引导方法时，需要从导弹的飞行性能、作战空域、技术实施、引导精度、制导设备、战斗使用等方面的要求综合考虑。

一是弹道上需用法向过载要小。过载是弹道特性的重要指标。在引导过程中要求在整个弹道上，需用法向过载不超过可用法向过载，特别是在弹道末段或在命中点附近。需用法向过载小，一方面可以提高制导精度、缩短导弹命中目标所需的航程和时间，进而扩大导弹的作战空域；另一方面可用法向过载也可以相应地减小，这对于空气动力控制的导弹来说，升力面积可以缩小，导弹的结构重量可以减轻。如果考虑到导弹在实际飞行过程中存在着各种干扰，则在设计导弹时应留有一定的过载余量。

二是具有在尽可能大的作战空域内摧毁目标的可能性。空中活动目标的高度和速度可在相当大的范围内变化，尤其是在目标机动情况下。在选择引导方法时，应考虑目标参数的可能变化范围，尽量使导弹能在较大的作战空域内攻击目标。对于地空导弹来说，不仅能迎击，而且还应能侧击和尾追。

三是应保证目标机动对导弹弹道的影响最小。机动是目标摆脱导弹攻击常用的方法，保证目标机动对导弹弹道（特别是末段弹道）的影响最小将有利于提高导弹导向目标的精度。

四是抗干扰性能好。空中目标为逃避导弹的攻击，常施放干扰来破坏制导站或导弹对目标的跟踪。因此，所选择的引导方法应在目标施放干扰的情况下具有对目标进行攻击的可能性。

五是在技术实施上应是简易可行的。所选择的引导方法需测量的参数应尽可能少，且测量简单、可靠，技术上易于实现，计算机装置和算法不能过于复杂。

4.5.2 制导体制发展趋势

复合制导体制是新一代地空导弹普遍采用的制导体制，典型的复合制导模式有程序+捷联惯导（含低速指令修正）+寻的末制导、程序+指令+寻的末制导（或TVM）等。

复合制导的关键技术之一是保证中制导段到末制导段的可靠转接，就是末制导导引头在进入末制导段能可靠地截获目标。

为实现中远程导弹制导精度的要求，确保中制导的性能是中远程导弹制导的一个关键技术问题。因此，在复合制导体制中，中制导的引导方法的选择十分重要。中制导不以脱靶量为指标，通常的比例引导法及其变形可能不适用，应采用基于最优控制理论的引导方法，改善中制导的性能。

4.5.3 引导方法发展趋势

经典的最优引导方法建立在变分法基础上，随着科学技术的发展，为采用建立在现代控制理论和对策论基础上的现代引导方法提供了物质基础。现代引导方法目前主要有线性最优、自适应制导和微分对策等方法。这类引导方法用于对付高速度、大机动和具有释放干扰能力的目标较为有效。与经典引导方法不同，现代引导方法由于考虑导弹和目标的速度与姿态变化，所以脱靶量很小，导弹命中目标时姿态角能够满足需要，对抗目标机动或随队干扰的能力较强，弹道平直，弹道需用过载分布合理，作战空域大，导弹能够有效拦截高速度、大机动、施放干扰的目标。不足之处是，采用现代引导方法需要测量的参数增多，从而使制导系统结构复杂。

在现代引导方法中，一般要考虑导弹和目标的动力学问题，用一阶、二阶以至三阶系统描述。由于导弹的制导是一个变参数并受随机干扰的非线性问题，难以实现精确的最优制导，所以通常将导弹拦截目标的过程线性化，求近似解，这种引导方法在工程上易于实现，并且在性能上接近于最优引导方法。

1. 线性最优引导方法

线性最优引导方法主要是运用"求解一组约束方程的极小值"的原理来确定导弹的引导方法。通常将导弹或导弹与目标的固有运动方程简化为一组具有约束的线性方程，若方程中采用导弹与目标的相对距离为自变量，则可以通过求解脱靶量和导弹横向加速度等性能指标的最小值而求得导弹的某一线性最优引导方法。

2. 自适应引导方法

自适应引导方法能够反映导弹运动参数随外界环境因素（如飞行高度、速度、大气条件、导弹系统本身的不确定因素）的变化而随时发生变化的状态信息，从而自行感知或掌握导弹系统当前的飞行状况，并与期望的参数相比较，进而做出决策来调整和改变导弹控制器的结构和参数，确保导弹在某种性能指标下的最优或相对最优的状态下飞行。自适应引导方法可通过采用"模型参考自适应控制系统"或"自校正自适应控制系统"实现。

3. 微分对策引导方法

微分对策引导方法是应用微分对策理论实现的。微分对策引导方法不但考虑了本身带有的机动装置、其机动性事先无法确定的目标类型，而且还把其他干扰或扰动形成的目标不确定性等效于目标的受控机动，从而使导弹拦截目标时，既可以选择采用各种性能指标的对策，也可以允许目标以相应的对策实施对抗。例如，当选择使终端脱靶量及控制量为最小的微分对策引导方法时，目标此时则力图机动规避以摆脱导弹跟踪，使本身在控制量最小的情况下使来袭导弹脱靶量最大。

4. 倾斜转弯导弹的最优引导方法

目前的大多数战术导弹在引导过程中，要求导弹不能滚转。而倾斜转弯（BTT）控制技术则通过使导弹滚转，从而满足导弹大机动性和高精度的要求。

由于 BTT 控制的特点，引导方法将发生很大变化。对于 BTT 最优引导方法的研究是目前国际上正在积极探讨的领域。目前提出的有以线性二次型理论为基础的最优引导方法、以线性二次高斯理论为基础的最优引导方法、以线性指数高斯性能指标最优控制理论为基础的最优引导方法。因为目前导出的最优引导方法通常具有复杂的实现形式，在工程上应用存在较多困难，所以探索对引导方法进行合理简化是最优引导方法工程实现的重要途径。

思 考 题

1. 导弹制导系统由哪些部分组成？它的功能是什么？
2. 按制导系统的特点和工作原理，制导体制有哪些类型？
3. 简要回答单通道、双通道、三通道控制的含义。
4. 制导回路的含义是什么？寻的制导、指令制导的地空导弹制导回路组成有什么不同？
5. 指令制导体制的基本原理是什么？指令制导体制有哪些优缺点？
6. TVM 制导体制的基本原理是什么？TVM 制导体制有什么特点？
7. 主动寻的制导体制的基本原理和优缺点是什么？
8. 半动寻的制导体制的基本原理和优缺点是什么？
9. 试述被动寻的制导体制的基本原理和特点。
10. 试述复合制导体制的基本原理和优缺点。
11. 在制导回路中弹体环节有哪些特点？
12. 稳定回路的功能是什么？
13. 试述三点法导引的基本原理和优缺点。
14. 试述前置点法导引的基本原理和优缺点。
15. 试述比例导引法导引的基本原理和优缺点。
16. 试述平行接近法导引的基本原理和优缺点。

第 5 章 发 射 系 统

导弹的发射是指发射装置上的待发导弹,自按下发射按钮到飞离发射装置的过程,其中包括发射装置、弹上仪器和发动机等设备在此期间所进行的各种运作;发射控制则是在指控系统的指挥和控制下,通过一套逻辑电路,与弹上控制执行部件一起完成导弹射前检查、参数装订、接电准备和发射。导弹发射与发射控制是武器系统作战过程中的一个重要环节,在火力单元指控系统的统一管理下,按照设定的流程和步骤完成对导弹的发射与发射控制任务,确保导弹按照规定的方式正常离开地面,对于武器系统作战性能具有直接和重要的影响。导弹发射与发射控制依托导弹发射系统实现。

5.1 发射系统概述

发射系统是地空导弹武器系统的重要组成部分,它不仅完成导弹的发射任务,而且还直接影响地空导弹武器系统的作战使用性能。在详细介绍发射系统之前,需要先明确导弹发射的主要方式,进而理解地空导弹武器系统采用相应发射方式的原理和具体要求。

5.1.1 导弹发射方式分类

导弹脱离发射平台的方法与形式,称为导弹的发射方式。导弹发射方式与发射装置类型和结构密切相关,对武器系统作战效能和生存能力都有重要影响。

随着军事科技的发展、地空导弹武器系统作战任务与作战要求的变化,导弹的发射方式也在不断发展变化。不同任务要求、引导方法、结构、质量的地空导弹,可采用的发射方式也不同,一般可按发射动力、发射姿态、发射装置等不同,对地空导弹的发射方式进行分类,如图 5-1 所示。

1. 按发射动力分类

1) 自力发射

自力发射方式,是指导弹依靠自身发动机或助推器的推力而飞离发射装置的发射方法。这种发射方式适用于各种类型导弹的发射。自力发射的导弹,常采用助推器或单室双推力发动机,在倾斜发射时,可使导弹获得较大的起飞加速度(可达 $10\sim40g$)和滑离速度(可达 $20\sim70\text{m/s}$);若采用自力垂直发射,则导弹初始加速度较小,因推力与弹重比较小(一般为 1.5~3.5),故有时也可采用助推器。助推器在导弹起飞后一般要自行脱落,以减轻导弹飞行质量。

对采用单室双推力发动机的导弹,相当于将助推器和主发动机做成一个整体,导弹长度或横向尺寸较小,对其在发射装置上安放非常有利。

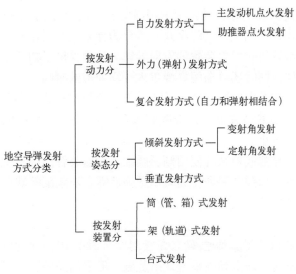

图 5-1 地空导弹发射方式分类

2）外力发射

外力发射方式（也称弹射发射方式），是指导弹起飞时由发射装置为导弹提供一个推力，使其加速运动，直至离开发射装置。当导弹被弹射到一定高度后，主发动机点火工作，导弹继续加速飞行。由于弹射时不点燃导弹发动机，故外力发射也称为"冷弹"发射方式。

弹射力对导弹作用时间很短且很大，可使导弹获得几千个重力加速度的纵向加速度。弹射力来自发射装置上配置的弹射力发生器。弹射动力源有压缩空气、燃气、蒸汽、液压和电磁等。

外力发射和自力发射相比，发射装置无燃气流防护设备，有利于简化发射装置；弹射小型导弹比自力发射能获得大得多的出口（箱、筒）速度，有利于提高导弹发射精度和缩小杀伤区近界斜距；弹射发射导弹在离开发射装置前，可获得较大加速度，减小了从导弹起动到导弹与目标遭遇的时间，为拦截快速目标提供了条件。外力发射的缺点是：发射装置应有动力源，使其结构稍复杂、质量较大；弹射发射装置再次装弹也不方便。

2. 按发射姿态分类

1）倾斜发射

倾斜发射是目前应用最广的发射方式，多用于自力发射装置。它射前以定向器支承导弹，发射时导弹依靠自身发动机或助推器的推力沿定向器导轨滑行一段距离后脱离导轨，同时获得一定速度。显然，离轨速度越大，初始偏差便相对越小；当要求滑行速度一定时，发动机推力越大，定向器长度便相对越短。

变角倾斜发射在地空导弹发射中应用最广。变角是指发射起落装置在高低和方位上能跟踪和瞄准目标，高低角范围可达 0°～85°，方位角范围可达 0°～360°。

定角倾斜发射，是指发射装置起落部分的高低角和（或）方位角固定不变，发射后靠导弹机动飞行飞向目标。美国早期的"奈基"Ⅱ导弹采用高低和方位均为固定角的发射装置,而"爱国者"地空导弹则采用固定38°高低角发射导弹。

对倾斜发射方式,根据定向器的型式,可分为导轨式和支撑式。地空导弹倾斜发射以导轨式为主,倾斜发射时发射装置的发射导轨为导弹提供了初始指向,能使导弹与目标遭遇的弹道达最佳,同时还可缩短导弹进入计算弹道的时间。

采用倾斜发射方式的发射装置的高低角、方位角随雷达波束同步跟踪目标,从而使导弹迅速、准确地进入雷达波束内,被顺利截获。采用倾斜发射方式的导弹需用过载小,引入距离短,近界小。

目前大多数地空导弹武器系统使用倾斜瞄准式发射装置。倾斜发射方式具有装填时间长、设备笨重、待发导弹有限和作战装填导弹后需重新瞄准等缺点,从而影响了发射速率,增加了系统的作战反应时间。

2) 垂直发射

垂直发射方式是指将导弹垂直竖立在密封箱(筒)内,导弹随时处于待发状态,接到作战指令即可发射。地空导弹垂直发射装置一般采用无导轨或将导轨装在导弹运输发射筒内,发射时,在无牵制力作用下,只要推力大于导弹重量,导弹就能顺利起飞。垂直发射的方向瞄准,由导弹制导系统来实现。初始发射的导弹按预置数据转弯,使导弹与目标遭遇弹道最佳。垂直发射具有反应时间短、发射速率高、全方位覆盖、结构简单、工作可靠、成本低、全寿命周期费用少和体积小、重量轻、便于机动等特点。垂直发射方式的缺点是:当导弹攻击低空目标时,导弹需在2s~3s内完成转向,需用过载大;需采用初制导、推力矢量控制来解决大攻角情况下的气动特性和气动耦合问题。

依据导弹发射动力的来源不同,垂直发射可分为自力发射和外力冷弹发射,分别称为"热"垂直发射和"冷"垂直发射。

"热"垂直发射应用自力发射装置。自力发射也称为热发射,是指利用导弹本身发动机的推力,将导弹推出发射筒。自力发射的最大优点是发射箱不承受高压,因此结构简单,重量轻。但存在发动机意外爆炸危险及发射装置和整个系统的安全问题。"热"垂直发射产生大量高温、高速、排量大的燃气流,燃气流从喷管排出的出口速度可达2500m/s,温度高达2400K,并含有腐蚀性强的氧化铝,化合能力极强的氢氧化物,大量的二氧化碳,未燃尽的氢及其他可燃物,如果不把燃气流及时从发射系统排出,就可能危及装备和人员。燃气排导的方式主要有内导排气和蓄焰排气两种,如图5-2所示。

内导排气的导流器位于导弹下方,导流器与导弹和发射筒之间的4条上气道组成燃气排导装置。导弹发射时燃气通过导流器导向4个上气道,再通过上气道排出发射筒。蓄焰排气的导弹在发射筒内排出的燃气积蓄在发射筒底部的蓄焰室内,待导弹上升后,再随导弹向上排出。为防止燃气烧蚀导弹,导弹底部与发射筒之间设有密封环,将燃气与导弹隔开。

"冷"垂直发射也称冷弹发射,是一种利用外力的发射方式。当导弹被外力推出发射箱并上升到一定高度(30~40m)后,导弹的发动机点火,发动机的燃气基本不会对地(舰)面人员和设备造成伤害。冷弹发射装置在发射过程中要承受燃气发生器所产生的高压,并且在高压下要有良好的密封性,防止燃气发生器损坏导弹,因而发射箱的结构复杂、质量偏大。按照弹射的动力源,弹射可分为压缩空气弹射、蒸汽弹射、液压

第5章 发射系统

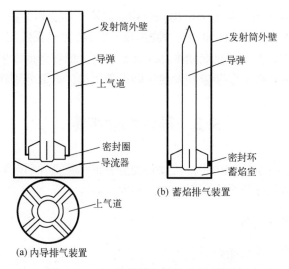

图 5-2 垂直发射燃气排导装置示意图

弹射和燃气弹射，其基本原理都是将压力能变成推动导弹运动的动能。燃气弹射是一种最适合地空导弹的发射方式，俄罗斯的 C-300ΠMY 系列即采用燃气冷弹发射方式，如图 5-3 所示。

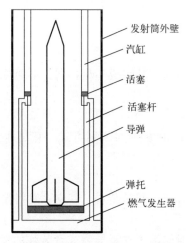

图 5-3 燃气弹射装置示意图

3. 按发射装置分类

此部分内容将在 5.2 节结合发射装置进行详细介绍。

5.1.2 发射系统功能与组成

发射系统的主要功能如下。

（1）检查导弹在发射装置上的安装状态，对发射系统和导弹主要设备的基本功能（工作的正确性和协调性）进行射前检查。

（2）装订导弹射击诸元，以及按导弹的发射程序和发射条件控制导弹发动机点火起飞。

(3) 完成导弹发射前各种安全机构和电路的解锁、性能和参数的检测。

(4) 发射前为弹上设备提供电源，控制导弹与指挥控制系统间的数据和信息传输，并根据发射指令实施导弹发动机或助推器点火，最终完成导弹的发射。

发射系统主要由导弹发射装置和发射控制设备组成，下面分别详细介绍。

5.2 导弹发射装置

本节首先介绍发射装置的功能，从倾斜发射装置和垂直发射装置两个方面分别介绍其组成和优缺点，最后分析垂直发射的关键技术。

5.2.1 发射装置的功能

导弹发射装置的主要功能如下。

(1) 发射前，发射装置支撑导弹并和其他设备一起完成对导弹的检查、测试、参数装订、调转、瞄准等发射准备工作。

(2) 发射时，发射装置按指令及时起动导弹发射过程，并使导弹在飞离发射装置时获得所需的初始姿态和速度。

(3) 发射后，发射装置能迅速完成再装填任务；出现障碍时，能迅速完成退弹任务。

5.2.2 发射装置的组成

地空导弹发射装置类型不同，其组成不尽相同，下面从倾斜发射装置、垂直发射装置两个方面分别予以介绍。

1. 倾斜发射装置

倾斜发射是指发射角小于90°的一种发射方式，它是地空导弹武器系统广泛采用的一种导弹发射方式。

1) 倾斜发射装置组成

倾斜发射装置一般由起落架、回转装置、基座、发射箱（筒）等部分组成。

(1) 起落架。

起落架的主要功能：发射前用于支承导弹或者装弹的发射箱（筒）；发射时在伺服系统的驱动下赋予导弹发射角；在导弹飞离发射装置的过程中，对导弹进行定向，并使导弹满足离轨参数。

起落架主要由起落臂、联装架、平衡机和脱落插头插拔机构等组成。其中，起落臂的主要功能是支承导弹，并为导弹的滑行提供导轨；平衡机固定在托架上，通过链条和起落臂上的齿弧相连，主要用于平衡起落架和导弹在不同射角上的不平衡重力矩，从而使高低角执行电机负载保持基本平衡；脱落插头插拔机构的作用，是保证插头准确、可靠地与导弹插座相连，在导弹起飞时，又能使脱落插头迅速地与导弹插座脱开。

(2) 回转装置。

回转装置的任务是在伺服系统驱动下，赋予导弹初始方位发射角和高低发射角。

回转装置由托架、座架、高低机、方向机和导流器等组成。其中，托架是起落臂耳轴的支承，在其上面安装瞄准机构、伺服系统和导流器等；座架主要用来支承托架以上的回转部分，进行方位回转，并减少方位回转时的摩擦阻力；高低机由伺服系统带动实现起落架在高低射角的瞄准；方向机由伺服系统带动实现发射装置方位射角的瞄准；导流器用来排导导弹发动机的燃气流，以保护发射场地和周围设备。

（3）基座。

基座是发射装置的基础，其上有调平机构，保证发射装置的水平。此外，发射装置还有行军固定器、回转接触装置、电气系统等。发射装置上的电气系统主要由模拟器、脱落插头和伺服系统等组成。

（4）发射箱（筒）。

发射箱（筒）是储运发射箱（筒）的简称，地空导弹采用箱（筒）式发射是发射技术的新发展，箱（筒）式发射既可以用于倾斜发射，也可用于垂直发射。发射箱（筒）具有运输、贮存和发射 3 种功能。发射箱（筒）是密封的，为导弹提供了良好的环境条件，提高了导弹的可靠性。箱（筒）装导弹平时可装在发射架上，导弹处于待发状态，提高了系统的快速反应能力。

2）倾斜发射的优缺点

倾斜发射主要有如下优点。

（1）导弹起飞后不需要很大转弯就可以进入巡航飞行，导弹所需承受的过载小。

（2）设计起落架相对跟踪雷达的跟踪规律，可以获得较小的弹道初始偏差，导弹消除这一偏差所需时间相应比较短，获得较近的杀伤近界。

（3）设计发射装置相对于跟踪雷达的跟踪规律，可使采用指令和驾束制导的导弹射入雷达波束的速度方向与波束中心的夹角比较小，比较容易截获。

（4）设计发射装置的跟踪规律，把寻的制导的导弹初始飞行段相对目标的前置量控制在导引头天线偏转允许的范围内，通过地面发射控制设备对导引头天线初始角速度预装，可使导引头天线在目标截获点处正好对准目标而不需要进行角度搜索，缩短了目标截获时间。

（5）可根据不同的作战空域设计不同的导弹发射前置量，使所得到的导弹飞行航迹阻力减小，利于减轻导弹的起飞质量。

倾斜发射方式存在以下主要缺点。

（1）喷气流影响范围广。

（2）发射装置复杂（如发射装置需要与跟踪雷达同步随动）。

（3）初始弹道稳定性相对较差。

（4）武器系统的反应时间和火力转移时间相对较长。

2. 垂直发射装置

1）垂直发射装置组成

典型地空导弹的机动式垂直发射装置，一般由轮式底盘及平台、支撑装置、液压传动部分等组成。

（1）轮式底盘及平台。

轮式底盘即带车轮的底盘，是发射车中的行驶和承载部分；平台固定在底盘上，放置发射架各部分。

(2) 支撑装置。

支撑装置（联装架）包括架体、升降和移动结构（滑轨组合）和装填装置等。架体用来携带箱（筒）弹，并将其安装和固定，使其保持在水平状态或转换到垂直状态，导弹发射前可靠地固定、支承筒弹，发射时赋予导弹初始姿态，为导弹提供发射基准，与其他系统和设备配合来完成筒弹装填、运输；升降和移动结构，将架体（发射（联装）架）抬起或放下，将筒（箱）弹沿架体轨道移动，主要由液压作动部件带动工作，也可手动操作工作；装填装置，固定装填车的横吊梁，以便退弹或装弹。

(3) 液压传动部分。

液压传动部分，主要由汇油环、油缸、泵站、油管等组成。其主要功能是在发射控制设备的控制下完成车体调平、抬起或放下摇动部分、发射架和筒（箱）弹，即起竖和回平筒（箱）弹、垂直状态筒（箱）弹的下滑和提升、下托臂的侧移和回收及锁定等功能。

2) 垂直发射的优缺点

与倾斜发射相比，垂直发射主要有以下优点。

(1) 发射装置设备简单，工作可靠，操作方便，可缩短反应时间，提高发射速度。采用垂直发射时，不需要瞄准和重复装填导弹的升降机构、发射架的随动机构和液压系统，减少了大量的活动部件，因而提高了可靠性。如"海麻雀"导弹的反应时间从倾斜发射的14s缩短至垂直发射的4s。

(2) 导弹刚起飞的弹道初始段，攻角 $\alpha=0$，升力 $Y \approx 0$，导弹飞行容易达到平衡状态。

(3) 加速段阻力损耗小，加速发动机的推力重量比可以减小。

(4) 爬高迅速，发射速率高。如"海狼"导弹采用垂直发射技术后，由原来倾斜发射的6枚增加至32枚；"海麻雀"地空导弹采用垂直发射技术后，其载弹量比过去增加了4倍。

(5) 发控装置安排紧凑，发动机的喷气流影响范围小。

(6) 若采用冷弹发射技术，弹筒还可以重复使用，安全、经济、实用。

(7) 成本低，全寿命周期费用少。由于垂直发射装置结构简单、紧凑，单位面积储弹量大，所需辅助设备少，因此比携带相同数量导弹的倾斜发射装置的成本要低得多。又因垂直发射装置活动部件少，系统工作可靠，从而减少了维修量。

垂直发射主要有以下缺点。

(1) 技术实现难度相对较大。

(2) 导弹的平均速度相对偏低。

(3) 杀伤区域近界相对较大。

随着技术的进展，目前越来越多的地空导弹采用垂直发射装置。

3) 垂直发射的关键技术

垂直发射的关键技术主要有推力矢量控制技术、大攻角气动耦合技术和捷联惯导技术。

(1) 推力矢量控制技术。

推力矢量控制是解决垂直发射在短时间内以最小转弯半径完成程序转弯，使导弹转向目标平面的关键技术。

合理选择转弯程序，使转弯过程横向过载和推力损失尽量减少，同时减小转弯结束后剩余导弹攻角和高低角速度以减少分离扰动。因此，要求导弹提供足够大的横向过载，一般可通过气动和推力矢量两种方式实现。但导弹在初始段速度较低，气动动压小，气动控制效率只有正常状态的百分之几，不能产生使导弹迅速转弯的足够法向力；而推力矢量控制不受动压影响，能以极快的速度产生攻角和机动过载，转弯快（3s以内）。

理论计算和试验结果表明，导弹在气动控制下需上升至1000m以上才能转过弯来，但在推力矢量控制下仅需上升至10m左右就能转过弯来。因此，垂直发射导弹在转弯段必须采用推力矢量控制，目前国内外地（舰）空导弹采用的推力矢量控制技术主要有燃气舵、推力矢量喷管、扰流器和侧向喷管推进器等。

(2) 大攻角气动耦合技术。

垂直发射导弹在程序转弯时，必须做大攻角急剧转弯（有时可达60°），在大攻角飞行状态下，导弹空气动力的非线性特性很强，3个控制通道之间会出现气动耦合现象；弹体姿态变化引起有害诱导力矩；对称控制面在相同偏转角条件下产生不同的控制力，从而出现控制面耦合，对控制系统产生不利影响，甚至使控制系统不稳定。

解决以上问题的方法主要如下。

① 采用适当限制最大攻角范围或使滚转通道的带宽大于俯仰和偏航通道带宽的3~5倍，但滚转通道带宽的加大受实际条件的限制，而缩小俯仰和偏航通道的带宽又会降低两个回路的快速性，造成导弹机动性减小。

② 实时辨识包括交耦气动参数在内的所有气动参数，用解耦的方法对有害的气动交连进行准确的去耦，也可用随机模型参考自适应方法来解决。

③ 把各通道中传感器的输出信号引入到其他通道中去，用人为引入的交叉反馈削弱或抵消气动交耦的影响。交叉反馈的增益应根据攻角、侧滑角和速压的某种实时估计进行调整，因此必须事先知道系统的数学模型，特别是耦合项的数量模型。

随着计算机技术和数学计算方法的进展，实时进行气动耦合计算已成为现实，因此垂直发射的大攻角气动耦合技术已逐渐成熟。

(3) 捷联惯导技术。

捷联惯导技术是保证垂直发射导弹转向目标平面后，使制导系统捕获目标的初制导技术。导弹垂直起飞到一定高度后，初制导系统控制导弹向规定的射向转弯，导弹的实际姿态、速度、位置由惯性制导系统提供。

捷联惯性制导系统具有体积小、重量轻等特点，是地空导弹垂直发射初制导和中制导的理想系统。俄罗斯的С-300В地空导弹即采用捷联惯导系统作为初制导，在初制导段由弹上捷联惯导系统将导弹引向目标，地面雷达通过指令将目标位置的最新信息送给惯性制导系统，随时校正导弹的飞行。

5.3 发射控制设备

在地空导弹武器系统作战过程中，导弹的发射控制是一个重要环节。发射控制设备是指控系统与发射装置的接口设备，主要用于按规定的程序进行导弹发射前的准备、初始数据装订和发射过程的控制。

5.3.1 发射控制设备的功能

虽然不同类型、结构的发射控制设备的工作内容稍有差异，但其主要功用均可归结为以下 4 项。

1. 导弹选择

在地空导弹的每个火力单元中，通常有多枚可供发射的导弹，甚至有用于对付不同类型目标的不同种类的导弹。因此，发射控制设备要根据作战任务进行导弹的选择，即选取具有良好初始状态的导弹。

2. 射前准备

导弹的射前准备一般包括：发控组合功能自检、射击方式设定、导弹功能检查、导弹加电、加温等内容。对于红外寻的导弹，还要进行导引头制冷、陀螺启动、截获目标等工作。射前准备是保证导弹发射和飞行正常的必要前提条件。

3. 发射实施

发射实施是指从按下发射按钮到导弹离开发射装置的过程。主要包括初始参数装订、能源系统启动、电池激活、转电、发动机点火、发射结果认定、射击转移等内容。通常把发射实施之前的导弹选择和射前准备阶段称为导弹发射的可逆过程，因为此阶段的工作内容可以根据需要由人工方式或自动方式进行设置和解除，其工作过程是可逆的；把发射实施阶段称为导弹发射的不可逆过程，是因为一旦进入该阶段，则各项工作内容是自动进行的，人工不能干预，其工作过程是不可逆的。

4. 状态监视和故障诊断

在导弹发射的可逆过程中，对导弹及发控装置的状态进行监视，并判断其状态是否正常；在导弹发射的不可逆过程中，判断每个发控功能是否正常，按规定的逻辑功能继续执行或自动终止发射过程。经历不可逆过程的导弹不能再次使用，必须返厂进行修理。

5.3.2 发射控制设备的组成

发射控制设备通常由电源组合、发控组合、操作及显示面板、导弹选择组合及测试组合等部分组成，各个部分的组成及功能分别如下。

1. 电源组合

电源组合产生发射控制设备自身所用的各类稳定电源。

2. 发控组合

发控组合通常完成如下功能。

（1）导弹安装检查：检查脱落插头是否和导弹连接好。

（2）电爆管及电爆电路检查。

（3）产生导弹的加电程序，确定导弹加电过程的事件次序及定时。

（4）对导弹进行调谐或指令频率、编码选择。

（5）对导弹进行参数装订。

（6）产生导弹发射程序，确定导弹发射过程的事件次序及定时。

（7）故障弹处理：在发射命令下达后的规定时间内，如果导弹不起飞，即作为故障弹处理，解除导弹的加电和发射。

（8）解除发射：导弹起飞之前，由于导弹故障或其他原因，任何时候都可以人工或自动解除导弹的加电和发射。

（9）假同步指令：导弹起飞后直至全弹离开发射臂，发射臂继续以导弹起飞时刻的跟踪速度等速转动，而后发射架返回装弹位置。

3. 操作和显示面板

面板上设有指示灯用于监视导弹的状态和发射进程，监视信号一般如下。

（1）发射架（发射臂）选择信号。

（2）导弹安装好信号。

（3）电爆管及电爆电路检查信号。

（4）战勤接电信号。

（5）导弹加电准备好信号。

（6）导弹调谐好或指令频率及编码选择好信号。

（7）预装参数装订好。

（8）弹上电池激活好信号。

（9）陀螺解锁信号。

（10）导弹起飞信号。

4. 发射架（发射车）选择组合

发射架（发射车）选择组合的主要功能是选择并接通指控系统所指定的发射架（发射车）。

5. 测试组合

测试组合用于发射控制设备的功能自检和故障诊断，在正式作战应用之前，对发控组合的每一个发控电路都进行模拟检查。

5.4　发射系统战术技术参数

地空导弹发射装置和发射控制设备的战术技术性能，主要可用以下参数表示。

1. 联装导（筒、箱）弹数

联装导（筒、箱）弹数指发射车（架）满载荷时装载的导（筒、箱）弹数量。显然，导弹发射装置的联装导弹数越多，能提供地空导弹武器系统抗饱和空袭能力就越强。因为发射装置上可装多发待发的导弹，便提高了武器的快速发射能力和火力强度。目前，地空导弹发射装置的联装导弹数一般为1~6枚。

2. 导弹发射方式

导弹发射方式直接影响导弹发射装置及其发射控制设备的结构和地空导弹武器系统的作战能力和作战使用。目前，地空导弹一般采用倾斜发射和垂直发射两种方式。

3. 高低角上升到规定角的时间、角速度或筒（导）弹起竖到90°时间

对倾斜发射装置，高低角上升到规定角的时间、角速度等，体现其变射角发射臂

（发射平台）跟踪瞄准目标能力。发射臂（发射平台）高低角的上升速度大，到达规定角的时间短，则能很快跟踪、瞄准目标，保证发射时导弹能获得所需初始射向，发射后导弹可尽快被制导雷达截获。目前，地空导弹发射装置的发射臂（平台）高低角变化范围一般为 $0°\sim85°$，高低角最大上升角速度可达 $3°/s\sim10°/s$。

4. 方位角调转范围和调转规定角度

对于倾斜发射装置，由于发射臂从静止到对准发射位置有一个调转和稳定跟踪过程，完成这个过程需要时间，转过角度越大或调转角速度越小，调转规定角度需要的时间就越长，导致地空导弹武器系统反应时间或火力转移时间加长。因此，发射装置的方位角调转角速度和调转角度范围应满足要求。目前，倾斜发射装置的方位角调转角速度一般 $>7°/s$，方位角调转范围可达 $0°\sim180°$。

5. 控制信息传输方式

控制信息传输方式是指指挥控制设备对发射装置、发射控制设备的控制方式及它们之间的传输信息形式、内容和周期等。

指挥控制设备对发射装置、发射控制设备的控制方式，一般分为由指挥控制系统遥控和直接控制两类。前者用于指挥控制系统与发射装置分离的情况，又可分为有线遥控、无线遥控；后者用于指挥控制系统与发射装置在同一辆车上的情况。无线传输时，信息一般用高频调制脉冲传递，有线传输时，以射频脉冲（波门）传递。

指挥控制设备与发射装置、发射控制设备的信息传输形式，一般分为模拟式和数字式。数字式一般用规定位数的二进制码，以一定规律分组编码组成"字"（或称"信息字"）传输。

典型垂直发射装置与指挥控制系统间传输的信息主要内容如下。

（1）指挥控制系统向发射装置：发射装置编号、接通（断开）发射装置、竖起（放下）发射筒、装订频率、接通（断开）重调、导弹通道号、导弹准备（取消）、发射、导弹地址号、导弹通道号、初始方位角数值、初始高低角数值等。

（2）发射装置向指挥控制系统：发射装置编号、电源不正常、发控装置遥控准备好、发射筒竖起（放下；垂直、水平）、战斗（训练、检查）状态、重调接通（断开）、频率接通、发射装置正常（不正常）、纵向倾斜角值、横向倾斜角值、通道有（无）导弹、导弹微调好、导弹发射、导弹脱离（故障）、导弹通道正常（不正常）等。

6. 导弹装填方式

导弹装填方式是指导弹运输装填车向导弹发射装置装填导弹的方法，目前分为人工装填、半自动装填和自动装填 3 种方式。导弹装填方式决定了向发射装置装填导弹所需要的时间长短，时间越短，越有利于地空导弹武器系统抗击连续饱和攻击。

7. 供电形式

供电形式指给发射装置和发射控制设备供电的方式、功率等。目前，给发射装置和发射控制设备供电有外部供电和自主供电两种方式。外部供电，是由发射装置以外的电源供电，如外部电站、市电等；自主供电，是由发射装置上携带的电源供电，如燃气涡轮发电机、柴油发电机、汽车功率发电机等。

8. 发射装置重量

发射装置重量分为不带导弹时全套发射装置的重量和带满联装弹时全套发射装置的重量。全套发射装置重量，关系到武器系统机动性和武器行军对道路、桥梁和运载车辆（船、飞机）的要求。目前，中高空远程地空导弹全套发射装置带满联装弹时重量可达几十吨以上。

9. 阵地配置参数

阵地配置参数是指发射装置对放置场地坡度、发射装置与阵地上的指控车及其他车辆配置距离、高度差、相邻发射装置的间距等的要求。

10. 状态转换时间

转换时间是指机动发射装置由行军状态转为战斗状态的展开时间和由战斗状态转为行军状态的撤收时间，转换时间要求越来越短，应力求几分钟内完成，以便迅速投入战斗，不失战机；打完后，又能迅速撤离现场，防止被对方摧毁，因此，在发射装置设计时，应减少操作程序，并提高操作使用的机械化和自动化水平。

11. 运输方式和机动性

现代地空导弹的发射装置，应具有较高的机动性。运输方式在很大程度上，决定了地空导弹武器系统的机动性能。运输方式通常可分为铁路运输、水运、空运和公路运输，前三者可实施远距离快速转移，属于战略机动；最后一种适用于在发射点附件转移，属于战术机动。

机动性的主要标志是行驶速度快、越野能力强和运载车辆少，在公路上一般应具有60km/h 以上的速度；行军距离不应低于500km。在远距离转移时，应能铁路运输，有时也要考虑空运的可能性。

5.5 导弹发射流程及相关准则

5.5.1 导弹发射过程的约束条件

导弹发射过程中通常设置两个约束条件：一个是允许发射条件，另一个是发射约束条件。前一个约束条件是后一个约束条件的约束，只有允许发射条件满足了，导弹的发射程序才可以进行到第二个约束条件。设置两个约束条件的目的是使导弹既能安全发射出去，又能发射后有效攻击目标。

1. 允许发射条件

允许发射条件是指为保证导弹有效攻击目标必不可少的、但准备时间又相对比较长或允许提前准备的条件。不同的导弹的允许发射条件不完全相同，但是如下几项通常是必不可少的。

（1）跟踪雷达（可以是本地雷达也可以是外部支援雷达）已稳定跟踪目标，指挥控制系统已进行目标诸元和射击诸元及有关装订参数计算。

（2）发射装置已同步好并处于发射禁区之外。

（3）导弹已加电准备好。

对雷达半主动寻的制导的导弹，照射雷达准备好处于待命状态，短时间内就能达到辐射状态也是允许发射的条件。

只有上述所有的约束条件都满足了，导弹才允许发射。

2. 发射约束条件

发射约束条件是为保证导弹安全可靠发射及有效攻击目标必不可少的且准备时间又短的条件。不同的导弹的发射约束条件不完全相同，但如下几项通常是必不可少的。

（1）预装参数已装订好。

（2）弹上电源已激活并达到额定电压。

（3）弹上能源已接通并达到额定压力。

（4）陀螺已开锁。

上述各项约束条件都满足了，发动机的电爆传爆装置才允许点火。

导弹的发射程序通常包含可逆和不可逆两个过程：在可逆过程的任何时刻不管约束条件是否满足，都可人工干预停止导弹发射；进入不可逆过程后，人工就不能干预发射进程，只要约束条件满足，发射就会自动进行下去，直至导弹起飞，可逆和不可逆过程通常以地面和弹上电源转换为分界线，在此以前为可逆过程，以后为不可逆过程。

5.5.2 导弹发射控制的一般程序

1. 发射控制设备自检

利用导弹模拟器检查发射控制设备和发控程序是否处于良好状态。

2. 射前准备

准备导弹发射条件，不同的导弹控制方案有不同的发射准备要求，需要准备的发射条件可能有以下内容。

（1）给弹上某些部件（如弹上电池、惯性测量组合等）提前加温。

（2）给弹上制导系统装订参数，不同类型的导弹有不同的装订参数，对指令制导导弹，需装订的参数一般有导弹工作频率，导弹地址码、自毁时间、引信延迟等；对捷联惯导导弹、需装订的参数一般有导弹飞行区号（如果存在分区的话）、导航系数等；对自动寻的导弹，需装订的参数一般有导引头天线方位角与高低角、导引头及接收机频率、多普勒频率等。

（3）导弹在位和通电检查。

（4）火工电路检查。

（5）发射装置瞄准，同步调转和动态测试。

（6）安全机构转入发射状态。

（7）飞行准备命令，向弹上计算机装订飞行参数并检查回答数据的正确性。

（8）起动控制系统（如弹上控制系统的陀螺起动解锁等），接通"待发"开关。

3. 发射实施

给出"发射"命令后，发控程序进入不可逆程序，发控电路按顺序完成以下动作。

（1）激活弹上电池，断开地面供电，检查"转电"工作情况。

（2）起动弹上能源（如液压能源系统）。

（3）导弹解锁。

（4）发动机点火。

（5）导弹起飞后，检查发射是否正常，如为正常发射，导弹已离架则使发射架复位或转入待发状态，如为故障发射则给出故障信号。

4. 应急处理

在出现发射故障的情况下，发射控制设备应自动切断电源，并使导弹转入安全状态。

在一发导弹出现发射故障，或者处于发射禁区而不能发射时，为保证不失战机，发控设备应能自动切断该枚导弹发射装置的电路而接通另一发射装置的电路，继续实施发射。

半主动寻的导弹发射控制的一般程序如图 5-4 所示。

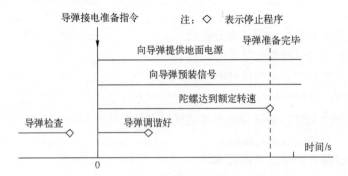

图 5-4 半主动寻的导弹发射控制的一般程序

半主动寻的导弹的发射前准备程序从导弹上架至导弹接电准备开始阶段主要完成导弹的检查工作，其中包括导弹安装完毕检查、功能电路检查等；从导弹接电准备开始至导弹准备完毕阶段主要完成发射单元设备的启动、向导弹提供地面电源、向导弹预装信号，使导弹调谐好、陀螺达到额定转速。

点火程序从接收到发射指令、电池激活起到发动机点火、导弹起飞为止，典型点火程序如图 5-5 所示。

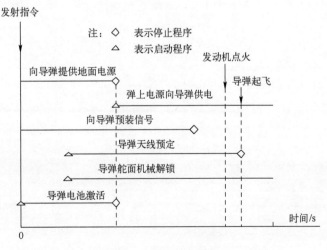

图 5-5 典型点火程序

点火程序开始的条件为导弹调谐好、准备完毕并接收到指挥控制系统的发射指令。

发控设备接收到发射指令后，首先启动导弹电池激活程序。在导弹电池激活的过程中，发控设备不断向导弹预装信号，使导引头天线转向预定位置，导弹舵面机械解锁。

导弹电池准备好向导弹供电后，发控设备进行电源转换，接通导弹电池供电电路，断开发控设备向导弹提供的地面电源。

接下来，发控设备按照时间逻辑，接通导弹发动机点火电路，发动机开始工作。当发动机推力达到规定值后，导弹起飞。发控设备按程序结束该导弹的管理工作。

思 考 题

1. 地空导弹发射系统由哪些部分组成？
2. 发射装置的主要功能是什么？
3. 地空导弹的发射方式有哪些类型？
4. 什么是倾斜发射？倾斜发射方式的优缺点是什么？
5. 什么是垂直发射？垂直发射方式的优缺点是什么？
6. 垂直发射的关键技术有哪些？
7. 发射控制设备的主要功用有哪些？
8. 导弹发射过程中设置的两个约束条件是什么？二者有什么关系？
9. 导弹发射过程中的允许发射条件有哪些内容？
10. 导弹发射过程中的发射约束条件有哪些内容？
11. 试述地空导弹发射控制的一般程序。
12. 地空导弹发射系统的主要战技术指标包括哪些？

第6章 指挥控制系统

指挥控制是指挥人员为达成作战企图,依托指挥手段,围绕所属单位的军事行动而开展的拟制工作计划、下达相关命令、控制协调行动等一系列活动。指挥控制必须依托相应的系统才能实施,即指挥控制系统,它是保证指挥员或指挥机关对所属人员和系统实施指挥与控制的人机系统,以计算机为核心设备,利用通信网络把战场上的各类探测器、各级指挥机构、各类武器系统、各种作战人员有机地联为一体。其基本功能是实现战场指挥与控制的实时化和精确化,指挥协调完成相关任务。

6.1 指挥控制系统作用与层次

针对防空作战中来袭目标速度快、类型多、数量大并且战术运用多样的特点,地空导弹武器系统应具备快速反应、充分协调、统一分工和网络化作战的能力。因此,各国的防空体系通常由多个层次的指挥控制系统构成,能实现高度自动化的指挥控制,可以充分发挥武器系统的整体作战效能。

6.1.1 指挥控制系统的作用

指挥控制系统在武器系统作战过程中发挥着极其重要的作用,可归纳为以下几点。

1. 武器系统功能集成

地空导弹武器系统,特别是中高空中远程的地空导弹武器系统,往往是由多种传感器、多个目标通道、多个导弹通道所构成,指挥控制系统作为信息的汇集、处理、分发、交换和显示的中心,执行监视、指挥和控制的功能,并通过人机界面向指挥员提供及时、全面的战斗态势和决策支持信息,从而实现系统功能集成。

2. 缩短作战反应时间

武器系统的反应时间是指武器系统搜索跟踪设备首次发现目标到发射第一发导弹的时间间隔,而对于指挥控制系统,定义为接收到目标指示至下达发射命令所经历的时间。

早期的地空导弹(如SA-2),由人工标绘航迹,利用查表计算射击诸元,需要数十秒,时间太长,难以应对复杂的空情,更谈不上实现火力分配的优化。指挥控制系统,在接到目标指示后,可控制目标跟踪雷达实现搜索、检测、跟踪、识别航迹的属性,判定目标的威胁程度,分配目标,进行发射控制和拦截制导,这一过程可在数秒内完成。在无目标指示的情况下,也可以自主完成上述工作,从而大大缩短了系统反应时间,提高了武器系统的火力强度,改善了应对复杂态势的能力,使指挥员集中精力处理异常情况。在海湾战争中,美国"爱国者"导弹拦截"飞毛腿"导弹,80%都是采取自动发射方式，反应时间大大缩短。

3. 提高武器系统作战效能

人工指挥限制了武器系统作战效能的发挥，因为它缺乏足够的技术手段来实现抗击多目标的火力强度，基本上只能对付单目标。指挥控制系统则以其具有多目标处理和评定能力、大容量实时显示能力、决策支持能力，为指挥员正确区分射击任务、选择射击目标和射击方法、对多个目标通道的使用提供充分的支持，实现拦截多目标能力。

4. 建立统一的信息场

指挥控制通信系统在协调控制多种或多个传感器组网观测，对多个信息源的数据进行融合处理、建立统一的信息场方面，起着突出作用。

1）组网观测

可以弥补单一传感器在覆盖空域上的不足，提高系统的探测和跟踪能力，从而为搜索跟踪小散射截面的目标（如隐身目标），防御低空空袭目标提供可能。

2）在干扰条件下保持系统的战斗能力

在干扰条件下，可以组织多站进行三角测量来确定目标的距离，同时消除在多目标情况下三角测量可能造成的假目标，从而保持系统的战斗能力。在美国及俄罗斯的多种地空导弹武器中，都使用了这一技术。

3）雷达的辐射控制

对雷达辐射进行控制，也是提高系统综合抗干扰能力，抗反辐射导弹攻击的重要手段，如控制同一区域内多部对空监视雷达进行交替辐射来提高抗干扰能力和生存能力。

4）利用外部的数据来进行射击

对于航路捷径较大的目标，在近界进行拦截时，拦截点往往不在本火力单元雷达扇区范围内，这时可通过指挥控制系统，利用外部数据继续进行射击。

5）保持防区内航迹的连续性

指挥控制系统可有效组织防区内目标航迹的交班，当目标离开某一雷达覆盖区，进入另一雷达的覆盖区时，可以平稳交接，而不需要重新截获。

5. 改进敌我识别能力

充分利用来自友邻武器系统或防空情报网的间接识别信息，和来自航行管制部门的我机飞行计划，以及对目标进行的行为特征分析（如攻击战术的运动特征）等，来提高识别的准确性和可靠性，可以克服单纯依靠敌我识别器识别的不足之处。通过识别信息在指挥控制通信系统中的流通，来改进武器的使用，也为防空武器在拦截敌机的同时，保护我方执行任务飞机的安全，提供了有效的手段。

6.1.2 指挥控制系统的层次

不同国家对于指挥控制系统层次的划分不完全相同，但基本分为3个层次，以俄罗斯为例，其主要分为国家战略层指挥控制系统、战役战区层指挥控制系统以及武器系统层指挥控制系统。

1. 国家战略层指挥控制系统

国家战略层指挥控制是国家防空的最高军事决策层，提供国家一级的防空作战信息和战略决策，指挥全国的防空部队进行防御作战。战略层级的指挥控制系统包括覆盖全国的战略通信网、战略指挥网、战略侦察监视网、指挥控制中心以及信息服务与处理中心等。国家战略层防空指挥控制系统通常设置在国家联合作战指挥部，是国家战略指挥体系中重要的部分，一般下辖各个战区防空指挥控制系统。

2. 战役战区层指挥控制系统

战役战区层指挥控制通常又称为群指挥控制，主要任务是根据上级的要求，统一协调所属的部队和武器系统，组成高度统一的多层纵深的战区防空火力。战役战区层指挥控制系统作为一个功能实体，接受国家战略层指挥机构的作战指挥命令、火力控制命令和预警信息。通常战区防空作战力量是由多种不同类型的防空火力系统混合编成。战役战区层指挥控制系统获取大范围防空警戒信息，对所属的战术及火力单元实施具体的指挥、控制，干预下属指挥控制系统的活动，评定火力群的作战态势，同时完成与其他支援部队指挥控制系统的联络。

在这一层指挥控制系统中，为满足大量多型火力单元的协调要求，系统应具有广泛互通能力和较强自动数据处理能力，典型作用范围达数万千米^2。

3. 武器系统层指挥控制系统

武器系统层指挥控制主要由战术单元指挥控制和火力单元指挥控制两级构成。

1) 战术单元指挥控制系统

战术单元一般是由多个相同型号火力单元构成的火力整体。在复杂的空情条件下也可以是多种不同型号武器系统混编而成的火力整体。战术单元指挥控制的工作核心是通过协调指挥，达到整个战术单元及下属武器系统的作战效率最高、效果最优。

战术单元指挥控制既可以接受国家战略层也可以接受战役战区层指挥控制系统的指挥控制。系统的作用对象是战术单元内的装备和所属火力单元内的装备。战术单元指挥控制系统可以与火力单元装备一体化设计，其典型作用范围为数千千米^2。

2) 火力单元指挥控制系统

地空导弹火力单元是防空作战中完成对空袭目标射击杀伤的基本实体。火力单元指挥控制系统的作用对象是火力单元杀伤环内的各个装备，系统的主要目标是实现杀伤环内各环节闭合效能最佳、使杀伤范围最大、杀伤效果最优，形成武器系统与目标的对抗优势。指挥控制系统依托通信系统提供各火力通道设备间的高速、高可靠和抗干扰的有线或无线专用数据链路，将多个拦截终端组成网络。本章介绍的主要是作为地空导弹武器系统分系统的指挥控制系统，即火力单元指挥控制系统。

6.2 指挥控制系统功能与组成

地空导弹火力单元指挥控制接受战术单元指挥控制系统的指挥，是战术单元指控命令的执行者，直接承担拦截空中来袭目标射击任务。为深入理解掌握火力单元指挥控制系统，这里先介绍战术单元指挥控制系统，便于对比分析。

6.2.1 战术单元指挥控制系统

1. 主要功能

战术单元指挥控制系统具有作战、值班和训练等多种工作模式，其主要功能如下。

1) 态势情报获取与处理

利用情报系统的各类传感器全面获取空情信息,利用通信网络接收受控系统的实时战斗状态、情报。组织战术单元所属目标指示雷达与各火力单元目标指示雷达组网,在复杂电子对抗环境下获取准确的目标信息。

为了给指挥员及时提供高品质的空情,系统自动进行空情综合融合处理,主要包括坐标变换、格式转换、飞行诸元计算、机动判断、平滑预测、情报综合校批等,以最优的形式为指挥员提供敌我友共同构成的综合态势信息。

2) 情报判断评定

包括目标敌我与类型识别、各个火力单元对目标拦截可行性分析、目标威胁判断和排序等。

确定目标的敌我属性,是射击指挥的基本前提,只有对确认为敌机的目标,才进一步根据运动诸元和射击指挥模型计算射击诸元,预测命中点坐标。同时,根据掌握的火力单元状态和作战意图进行拦截可行性评估。在此基础上,还必须对敌机的意图、规模、航向、战术特点的分析,确定主攻编队、佯攻编队、确定攻击编队与保障编队、确定攻击编队中的干扰机及攻击机,全面判断对我方要地构成威胁的目标,并将其威胁程度量化,确定对目标的拦截顺序。

3) 决策分配和指挥协同

在威胁判断的基础上,根据各个所属火力单元装备具体情况实施目标分配决策。针对各种型号武器系统作战能力,进行目标射击诸元实时计算;形成火力分配命令,并进行目标指示。将有关的指令和信息按照适当方式下达给火力单元指挥控制系统,对战斗行动实施指挥、进程监视、趋势预测,必要时对火力单元的战斗行动进行干预,实时地指导各战斗诸元协同行动,达到预定的战斗目的。在网络化作战模式下,战术单元指挥控制系统还可控制所属火力单元按照一定的作战模式进行组网作战。同时接收上级的指挥命令,上报部队战斗准备和实施情况,组织本级友邻部队间战斗协同。

4) 显示和控制

显示控制是指挥控制系统的重要功能,实现指挥控制系统的人机交互。显示控制系统一方面将经综合后各种情报信息和拦截方案以图形、数据、文字、信号及图像的形式提供给指挥员和操作员,同时也接受指挥员和操作员的决策和控制指令,以适当的形式传送给指控设备。

显示和控制通过一定的席位来完成,战术单元指挥控制系统的席位通常包括指挥协同席、综合情报席、指挥席和方向席等。

5) 通信功能

通信是实现系统有效的指挥与控制的手段,通信系统通常以分布式通信网络为基础,通信网络是否能够准确、迅速地传输各种信息往往决定了战术单元指挥控制系统能否发挥正常的功能。战术单元通信系统可以传输语音、电报、数据、传真等多种形式的信息。

2. 基本组成

战术单元指挥控制系统是对战术单元所属部队和武器系统进行统一管理和协调的软件和硬件的总称。其设备组成主要包括:机动式或固定指挥控制设备、目标搜索(指示）雷达、通信系统以及其他辅助设备等。

1）机动式或固定式指挥控制设备

战术单元指挥控制系统为适应机动作战需要一般均采用车载机动式系统，所有设备都安装在车载方舱内。同时，为了满足日常值班或训练要求，在固定指挥所内也会设置固定的指挥控制系统。无论是机动指挥控制系统还是固定指挥控制系统，它们都是整个作战过程的指挥控制中心，战斗单元控制协调核心，也是与上级指挥所、友邻指挥控制系统及外部雷达信息源的信息交换中心。两者地位组成功能相同，只是配置形式不同而已，均包括数据处理系统、显示控制系统、记录设备、模拟训练设备和其他辅助设备等。

数据处理系统是指挥控制系统的核心，硬件部分主要包括专用计算机、专用交换机等设备，软件主要是作战指挥控制软件。战术级指挥控制的功能实现及能力在很大程度上取决于指控软件系统的质量。指挥控制系统的软件除了配备作战软件和必须的系统支持软件外，还配用使用维护需用的监测诊断软件和模拟训练用的软件。

战术单元指挥控制系统的显示控制一般由显示处理机、显示屏、人机接口（键盘、操纵杆、光笔、模球、数字化仪等输入控制）以及相应的显控应用软件组成，由这些设备组装成的显控台是指挥员或操作员实施与计算机对话以及发射控制、下达指令的所在。显控台显示战斗所需要的信息、辅助作出决策、完成目标分配控制和导弹发射动作，也能监视武器系统工作状态，监视控制指令执行情况。

2）目标搜索（指示）雷达

配属于战术单元指挥控制系统的搜索雷达用于发现目标并测定其坐标、识别目标、向机动或固定指挥所发送目标信息。作战时，搜索雷达录取搜索目标坐标，并根据指挥控制系统的指令识别目标，通过有线或无线方式将信息传至战术单元指挥控制系统。

3）通信系统

战术单元通信系统由设在指挥所和各指控车上的通信终端设备和相互沟通的有线和无线信道组成。它既要满足系统内各组成设备间安全、可靠、不间断传递指挥命令和控制指令的需要，也要考虑沟通与友邻和上级指挥控制中心联络的需要，包括话音通信和数据传递。

战术单元一级指挥控制中心担负着多个火力单元间作战协调的任务，必须保障散布整个地域内的火力单元、上级指挥中心和友邻部队间的通信网通畅。一般要采用无线通信，必要时还要设立中继通信站，组成网状拓扑结构的通信网络，由通信控制计算机进行通信信道管理、路由自动选择，以便在局部信道受损时维持必要的通信联络。

常见战术单元典型通信方式包括短波通信、微波通信、散射通信和战术军用数据链系统等。

4）其他设备

战术级指挥控制系统还具备与预警探测网络、友邻作战部队、火力单元和其他所属部队的通信接口设备，监测设备工作状态的测试仪表设备以及模拟训练用的目标模拟器等辅助设备等。

6.2.2 火力单元指挥控制系统

1. 主要功能

为满足地空导弹武器系统作战过程事件要求，地空导弹武器系统指挥控制分系统的主要功能如下。

1) 战斗过程的管理和控制

战斗过程管理和控制是地空导弹指挥控制系统的核心功能。通过不间断地收集、处理和评定有关作战态势的信息，进行决策，产生对指挥或指挥控制对象的作用（信号、指令、指示），并将执行的结果反馈形成新的指挥控制决心的战斗循环管理，如图6-1所示。

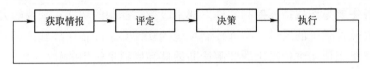

图 6-1 战斗过程管理和控制功能示意图

整个作战过程步骤主要包括：部队及武器系统战斗准备状态转进；根据预警和粗略的目标指示，组织系统内部的搜索跟踪装置，尽快截获和锁定目标，转入自动跟踪，建立起目标航迹；对重点目标，根据预测的命中点坐标和武器系统的射击禁区和火力管制状态，进行拦截适宜性评估；完成发射允许条件判断、发射决策（确定发射时机、发射间隔、射击方法等）、目标分配（包括发射装置和导弹数量的分配）、射前参数装订；发射导弹控制、截获导弹控制与制导通道控制、监控拦截；最终进行杀伤结果评定和确定火力转移等。

2) 显示控制

显示控制是指挥控制系统的主要人-机界面，一方面它将经综合后各种情报信息和拦截方案以图形、数据、文字、信号及图像的形式提供给指挥员和操作员，同时也接受指挥员和操作员的决策和控制指令，以适当的形式传送给指控设备。显示控制系统在系统的测试、训练、初始化、作战拦截的不同阶段，都是对系统进行监视和操作控制的中心。

3) 作战过程记录和重演

对作战过程中所形成的各种数据、图形、图像、信号及指挥口令、战斗过程等进行记录，并能按作战的时序进行重新演示，较真实直观地重现战斗过程，是分析战例，判断敌方空袭的战术、技术手段及特点，总结作战经验，研究新的战术，改进系统特别是作战软件和训练仿真软件系统的重要手段。

4) 训练模拟

可模拟典型战斗模式的态势生成、信息获取与处理、指挥决策和战斗行动效能评估，满足火力单元指挥人员模拟训练需要。

除了能进行火力单元本级的模拟训练外，还可以进行两级或多级指挥控制系统的合练。

5) 作战值班和训练

担负日常战备任务，可实时接收上级的命令指示，获取友邻及上级的情报信息，指挥部队等级转进；实时接收战场态势、空中目标信息和上级的命令指示，指挥火力单元对空作战；组织部队开展日常训练。

6）通信功能

通信是实现地空导弹指挥控制系统有效的指挥与控制的手段，是系统设计的关键要素之一。现代地空导弹指挥控制系统通常以分布式通信网络为基础，要求通信具有较强的互通能力、低延时、低误码率、高数据率，抗干扰等特性，并具有局域通信、地域通信和远距离通信的多级组网能力。通信网络是否能够准确、迅速地传输各种信息往往决定了指挥控制系统能否发挥正常的功能，能否使指挥控制设备与武器系统各部分形成整体战斗力。没有通信，就不可能实现有效的指挥控制。

7）测试与维修

测试是指在进行战斗准备时所进行的系统功能检查。系统功能检查一般应通过显示控制台上的测试页面，集中控制进行。

为了自动检测确定各分系统是否处于良好状态，供指挥员下达作战决心，必须对分系统进行实时的监视性检测。检测的结果应以适当的形式显示出来，必要时产生音响告警。

维修是指使系统保持、恢复或改善其规定技术状态所进行的各种活动，通过维修应能保持设计所赋予的维修性水平，缩短平均维修时间，是提高武器系统战斗准备状态概率的最重要的因素。用机内检测设备和计算机软件控制的显示辅助维修，是新一代防空兵器的重要设计特性。

2. 基本组成

地空导弹火力单元指挥控制系统主要承担值班训练和射击指挥两大任务，它主要由固定指挥所设备、指挥与火力控制设备、目标搜索指示雷达、雷达信息处理设备、显示与控制设备、通信与接口设备以及其他设备等组成，如图6-2所示。

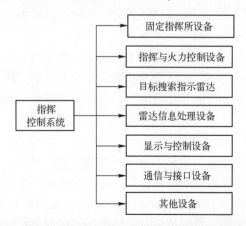

图6-2 地空导弹火力单元指挥控制系统主要组成

1）固定指挥所设备

为了满足日常值班或训练要求，在固定指挥所内也会设置固定的指挥控制系统。它是整个作战过程的指挥控制中心，也是与上级指挥所、友邻指挥控制系统及外部雷达信息源的信息交换中心。主要包括：数据处理系统、显示控制系统、记录设备、模拟训练设备和其他辅助设备等。

2) 指挥与火力控制设备

指挥与火力控制设备进行火力单元指控信息的采集、存储、处理和传送，把整个武器系统的所有功能部件联结成为一个有机整体。主要完成选择目标、敌我识别、目标威胁评估、目标分配、导弹发射决策、导弹发射控制和射击效果判断等功能。火力单元指挥与火力控制设备通常由主控计算机及作战决策软件等组成。作战应用软件是全系统的核心，其功能模型、工作逻辑和算法是指挥控制的基础。

3) 目标搜索指示雷达

火力单元指挥控制系统通常配备一部或多部目标搜索指示雷达。本级指挥控制系统可以接受上级或预警情报网给出的来袭目标预警空情，完成本级的目标搜索、探测。目标指示雷达形成的近方目标数据输出到本级指挥控制系统中，用于火力单元目标分配和指示。通常，为填补低空探测盲区，提高对低空目标的探测能力，许多地空导弹指挥控制系统还增配了专门用于探测低空目标的低空搜索雷达。如"霍克"改进型的连续波搜索雷达，С-300ПМУ 的低空补盲雷达等。

4) 雷达信息处理设备

雷达信息处理设备是指安放在指挥控制设备（车、方舱）内的雷达信息处理设备，处理包括制导雷达在内的各种搜索雷达、其他传感器（红外、激光、电视跟踪器等）提供的目标数据，用于完成各种传感器和制导雷达信息进一步处理、综合和融合，最终形成统一的信息态势，保障雷达稳定连续地自动或半自动跟踪目标。

5) 显示与控制设备

显示和控制是指挥控制系统必备的功能，它通过图形、表格、图像、波形、声光等形式，为战勤人员提供作战相关信息，是进行作战判断和决策的基础。这些信息包括：空情信息、系统状态、工作或故障状态、射击指挥决策辅助信息等。

与此同时，必须通过各种人机接口装置，将指挥人员的决心和对武器系统或设备的操作，转化为战斗行动的指令和各种控制指令。

显示和控制也是对系统战斗过程进行监视和执行必要的人工干预必不可少的基本手段。在某些特殊的战斗条件下，如遭受饱和攻击，敌方电子干扰，或其他紧急情况，造成信息饱和导致系统过载等情况，必须采用显示与控制设备上的人机界面完成人工指挥控制功能。

6) 通信和接口设备

通信设备是用于传输语音、数据、指令和图像等信息的有线和无线数据传输设备，如电话、电台、数据链路和通信中继设备等。接口设备用于本级指挥控制设备与上级指挥控制设备、友邻（协同）指挥控制设备、搜索雷达及武器分系统本身子系统互联互通接口，完成数据格式转换、数据传输时间编排和传输内容安排等。有的接口设备装在指控车（舱）内，有的还专门有接口设备车与通信设备天线配置安装在一起。

7) 其他设备

如模拟检查训练设备、供电设备、运输和辅助设备等。

模拟检查训练设备按预定空情控制产生模拟目标信号、雷达信号、电子干扰信号和其他数据或逻辑信号，用于检查武器系统功能设备和训练指挥员、操纵员。

思 考 题

1. 防空作战指挥控制的层次有哪些？
2. 什么是地空导弹火力单元指挥控制系统？
3. 武器系统层指挥控制的构成是什么？
4. 地空导弹火力单元指挥控制系统由哪些部分组成？
5. 地空导弹火力单元指挥控制系统的作用是什么？
6. 地空导弹火力单元指挥控制系统有哪些功能？

第 7 章　支援保障系统

良好的武器系统要求具有能随时执行作战任务和在任务期间能持续执行作战任务的能力。要使地空导弹武器系统在平时的战备训练和战时执行作战任务中保持其设计功能要求并持续发挥其作战效能，就需要支援保障系统提供有效的保障。

7.1　支援保障系统概述

7.1.1　支援保障系统构成

支援保障系统是指除作战装备外服务于防空作战任务的其他武器系统的统称，主要由使用保障装备和维修保障装备组成。使用保障装备的主要任务是为地空导弹武器系统作战或训练提供直接支援，如导弹运输装填车、导弹测试车等。而维修保障装备，主要是为地空导弹武器系统提供维修保障支持，使武器系统处于良好的技术状态，能担负战备训练和防空作战任务，如机械维修车、备件车等。

7.1.2　使用保障装备

使用保障装备主要是指对装备作战、训练、机动等提供直接支援的保障装备，不同型号的地空导弹武器系统，其使用保障装备种类不完全相同，主要有以下几种。

（1）导弹装填装备，是武器系统重要的直接支援保障装备之一，担负对导弹发射车导弹的装填和退弹的任务，以及导弹的运输和阵地转移。导弹的装填可在发射阵地和技术阵地进行。导弹装填装备主要由位置检测系统、机械系统、液压系统、控制系统、电源和载车等组成，其中机械系统主要包括导弹支承装置、吊机和吊具。

（2）导弹运输装备，又称导弹运输车，其功能为从弹库往阵地运送导弹以及装载导弹进行阵地转移和公路行军。导弹运输车主要由底盘、支承装置和附件组合而成。

（3）制氮充氮装备，一般为车载移动式的，主要为导弹储运发射筒补充氮气提供气源。由载车、空气压缩机、冷却干燥器、制氮机和气罐等设备组成。

（4）吊装装备，俗称吊车，主要用于方舱拆卸、维修时的大件拆装以及车队在行军中故障、泥泞路上的牵引等功用。

（5）特种车辆底盘，是武器系统承载和机动运输的平台，用于实现快速、机动作战的目的。该底盘是为装填车提供行驶动力和运输、装填工作平台。上装设备通过各自增设的专用接口安装在底盘上，底盘承载上装设备进行公路运输和阵地转移。

（6）其他辅助设备，如专用设备运载车，简称运载车，用于运载专用设备，并在需要时将专用设备及时提供到指定地点。

7.1.3 维修保障装备

维修保障装备是指对地空导弹武器系统进行预防性维修和故障修复所需的装备，不同类型地空导弹武器系统，其维修保障装备的种类和名称也不完全相同，主要有以下几种。

（1）机械维修车，主要用于在发射阵地或在维修中心对作战装备及支援装备进行机械维修，维修内容包括液压系统、空调系统，车辆轮胎、动力系统和上装装备有关的零部件。机械维修车由一个维修用方舱、汽车底盘、舱内外装备及配电系统组成。

（2）机械备件车，主要用于对地面作战装备和地面支援装备的机械装备中出现故障或失效的部件、组件提供备件，并支援营层维修，为其提供标准件、通用件和小型备件。备件车主要由备件柜、配电系统、工作台、备件管理系统、驻车自取力发电及控制系统、空气调节系统、汽车底盘、方舱等组成。

（3）电子维修车，主要用于检测和修复从武器系统的基层级送来需要修理的电子外场可更换单元（包括印制电路板和插件单元等）。电子维修车具有自动和人工检测能力，能对营层维修不能检测定位的组件、插件等进行故障诊断和定位并修复。电子维修车主要由载车、标准方舱、电子维修间组成。电子维修间包括方舱、自动测试与故障诊断装备、修理装备、测试接口等部分。

（4）电子备件车，用于储备、安装、运输、管理地空导弹武器系统电子维修备件，以保证整个武器系统能长期正常工作。整车采用载车上装方舱运载体制，方舱内安装电子备件机柜。电子备件车主要由载车、方舱、备件柜、备件管理系统及故障件柜组成。电子备件车现在只装载武器系统部分车辆的基层级电子备件。

7.2 典型使用保障装备

7.2.1 半自动运输装填车

半自动运输装填车（简称装填车）主要用于筒装导弹的运输和装填。它能携带4发导弹进行阵地转移或由技术阵地进入发射阵地。

1. 功能

装填车能携带4发导弹进行阵地转移，具有调平并保证调平精度的能力。装填车为自行式机动方式，采用吊装方式对发射车进行装填。主要功能如下。

（1）可携带导弹进行机动运输和阵地转移。
（2）可实现自主供电。
（3）具有调平、并保证调平精度的能力。
（4）将导弹或者空筒吊装到装填车或者导弹运输车上。
（5）具有连续装填能力。
（6）快速从发射车上卸下空筒并将导弹从装填车或导弹运输车装上发射车。
（7）吊装导弹运输车上的导弹停放架。

2. 工作方式

装填车的工作方式是在固定阵地上采用吊装的方式进行导弹的装填操作。

在计算机的控制下，可自动完成对垂直发射车（以下简称发射车）装卸 4 发导弹的任务要求；也可在手动控制（包括有线和无线控制）下从装填车或导弹运输车向发射车装卸导弹。

3. 组成

装填车主要由载车、液压系统、控制舱内装电机启动控制柜、信号采集系统、随车吊机、位置检测装置、取力发电装置、导弹支承装置、吊具和装填车控制软件等组成。装填车组成如图 7-1 所示。

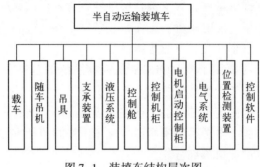

图 7-1 装填车结构层次图

7.2.2 导弹运输车

1. 功能

导弹运输车作为地空导弹武器系统的主要使用保障设备之一，是专用的导弹运载工具，它具有以下功能。

（1）从弹库往阵地运送导弹。

（2）装载导弹进行阵地转移和公路行军。

导弹运输车可运载若干发导弹，具有良好的越野性能、通过性及稳定性。导弹运输车必须和具有相应吊装能力的起吊装置（如吊车或天吊）、吊装导弹的专用吊具配套使用。在整个武器系统中，导弹运输车主要完成弹库间、弹库与阵地间的导弹转移，或向阵地上的发射车提供导弹。一般情况下，在弹库内由天吊完成导弹的装卸作业，在阵地上由半自动运输装填车完成导弹的装卸，或者也可以由有足够起吊能力的吊车完成导弹的装卸。

2. 组成

不同的武器系统其导弹运输车的组成不尽相同，大多数地空导弹武器系统的导弹运输车主要由载车、导弹停放架和副车架等组成。

7.2.3 吊车

吊车是地空导弹武器系统重要的支援保障设备之一，是地空导弹武器系统的直接支援车辆，主要用于吊装大型设备及其他重物。目前装备中有多种吊车设备，其结构及工作原理基本相同，差别在于起吊能力不同。

1. 功能

吊车主要功能是运用配套专用的吊具（钢丝绳和吊钩等），完成对导弹、雷达舱以及其他重物的吊装工作。

2. 组成

吊车主要由载车、取力器、转台、主副臂、伸缩机构、变幅机构、回转机构、起升机构、支腿机构、操作室、安全装置、钢丝绳、臂端单滑轮等组成。

7.3 典型维修保障装备

7.3.1 机械维修车

机械维修车是针对地空导弹武器系统现场维修的一种维修保障装备，主要用于在现场或在维修中心对作战装备及保障装备进行机械维修。

1. 功能

（1）具备车、铣、钻、磨、焊接、切割等作业能力，能实现部分零部件加工和机械修复。

（2）液压油过滤，油液污染度、水分检测。

（3）具备汽车发动机应急启动、汽车蓄电池充电能力，校验和测定柴油机喷油器开启压力、雾化质量、喷油角度和针阀密封性，可调压缩空气实现设备检漏、除尘、喷漆等维修作业，并可带动气动工具。

（4）可完成空调设备的抽真空、打压检测、充冷媒、管路检修、电路检修等工作。

（5）自取力发电系统除可为车内设备供电，还可作移动电站使用，对武器系统其他装备应急供电。

2. 组成

机械维修车主要由军用载车、维修方舱、维修设备等组成。

（1）军用载车由军用汽车底盘、承重底板、旋锁机构、后门梯、悬挂式螺旋千斤顶、驻车自取力发电系统及工具箱、附件箱、电缆箱等组成。驻车自取力部分安装在汽车驾驶室内，发电机安装在汽车底盘下，更好地满足了阵地支援抢修的实时应急供电要求。

（2）维修方舱是装载、储存维修设备的工作间。主要由方舱舱体、配电系统、通风照明系统、空调系统等组成。

（3）维修设备主要包括工作台柜、多功能车床、钻铣床、精细滤油车、智能型油液质量检测仪、空调维修设备、卤素检漏仪、喷油嘴校验器、氢氧焊/电焊接一体机、启动电源、台式砂轮机、砂轮切割机、台式虎钳、划线平台、直流电源和逆变电源、计算机管理系统等。

维修工具包括通用电动工具、气动工具、钳工工具、土木工具。

7.3.2 电子维修车

电子维修车主要是将更换下来的电子设备现场可更换单元（LRU）进行检测，将故障隔离到元器件或元器件组等内场可更换单元（SRU）并维修，并可根据需要直接靠前支援基层级装备的测试、故障定位及维修。

电子维修车是地空导弹武器系统维修保障装备之一，它产生被测对象需要的供电及激励信号输入，利用通用仪器对被测对象的输出进行采集并进行产品状态识别，确定被测对象是否故障，并对故障产品进行故障诊断，最终将故障隔离到元器件或元器件组等SRU并维修。电子维修车拥有模拟、数字和微波等3类激励、测量和输入/输出资源，车内的自动测试设备（ATE）采用了可互换虚拟仪器规范和接口标准，使之具备相同的对外测试接口，可实现仪器互换，具有良好的资源复用性，便于未来的扩展。整车具备良好的减震措施，适应于多种运输条件。

1. 功能

（1）将更换下来的电子设备LRU进行检测，将故障隔离到元器件或元器件组等内场可更换单元（SRU）并维修。

（2）可进行故障诊断检测和修理的电子设备LRU主要包括数字、模拟、微波等3类电路板。

（3）利用车载自动测试设备（ATE）产生被测对象需要的供电及信号输入，对被测对象的输出进行采集并进行产品状态识别，确定被测对象是否故障，并对故障产品进行故障诊断。

（4）对检测确定故障的LRU进行进一步故障诊断定位，利用随车工具对故障LRU进行部分修理。

（5）根据需要直接靠前支援基层级装备的测试、故障定位及维修。

（6）能够记录LRU的维修测试信息，并对随车备件信息进行管理。

2. 组成

主要由载车、方舱、自动测试设备、备件机柜、工作台、柴油发电机组、复杂集成电路测试设备、修理设备等组成。电子维修车主要设备如表7-1所列。电子维修车基本组成框图如图7-2所示。

表7-1 电子维修车组成

序号	设备名称	数量	序号	设备名称	数量
1	自动测试设备	1	6	备件机柜4	1
2	复杂集成电路测试设备	1	7	方舱	1
3	备件机柜1	1	8	载车	1
4	备件机柜2	1	9	12kW柴油发电机组	1
5	备件机柜3	1	10	修理设备	1

7.3.3 通用备件车

备件车是地空导弹武器系统重要的支援保障设备之一。主要用于对地面作战装备和地面支援设备的机械设备中出现故障或失效的部件、组件提供备件；并支援基层维修，为其提供标准件、通用件和小型备件。目前，大多数装备的备件车是通用备件车，通用备件车作为一种新型通用的备件器材装载平台，可完成地空导弹武器系统基层级和中继

第7章 支援保障系统

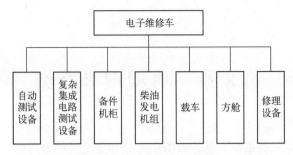

图 7-2　电子维修车组成框图

级电子、机械备件储运的需要,并可作为移动电站使用,是地空导弹武器系统的直接支援车辆。

1. 功用

(1) 完成地空导弹武器系统基层级和中继级电子、机械备件的储存和运输。

(2) 可作为仓库周转器材的储存平台。

(3) 实现备件的电子化库存管理,具有备件的建库、管理、浏览、列表、查询、统计、报表等功能。

(4) 空气调节系统具有调温、通风和除湿等多种功能,有利于改善车内的工作环境。

(5) 配备有驻车自取力发电与控制系统、逆变电源组合,可满足各类阵地条件下通用备件车的应急用电要求,还可作为移动电站使用。

2. 组成

通用备件车主要由备件柜(含备件箱和抽屉)、配电系统、工作台、备件管理系统、驻车自取力发电与控制系统、空气调节系统(含空调、除湿机、暖风机)、特种汽车底盘、方舱等组成。

思 考 题

1. 地空导弹武器系统的支援保障系统基本组成是什么?
2. 地空导弹武器系统的使用保障装备的组成及用途是什么?
3. 地空导弹武器系统的维修保障装备的组成及用途是什么?
4. 半自动运输装填车有哪些功能?
5. 导弹运输车有哪些功能?
6. 机械维修车有哪些功能?
7. 电子维修车有哪些功用?
8. 通用备件车有哪些功用?

第 8 章 典型型号介绍

防空型地空导弹武器系统,其拦截的主要目标是空气动力目标,而非弹道类目标。

8.1 防空型地空导弹武器系统

8.1.1 С-300ПМУ 地空导弹武器系统

С-300ПМУ 是俄罗斯 С-300П 系列的一种批量装备型号,它采用的许多技术,如大型多功能相控阵天线、TVM 制导、多目标跟踪等,成为第三代地空导弹武器系统的标准技术。

1. 功用与组成

1)功用

С-300ПМУ 是全天候、大空域、多通道、机动式第三代地空导弹武器系统,主要用于要地区域防空和机动作战,用以对付大规模空袭的各种飞机、巡航导弹、空地导弹及其他战术导弹。

С-300ПМУ 地空导弹武器系统的最小作战单位(作战火力单元)是地空导弹营,协同作战单位是地空导弹旅或地空导弹团。根据作战目的的不同,С-300ПМУ 地空导弹营可以进行独立作战,也可以在地空导弹旅(团)指挥下进行协同作战。

С-300ПМУ 地空导弹营独立作战时,可以依照其照射制导雷达及营内目标指示雷达对空搜索发现目标,能对下列目标进行有效射击。

(1)来自任何方向的单个目标。

(2)来自任何方向分批进入的单个目标。

(3)来自某一方向的集群目标。

(4)来自不同方向的分批进入的集群目标。

(5)±55°方位角范围内,目标个数应不多于 6 个的同一批目标。

С-300ПМУ 地空导弹营协同作战时,能够充分发挥地空导弹营装备的作战效能,在对大规模空袭、突发性空袭、战术导弹袭击等方面具有独立作战所不具备的一些特点,可以对来自任何方向的单个或集群目标进行有效射击。

2)组成和配置

根据上级的指示和担负的作战任务,С-300ПМУ 地空导弹营既可进行作战装备的标准配置,也可进行最小配置;既可进行独立作战,也可进行协同作战。

每个 С-300ПМУ 火力单元由 1 部照射制导雷达、1 部低空补盲雷达、1 部三坐标雷达、1 辆地形联测车、8 部发射装置、32 枚筒弹、电源车、配电车和导弹装填车等支援保障系统组成。

2. 主要战术技术性能

1) 多目标能力

(1) 同时跟踪目标数：6批。

(2) 同时射击目标数：6批。

(3) 同时引导导弹数：12发（2发/目标）。

2) 武器系统战斗及战斗准备使用状态

行军状态：处于行军移动或撤收状态，这时各车辆通过无线短波电台进行联络。

展开状态：装备在已测量、标定过的阵地展开，各战斗车辆就位，相互连接好，设备舱内温度正常，装备未通电。

值班状态：供电设备正常供电，各战斗车辆通电，部分设备加电预热、检查，装备状况良好。

战斗准备状态：所有设备通电，随时可以执行战斗任务。

3) 武器系统反应时间

目标发现至导弹发射的反应时间<20s。

4) 目标高度

25m～27000m。

5) 最大拦截距离

75km。

6) 攻击目标类型

该系统可射击有源干扰掩护下的目标，也可射击有源干扰机和集群目标；对于有确定坐标的地面或海上目标（$R<30$km），可按非自动化指挥方式进行射击。

7) 工作能力

连续工作时间为24h。

8) 海拔高度

小于3000m。

3. 技术特点

(1) 全天候、大空域、多通道。С-300ПМУ地空导弹武器系统几乎可以在任何气候条件下正常工作；杀伤远界可达75km，高界可达27km，低界可达25m；可同时引导12发导弹射击6批目标。

(2) 反应迅速、机动性好。С-300ПМУ地空导弹武器系统可采用自主供电技术、遥码通信技术和定标定向技术使武器系统的行军转战斗或战斗转行军时间缩短为5min；武器系统中的主要作战装备全部使用机动式车辆牵引，其他设备均采用移动式车厢结构，公路行军速度可达30km/h；导弹采用贮存、输送、发射一体化筒式结构和垂直发射技术，照射制导雷达采用高度的自动化控制技术使发射反应时间缩短为20s；发射时间间隔可缩短为3s。

(3) 制导精度高、杀伤概率大。С-300ПМУ地空导弹武器系统采用相控阵雷达天线和单脉冲瞬时波瓣测角技术，使照射制导雷达的角度分辨力及测角精度大大提高；目标通道和导弹通道分别应用最佳中频相关滤波积累和准最优化视频滤波积累，大大提高了信噪比和对目标、导弹的跟踪精度；采用准连续波探测信号可同时测定目标的速度，从而大大提高了照射制导雷达对导弹的制导精度；导弹采用二元控制比例引导方法，综合利用了无线电指令制导和半主动寻的制导二者的优点，使制导精度几乎不受作用距离的影响，从而提高了命中概率。

（4）低空和超低空性能好。С-300ПМУ地空导弹武器系统的目标指示雷达和照射制导弹雷达均配备移动式通用高塔，将天线设备升到距地面19m的高度，从而减小了雷达低空盲区；雷达探测信号采用多种极化方式、动目标检测技术和波束先验定高技术克服各种消极干扰，以及目标镜像信号的影响，提高了雷达发现低空目标的能力和对低空目标的射击能力。

（5）抗干扰能力强，具有反空地导弹能力。

（6）可靠性高、自动化程度高、使用维护方便。

为了提高可靠性，С-300ПМУ地空导弹武器系统中的关键设备进行了热备份，在设备出现故障后可自动或手动转换到正常设备工作；另外，系统中广泛采用故障自动检测电路，发现故障快，排除时间短；采用自动保护电路防过载、防火灾、防违章操作，使故障率大大下降。武器系统可连续工作24h，若采用外部供电设备可连续工作48h。

由于采用数字计算机技术、状态检测技术和电子、机械自动控制技术，实现了战斗操作、模拟训练、功能检查、定期检查的高度自动化，在自动战斗操作状态，只需按一下发射按钮。排除故障有时只需更换一块插件；功能检查时间约160s，使用和维护非常方便。

8.1.2　С-300ПМУ-1地空导弹武器系统

С-300ПМУ-1是世界上目前少数几个具备反战术弹道导弹（TBM）能力的地空导弹武器系统之一。作为一种改进型装备，С-300ПМУ-1承袭了С-300ПМУ系统的主要设计思想与战术应用特点，针对原系统在使用过程中暴露出来的一些缺点和不足之处进行了全面改进，主要设备大多经过了重新优化设计，并融入了一些新的设计思想和技术成果，从而使该系统在总体作战性能上有较大提高，并在技术上更趋成熟和完善。

С-300ПМУ-1改是С-300ПМУ-1的一种局部改进型，主要提高了对目标指示的响应速度和雷达威力，系统组成和作战方式基本没有变化。

1. 功用与组成

С-300ПМУ-1地空导弹武器系统用于拦截空气动力飞机、巡航导弹、战术弹道导弹及其他空中目标，如反辐射导弹（ARM）、空地导弹、空飘气球等。

该系统主要用于要地（点）防空和区域战场防空作战，可进行以旅（团）、营为单位的机动转移作战，机动转移时可采用铁路、公路或航空、航海输送方式。

С-300ПМУ-1地空导弹团的组成如下。

（1）团指挥所：83M6E自动化指控系统。

（2）2~6个С-300ПМУ-1导弹营。

（3）导弹技术保障队：负责为各营贮存、输送和装填导弹，配备有专用场地、库房和导弹输送装填车辆。

（4）修理所：配备数字修理车和专用设备、移动式汽车修理站及蓄电池充电车，为营提供相应的维修支持，其中数字修理车专门用来修理照射制导雷达的综合数字计算机设备。

每个 C-300ПМУ-1 营主要由 1 部照射制导雷达、1 部低空补盲雷达、1 部三坐标雷达、1 辆地形联测车、8 部发射装置、32 枚筒弹、电源车、配电车和导弹装填车等支援保障系统组成。

2. 主要战术技术性能

1）C-300ПМУ-1 营作战设备战斗及战斗准备使用状态

行军状态：处于行军移动或撤收状态，这时各车辆通过无线短波电台进行联络。

展开状态：装备在已测量、标定过的阵地展开，各战斗车辆就位，相互连接好，设备舱内温度正常，装备未通电。

值班状态：供电设备正常供电，各战斗车辆通电，部分设备加电预热、检查，装备状况良好。

战斗准备状态：所有设备通电，随时可以执行战斗任务。

2）战斗准备时间

（1）行军转战斗：≤15min。

（2）展开转战斗：≤3min。

（3）值班转战斗：≤40s。

3）目标指示反应时间

（1）83M6E 目标指示：7s～11s。

（2）其他目标指示：17s～22s。

4）多目标能力

（1）同时跟踪、射击目标数：6 批；

（2）同时引导导弹数：12 发（2 发/目标）。

5）杀伤区

目标高度：25m～27000m。

拦截远界：150km。

6）单发导弹对目标的杀伤概率（不考虑导弹的可靠性）

（1）战略飞机、多用途飞机：0.7～0.93。

（2）巡航导弹：0.7～0.9。

（3）弹道导弹：0.5～0.7。

7）行军速度

（1）硬路面：60km/h。

（2）土路：30km/h。

（3）越野：10km/h～15km/h。

8）使用寿命

（1）大修前工作时间：10000h。

（2）使用年限：20 年。

3. 主要改进

与 C-300ПМУ 武器系统相比，C-300ПМУ-1 的改进主要包括以下几个方面。

（1）扩大系统的杀伤区。
（2）增加对 TBM 的射击能力。
（3）提高系统的协同作战能力。
（4）提高系统的可维护性与总体可靠性。

8.2　防空兼反导型地空导弹武器系统

防空兼反导型地空导弹武器系统，其拦截的主要目标是空气动力目标，但具有一定的拦截弹道类目标的能力。

8.2.1　C-300ПМУ-2 地空导弹武器系统

C-300ПМУ-2 是俄罗斯 C-300П 系列的最终型号。与 C-300ПМУ-1 相比，扩大了杀伤范围，并用全高度搜索雷达代替了三坐标雷达和低空补盲雷达，改善了营的独立作战能力。

1. 功能与组成

C-300ПМУ-2 相对于 C-300ПМУ-1 而言，主要增加了对弹道目标的拦截能力，更加强调自动化、网络化作战能力，在它的典型配置中，包括一部 83M6E2（83M6E 的改进型）和最多 6 个 C-300ПМУ-2 火力单元。

C-300ПМУ-2 战术单元（旅或团）的组成如下。

（1）83M6E2 指挥营：配备 83M6E2 自动化指控系统。
（2）2 个~6 个 C-300ПМУ-2 导弹营，配备 C-300ПМУ-2 地空导弹武器系统的主要装备。
（3）导弹技术保障队：负责为各营贮存、输送和装填导弹，配备有专用场地、库房和导弹输送装填车辆；配备专用设备、移动式修理站及通用充电车，为导弹营提供相应的维修保障支持。

2. 主要改进

C-300ПМУ-2 的主要技术指标和作战方式基本与 C-300ПМУ-1 武器系统相同，但在以下几个方面作了改进。

1）提高对战术弹道导弹的作战能力
（1）改进导弹制导算法，减少脱靶量，提高制导精度。
（2）改善引战配合效果。
（3）增加战斗部装药量，提高单枚破片质量，并改善战斗部爆破时的定向能力。

2）扩大了杀伤区远界
使用 48H6E2 导弹时，系统的杀伤区远界达到 200km。

C-300ПМУ-2 主要使用 48H6E2 导弹，它是 48H6E 的改进型，但 C-300ПМУ-2 也可兼容使用 48H6E 导弹。使用 48H6E 导弹时，杀伤区远界仍为 150km。

3）抗干扰能力的改进
将干扰对消天线独立出来，增加波束宽度，扩大与主天线的共波束范围，从而加大干扰源的对消角度范围。

4) 自主作战能力的提高

用全高度搜索雷达代替低空补盲雷达和三坐标雷达，该雷达不但作用范围完全覆盖低空补盲雷达和三坐标雷达，而且目标搜索和指示性能有大幅度提高。

全高度搜索雷达：作用距离 5km～300km，跟踪目标航迹数量 100 批。可由自主电源供电，也可使用外部电源或市电，该雷达与照射制导雷达之间可采用无线或有线连接方式。

8.2.2　C-400（凯旋）地空导弹武器系统

C-400 是俄罗斯金刚石-安泰空天防御集团研制的机动式多通道远程地空导弹武器系统，代号为 40P6，主要用于在复杂对抗条件下对付电子对抗飞机、预警机、侦察机、战略飞机、战术与战区弹道导弹、中程弹道导弹等目标。系统可独立作战，也可依据上级指挥所或外部雷达信息进行协同作战。信息源包括：友邻远中/近程地空导弹武器系统的雷达数据，与 30K6E 指控设备交链的上级指挥所的信息，航迹输出雷达和与 30K6E 指控设备交链的雷达提供的雷达数据。C-400 地空导弹武器系统于 20 世纪 80 年代开始研制，1999 年进行首次试验，2007 年 8 月正式装备俄罗斯部队。系统可采用多种导弹，包括原 C-300ПМУ-2 系统采用的 48H6E2、48H6E3，以及新研的 40H6E 导弹和 9M96 系列导弹。

1. 组成结构

C-400 地空导弹武器系统由 30K6E 指控系统、多种地空导弹、最多 6 套 98Ж6E 火力单元，一套 30Ц6E 型技术保障系统及其他辅助设备组成，如图 8-1 所示。

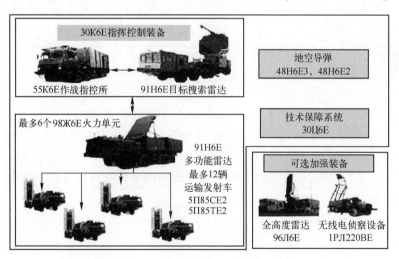

图 8-1　C-400 地空导弹武器系统构成

其中 30K6E 指挥控制系统包括 55K6 指控车和 91H6E 雷达，可选加强装备包括 96Л6E2 全高度雷达和 1PЛ220BE 无线电侦察设备。一个 C-400 地空导弹团下辖 1 个 55K6E 作战指挥所、1 部 91H6E 目标搜索雷达、6 个 98Ж6E 地空导弹营，每营下辖 1 部 92H6E 多功能雷达、12 辆运输发射车、运输装填车和若干导弹，还可增配 96Л6E 全高度雷达及其他设备等，其阵地部署如图 8-2 所示。

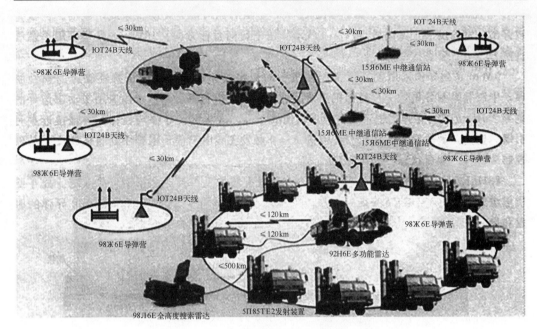

图 8-2　C-400 地空导弹武器系统阵地配置

C-400 地空导弹武器系统采用的导弹包括：9M96E 系列小型化导弹、48H6E 导弹、48H6E2 导弹、48H6E3 导弹，以及最大作战距离为 380km 的 40H6 远程导弹。

9M96E2 和 9M96E 导弹均有 4 个可折叠的尾翼和 4 个可转动的前翼舵，它们均在出筒后展开。导弹采用鸭式气动布局，即前翼为差动舵面，前翼舵中还带有垂直转弯用的燃气喷嘴。

9M96E 系列导弹 4 个尾翼装在可转动的环上，以减小鸭式气动布局产生的侧吹效应。导弹发射为冷发射，当弹射高度达 30m 时就靠燃气喷嘴进行转弯，并点燃发动机。

9M96E 系列导弹采用气动力与直接侧向力复合控制设计，从而保证在与目标遭遇段有更大的快速机动能力。导弹在 15km 处最大可用过载为 $60g$，120km 处最大可用过载为 $20g$，脱靶量降低到 0.4m。直接力是通过公共燃烧室生成燃气和装在导弹质心附近的 24 个可控的微型喷管（共 2 圈，每圈 12 个）组成的侧向推力发动机系统产生的。拦截弹被弹出一定高度后，发动机点火，在气动作用下转向目标方向。9M96E2 导弹采用了燃气直接力矩式姿态控制。

9M96 系列导弹采用复合制导。在飞行的初始段和中段采用抗干扰性能好的惯性制导，中制导靠制导雷达针对目标机动情况进行无线电指令修正，在末段采用主动雷达寻的制导。9M96 系列导弹采用定向破片式杀伤战斗部，战斗部在导弹与目标要害最接近点时引爆，提高了破片的密度和威力。引信采用非触发无线电引信，根据不同目标和交会条件控制战斗部的起爆状态和起爆时刻。

48H6E3 导弹采用了新型制导算法，以及最有利的飞行弹道和新型引战系统。战斗部质量增大到 180kg，以更有效地杀伤来袭的战术弹道导弹。48H6E3 和 48H6E2 导弹的射程和导引头等有所差别，但其结构和部位安排与 48H6E2 导弹类似，如图 8-3 所示。

40H6E 导弹用于毁伤现代有人驾驶与无人驾驶空袭兵器，包括高精度武器及其投

第8章 典型型号介绍

图 8-3 48H6E3 导弹结构图

送平台，预警机，高超声速巡航导弹，战役战术弹道导弹，最大速度为 4800m/s 的中程弹道导弹。

C-400 地空导弹武器系统对目标的探测与跟踪，由团级 30K6E 作战指控系统配备的 91H6E 目标搜索指示雷达、火力单元级 92H6E 多功能雷达实现，同时用于制导导弹。搜索雷达通过 30K6E 指控系统配备的 55K6E 指挥车向火力单元提供信息。

55K6E 作战指挥车组成包括 H9K 设备舱、H90 底盘和 55K6E-ПО 软件等，可采用如下来源的数据：91H6E 雷达、98Ж6E 地空导弹武器系统和 C-300ПМУ-2、C-300ПМУ-1 地空导弹武器系统雷达、上级指挥所、友邻 30K6E 和 83M6E（E2）指挥所和雷达网、友邻地空导弹武器系统、航迹输出雷达（96Л6E2）、电子侦察雷达、近程地空导弹武器系统雷达、战地指挥所；可指挥的系统包括 98Ж6E、C-300ПМУ-2、C-300ПМУ-1、道尔地空导弹武器系统，以及 "铠甲" -C1 弹炮结合系统。

91H6E 为 S 波段三坐标相控阵雷达，抗干扰能力强，用于向 55K6E 指挥所提供数据保障；搜索跟踪空气动力目标和弹道目标；识别敌我目标，并向指挥所输出航迹和数据；测定有源与无源干扰源方向；向指挥所发送有关地空导弹武器系统作战区域内有源和无源干扰信息和雷达监视状态等数据。

91H6E 雷达组成包括 H6E 接收/发送舱；带导航系统的 HSE 设备舱；7415-9988 供电车（带自主供电设备）及备件。

91H6E 雷达采用双面相控阵天线，可以保证抗干扰能力，进行干扰环境分析、载波频率脉间重调，引入专门的扇区高威力扫描工作状态。天线工作状态有环扫和扇扫两种状态：在环扫状态下，天线进行机械方位旋转，相控车天线阵面做两维电扫；在扇扫状态下，天线轴停转，并倾斜，做两维电扫。雷达探测距离为 600km，探测方位角为 360°，常规视界下的高低角为 13.4°，跟踪时的高低角为 55°，在扇形区域的高低角达 75°；发现米格 21 类型飞机的距离为 260km；雷达扫描周期在常规视界下为 12s，在目标跟踪时为 6s~12s，雷达展开时间为 5min。

H6E 多功能雷达是 98Ж6E 地空导弹武器系统的火力单元级雷达，主要任务包括：判定目标国籍；选择要拦截的目标；自动决策导弹的准备、发射、截获、跟踪和制导；评估作战效果。由 H1E 天线舱、H2E 设备舱、H20E 自行式设备底盘组成。

92H6E 多功能相控阵雷达工作在 X 波段，对雷达截面积为 $16m^2$ 的气动目标探测距离为 340km，对雷达截面积为 $0.4m^2$ 的弹道目标，探测距离为 185km。雷达高低角为 $-3°~85°$，方位角为 90°，可跟踪 40 批目标，同时拦截 10 个目标，同时制导导弹 20 枚。雷达阵面由 5 个天线阵组成，包括 1 个主阵面和 4 个旁瓣对消和旁瓣抑制辅助阵面，还有 1 根垂直的通信天线，如图 8-4 所示。该雷达可自动与 30K6E 指挥所交换信息，具有多种发射波形以及可变的对目标和导弹发射信号时序。

图 8-4　92H6 多功能相控阵雷达

С-400 采用 3 种型号发射装置，分别为 5П85ТЕ3、5П85СЕ3 和 51П6Е。每部发射装置可装载不同类型、不同数量的导弹，均可自动进行发射前准备和发射导弹。5П85ТЕ3 和 5П85СЕ3 发射装置主要用于运输、存储 48Н6Е、48Н6Е2 和 48Н63 导弹，51П6Е 发射装置用于运输、存储 40Н6Е 和 9М96Е2 导弹。这 3 种型号发射装置分别采用 БАЗ-6402 轮式底盘、МЗКТ-543М 轮式底盘和 МЗКТ-7930 型轮式底盘。发射装置除底盘外通常还包括液压起重设备、自主供电系统、装填与发射装置、通信设备、成套备件等。

一个 С-400 地空导弹营通常配备 12 部发射装置，每部发射装置配备 4 枚装在贮运发射箱内的导弹（若使用 9М96 系列小弹，发射装置上可装 16 枚筒弹）。发射车与制导雷达站之间可以远距离部署，以扩大系统的杀伤空域。与其他系统相比，С-400 地空导弹武器系统发射装置上装有很高的通信天线，以便与指挥控制中心进行通信。

2. 主要战术技术性能

С-400 主要战术技术性能如表 8-1 所列。

表 8-1　С-400 地空导弹武器系统主要战术技术性能参数

导弹型号	9М96Е	9М96Е2	48Н6Е2	48Н6Е3	40Н6Е
对付目标	战略战术飞机、预警机、隐身飞机、巡航导弹、精确制导武器以及战术弹道导弹等，目标最大飞行速度为 4800m/s					
最大拦截距离/km	40	120	200	250	380（气动目标） 15（中程弹道导弹）
最小拦截距离/km	1	1.5	3	—	5

续表

导弹型号	9M96E	9M96E2	48H6E2	48H6E3	40H6E
最大拦截高度/km	20	30	27	27	30
最小拦截高度/km	0.005	0.01	0.01	0.01	0.01
平均飞行马赫数	2.2	2.6~3.5	5.9（最大）	5.9（最大）	3.5
机动能力/g	20	20	25	25	
制导体制	惯导+指令修正+主动雷达寻的	惯导+指令修正+末段TVM	惯导+指令修正+半主动雷达寻的	惯导+指令修正+主动和半主动寻的	
发射质量/kg	333	420	1800	1835	1893
弹长/m	4.3	5.65	7.5	7.5	8.4
弹径/mm	240	240	519	519	515
战斗部 类型	定向破片式杀伤战斗部				
战斗部 质量/kg	24	24	180	180	145.5
引信	无线电近炸引信				

3. 技术特点

虽然C-400地空导弹武器系统与C-300ПМУ系统非常类似，但外在的最明显的区别是C-400地空导弹武器系统所有的车载装置均装在新型车辆上或由新型拖车牵引，这些车辆均由俄罗斯和白俄罗斯研制和生产。此外，C-400地空导弹武器系统一些关键的改进包括：

（1）可发射包括近程、中程和远程等多种导弹，构成多层次防空屏障。

（2）采用新型定向破片式杀伤战斗部及相应的引信与战斗部配合技术，加大了战斗部单枚破片质量，杀伤威力提高3~5倍。

（3）采用功率强大的搜索雷达，系统的反导弹能力和对付隐身飞机的能力大大提高。

（4）采用惯性制导加指令修正和末段毫米波主动雷达寻的与半主动寻的结合的复合导引头，提高了制导精度和"发射后不管"的能力，提高了系统对付多目标能力。

8.2.3 C-500地空导弹武器系统

C-500（普罗米修斯）是俄罗斯金刚石-安泰空天防御集团研制的远程地空导弹武器系统，主要用于对付中近程弹道导弹，必要时对洲际弹道导弹进行中段和末段拦截；还用于高超声速巡航导弹、低轨卫星、有人和无人机等目标，保卫莫斯科地区、大城市、工业设施和重要的战略目标。C-500地空导弹武器系统能灵活地与C-300ПМУ系列、C-400和"铠甲"等系统协同，构建起梯次防空体系，是俄罗斯空天防御体系的核心装备之一。该系统于2004年开始初步设计，2013年进入系统试验阶段，2014年夏开始新型拦截弹飞行试验。2019年12月，俄罗斯国防部副部长表示，C-500地空导弹武器系统计划于2020年开始初步测试。2020年3月，俄罗斯金刚石-安泰空天防御集团某负责人表示，C-500地空导弹武器系统发射架、指挥车底盘、远程雷达运输车等正处于试验最后阶段，将于2021年签订采购合同，2025年开始部署。

1. 组成结构

目前还没有官方正式公布C-500地空导弹武器系统组成。但从公开的资料分析，C-500地空导弹武器系统由指控、防空和反导三部分组成。指控部分由85Ж6-1作战指挥车、60K6远程搜索雷达组成；防空部分由55K6MA作战指挥车、91H6AM多功能雷达、51П6M发射装置、40H6M导弹组成；反导部分由85Ж-2作战指挥车、77T6和76T6雷达、77П6发射装置、77H6-H和77H6-H1导弹组成。

C-500地空导弹武器系统采用3型导弹，即40H6M导弹、77H6-H导弹和77H6-H1导弹，如图8-5所示。

图8-5　C-500地空导弹武器系统的3型导弹

40H6M导弹是C-400地空导弹武器系统采用的40H6导弹的改进型，用于远程防空。导弹尾部进行了加长，在尾翼后增加一段加速发动机舱段。导弹质量为2500kg，战斗部质量为180kg，俄罗斯声称40H6M导弹具备反导、反高超声速目标能力。77H6H和77H6-H1导弹是C-500地空导弹武器系统的反导导弹，在9M82M导弹基础上改进而成。77H6-H和77H6-H1导弹外形、尺寸和质量接近，前者采用了定向破片式杀伤战斗部，后者采用了动能杀伤战斗部。77H6-H导弹主要用于拦截中程弹道导弹，制导体制为惯导+指令修正+末段雷达寻的制导；77H6-H1导弹主要用于拦截中远程弹道导弹和太空目标，制导体制为惯导+指令修正+红外成像制导。

60K6为有源相控阵雷达，工作在X波段，用于探测弹道目标，探测距离为2000km（有报道为1000km）。天线由数百个发射/接收单元组成，可同时跟踪5个~20个目标，能在9s内识别来袭目标类型，确定攻击次序，自动绘制出目标航迹，通过数字通信系统传输至机动指挥所，指挥所通过数字通信系统与上级指挥所和卫星通信。

91H6AM雷达工作在S波段，用于对空搜索、目标分配等任务，目标探测距离为600km~750km。

76T6多功能雷达在C-400地空导弹武器系统所使用的92H6雷达基础上发展而来，采用新的双圆柱状天线，具备探测中、近程弹道导弹的能力。77T6雷达是俄罗斯地空导弹武器系统首次使用的有源相控阵雷达，采用了砷化稼组件、自适应波束形成和控制、自适应旁瓣抵消、自适应波形和极化、光纤传输等一系列先进技术，最大作用距离为700km以上。76T6雷达与77T6雷达互相协作，前者覆盖近程、低空目标，后者主要负责中远程目标。

77П6 发射车使用 БАЗ-69096 型 5 轴底盘，可携带 2 枚 77Н6 反导拦截弹，拦截弹采用筒装冷发射，外形类似 С-300В 系统的 9М82 导弹，但体积、重量更大，如图 8-6 所示。

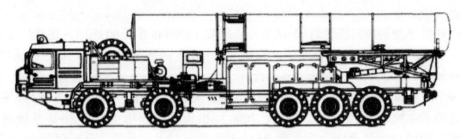

图 8-6　77П6 发射车

2. 主要战术技术性能

С-500 地空导弹武器系统主要战技术性能如表 8-2 所列。

表 8-2　С-500 主要战技术性能参数表

导弹型号	40Н6М	77Н6-Н	77Н6-Н1
对付目标	中近程弹道导弹、高超声速巡航导弹、低轨卫星、有人和无人机等		
最大作战距离/km	450（飞机）60（导弹）	150	700
最大作战高度/km	30	165	200
最大速度马赫数	—	10.6	—
制导体制	惯导+指令修正+主动雷达寻的	惯导+指令修正+末段雷达制导	惯导+指令修正+红外寻的制导
发射方式	倾斜	垂直	垂直
弹长/m	8.7	10.7	10.7
弹径/mm	0.575	1.12	1.12
发射质量/kg	2500	5200	5200
动力装置	固体推进火箭发动机		
战斗部	定向破片式杀伤战斗部		动能战斗部

3. 技术特点

С-500 地空导弹武器系统可用于保卫战略火箭兵阵地、舰队基地、大型工业区，在沿海地区与岸防部队配合，对敌形成拒止区域，是俄罗斯新一代空天防御导弹武器系统。也可以利用 С-500 地空导弹武器系统协同 С-400、С-300ПМУ 以及"铠甲"系统，形成防空反导保卫区，梯次抗击各类空袭，保卫最重要的基础设施、军事目标。

8.2.4　PAC-3（"爱国者"3）地空导弹武器系统

PAC-3 是美国洛克希德·马丁公司研制的一种陆基低层战区导弹防御系统，具有对付射程小于 1000km 战术弹道导弹的能力，也具有拦截巡航导弹和高性能飞机的能力。

PAC-3 系统是在"爱国者"地空导弹武器系统的基础上改进的，1989 年 4 月开始研制，1996年选定增程拦截弹（ERINT）作为PAC-3系统的导弹，1999年开始生产，2002年装备部队，2003年在伊拉克战争中经过实战检验。2004年8月，PAC-3导弹分段增强型（MSE）开始研制，2010年2月完成首次拦截试验，2016年7月具备初始作战能力。

PAC-3系统的研制经费约35亿美元。目前，美国部署了60个"爱国者"系统火力连，用于防御近程弹道导弹和巡航导弹，其中在美国部署了8个营共33个火力连，在海外部署了7个营共27个火力连。此外，德国、荷兰、日本、科威特、希腊、以色列等多个国家部署了PAC-3系统。至2020年，美国向中国台湾出售了7套PAC-3反导系统和444枚PAC-3导弹。其中，2008年出售合同包括4套PAC-3系统和330枚导弹；2010年出售合同包括3套PAC-3系统和114枚导弹，合同额为28.1亿美元，除导弹外还包括3部AN/MPQ-65雷达、9套AN/MSQ-133信息协调中心、1个战术指挥站、3套通信中继组、3个AN/MSQ-132交战控制站、26部M902导弹发射装置、5个天线杆，以及支援保障系统等。2020年7月，美国再次批准售台约6.2亿美元的PAC-3系统重新认证设备，更换将到期的组件并认证测试，以保持系统有效性。

PAC-3导弹的单价约为300万美元，PAC-3MSE导弹的单价约为330万美元（价格中考虑到导弹的研发费用）。

1. 组成结构

PAC-3系统由导弹、发射装置、AN/MPQ-65相控阵雷达、AN/MSQ-104交战与火力控制站和其他支援设备等组成。每个火力单元由1部雷达、1个交战与火力控制站和6~8辆导弹发射车组成，每辆发射车上带有16枚PAC-3导弹。

PAC-3导弹弹体呈细长圆柱形，前端是整流罩和雷达导引头，其后是由180个微型固体发动机组成的姿控系统以及杀伤增强装置，弹体的后半部是固体火箭发动机、在弹体重心稍后配有固定式弹翼和空气舵。

PAC-3导弹采用单室双推力固体推进剂发动机，发动机壳体由碳纤维环氧材料制成，发动机长为2.75m，直径为260mm，质量为195kg。

PAC-3导弹的主动雷达导引头工作在毫米波段，采用脉冲多普勒工作方式。导弹的机动由姿控系统与位于弹体后部的控制翼共同完成，姿控系统在导弹发射后初始段和末段保证对导弹的飞行控制，系统包括180个微型脉冲固体火箭发动机，排列成18列，每列10个。每个发动机的质量为41g，壳体为碳纤维环氧材料，最大推力为3237N，最大工作时间为23.3ms，由专门的电子点火开关接通。导弹在拦截战术弹道导弹时依靠直接碰撞动能杀伤方式摧毁目标，拦截巡航导弹或飞机时要启用杀伤增强装置。杀伤增强装置长度为127mm，质量为11.1kg，包括24个采用钨材料、质量为214g的杀伤块和炸药装药，由导引头测距信息通过双保引信引爆。

PAC-3采用的AN/MPQ-65相控阵雷达，执行对目标的搜索、跟踪、识别和对导弹的制导功能，如图8-7所示。

AN/MPQ-65雷达工作在G波段，对雷达截面积为$1m^2$的目标发现距离为3km~170km，最大目标探测数为100个，最大制导导弹数为9枚，雷达车质量为29t。PAC-3采用M901导弹发射架，安装在一辆M86OA1两轴半挂车的后面，自带15kW发电机、数

图 8-7　AN/MPQ-65 相控阵雷达

据链终端和电子组件,由一辆 M983HEMTT 牵引车牵引。每部发射架可装 16 枚 PAC-3 导弹或 4 枚爱国者-2 导弹。导弹采用定射角倾斜热发射,发射角为 38°。发射车可以远离雷达部署,最大间隔距离为 30km。

M902 型发射架是 M901 的升级型,对发射架的电子组件进行了升级,主要用于发射"爱国者"-2GEM 和 PAC-3 系列导弹。M903 型发射架的最新改进型,采用 M902 型发射架的电子组件,主要改进是为满足发射 PAC-3MSE 导弹需要。M903 型发射架可配置 4 枚"爱国者"-ZGEM 导弹,也可配置 16 枚 PAC-3 导弹,或者 12 枚 PAC-3MSE 导弹;也可采用混装配置方式,典型配置是 6 枚 PAC-3MSE 导弹和 8 枚 PAC-3 导弹。

导弹发射后靠惯性制导系统向预测的拦截点飞行,即主动雷达导引头截获的目标点飞行。在中段飞行阶段,导弹采用空气舵进行控制,空气副翼舵使导弹以 30r/min 的速度滚转旋转。导引头截获目标前将天线整流罩上附加的头部防热罩抛掉,导引头天线对准目标可能所在点的中心。导引头截获目标后导弹的自转速度提高到 180r/min,以便进行燃气动力控制,即启动相应数量的脉冲发动机进行机动飞行,力矩式的燃气动力控制是按前导引头测量到的脱靶量来控制脉冲发动机点火的数量和时间的,以消除最后剩余的脱靶量,达到直接碰撞的精度。

在拦截目标时,PAC-3 系统将判定目标是弹道导弹还是巡航导弹,然后采取相应行动。如果目标是弹道导弹,则不启用杀伤增强装置,完全靠弹体直接碰撞杀伤。如果目标是巡航导弹或飞机等空气动力目标,PAC-3 导弹将在碰撞目标前几毫秒启动杀伤增强装置,从而使导弹的前弹体与后弹体分离(两部分都将碰撞目标)。

2. 主要战术技术性能

PAC-3 主要战术技术性能如表 8-3 所列。

表 8-3 PAC-3 主要战术技术性能参数表

型　号	PAC-3	PAC-3 MSE
对付目标	战术弹道导弹、巡航导弹、高性能飞机	
最大作战距离/km	20（弹道导弹目标）	35（弹道导弹目标）
最大作战高度/km	15（弹道导弹目标）	22（弹道导弹目标）
最大速度马赫数	5	
制导体制	惯导+指令修正+毫米波主动雷达寻的	
发射方式	16 联装倾斜发射	12 联装倾斜发射
弹长/m	5.2	5.2
弹径/mm	255	290
翼展/mm	480	920
发射质量/kg	328	373
动力装置	单级固体火箭发动机	
战斗部	直接碰撞动能杀伤，带有杀伤增强装置	

3. 技术特点

PAC-3 系统是在"爱国者"地空导弹武器系统的基础上改进的，PAC-3 系统采取渐进式发展的模式，分 3 个阶段完成系统的研制与装备，即 PAC-3/1、PAC-3/2、PAC-3/3 系统。

PAC-3/1 系统改进了作战指挥（ECS）系统和采用新的脉冲多普勒雷达处理器，但仍采用"爱国者"-2 导弹，在 1995 年装备部队。

PAC-3/2 系统在 1996 年引入，增加了数据链路 Link16 和联合战术信息分发系统（JTIDS）的能力。进一步提高了雷达对雷达截面积小的目标的探测能力和抗反辐射导弹攻击能力。

PAC-3/3 系统就是目前装备使用的 PAC-3 系统，采用了全新的雷达和导弹。用 AN/MPQ-65 雷达取代了基本型"爱国者"导弹系统的 AN/MPQ-53 雷达，使其可在强杂波环境下探测目标，并提高了其空间分辨能力，增强了其分辨真弹头与诱饵的能力。PAC-3/3 系统最重要的改进是采用了洛克希德·马丁公司研制的 ERINT 导弹，它采用直接碰撞，动能杀伤技术。PAC-3/3 系统于 2002 年开始装备部队。

最新改进型 PAC-3MSE 已于 2016 年具备初始作战能力，该导弹采用了尺寸更大的控制翼和双脉冲固体火箭发动机，导弹的拦截距离和机动性得到提升，该导弹最大拦截距离为 35km。PAC-3MSE 导弹采用了直径更大、推力更强的双脉冲固体火箭发动机，加大了热电池的尺寸以提高其性能和延长工作时间，并提高了导弹的敏捷性，防御范围有了显著提升。

美国陆军开展低层导弹防御传感器（LTAMDS）项目研究，目标是逐步替换"爱国者"雷达。2019 年 10 月，雷声公司在竞争中胜出，负责低层导弹防御传感器项目研制。雷声公司为该项目设计的雷达是一种采用氮化镓器件的有源相控阵雷达，比现有"爱国者"雷达长 2.13m，窄 0.28m。新型雷达由三面阵列组成，除正面主阵外，还在两侧增加了两个较小的侧阵，以实现 360°全向探测。新型雷达探测能力大幅提高，侧阵探测距离是现有"爱国者"雷达的2倍，可由C-17运输机运输，符合美国陆军机动性和运输性要求，能根据需要实现灵活部署。新型雷达将和防空反导一体化作战指控系统，以及其他开放式架构一起工作。因此，它除了与当前的"爱国者"作战控制站保持兼容外，还与北约系统具有完全互操作性。

8.3 反导型地空导弹武器系统

反导型地空导弹武器系统，其拦截的主要目标是弹道类目标。目前，可以列为反导型地空导弹武器系统的典型代表为美国的萨德（terminal high altitude area defense, THAAD），又称末段高层区域导弹防御系统，最初名称为战区高层区域导弹防御系统，如图8-8所示。

图8-8 萨德导弹防御系统

它是美国洛克希德·马丁公司研制的一种可机动部署的末段高空区域导弹防御系统，用于保护美国部队、盟军、人口集中区和重要基础设施免受中近程弹道导弹的攻击。作为美国一体化弹道导弹防御系统的重要组成部分，萨德能同时在大气层内和大气层外对目标实施多次拦截，同时还可为低层拦截系统提供目标指示信息。萨德研制计划始于1987年，2000年开始工程研制，2007年进入生产阶段，2008年5月装备美国陆军。萨德总研制费用约72.12亿美元。其中方案探索与论证阶段为1222万美元，方案验证与确认阶段为32亿美元，工程研制阶段为40亿美元（包括提供7套发射装置、6部指控及作战管理通信系统、3部雷达、30枚导弹）。首批部署生产费用为6.19亿美元（2007年—2011年，包括48枚拦截弹、6套发射装置和2套火控与通信装置）。目前，美国共部署7个萨德连，包括部署在关岛和韩国的各一个导弹连。

1. 组成结构

萨德系统由拦截弹，8联装导弹发射装置，X波段监视与跟踪雷达，指挥控制、作战管理和通信（CZBMC）系统等组成。每个萨德营包括4个连，每个连有150枚拦截弹（包括已装填和待装填的）、9部发射车、1个战术作战中心、1部雷达以及通信中继装置。每个营除了4个连的设备外，还有附加的2部雷达和2个战术作战中心，以保证武器系统灵活性和冗余度。萨德拦截弹主要由动能杀伤器、级间段和固体助推器三部分组成，如图8-9所示。

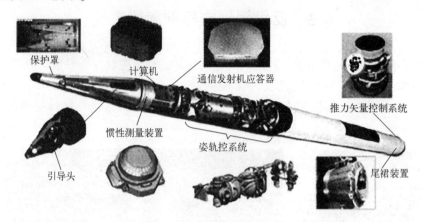

图8-9　萨德拦截弹构成

动能杀伤器主要部件有：能产生致命杀伤的钢制头锥、2片蛤壳式保护罩、红外导引头、集成电子设备包和双组元推进剂姿轨控系统，如图8-10所示。导引头由BAE系统公司研制，安装在一个双锥体结构内的一个双轴稳定平台上。钢制前锥体上的一个矩形的非冷却的蓝宝石板是导引头观测目标的窗口。前锥体前面的2片蛤壳式保护罩保护导引头及其窗口。在大气层内飞行期间，保护罩遮盖在头锥上，以减小气动阻力，保护导引头窗口不受气动加热影响，在导引头捕获目标前保护罩被抛掉。后锥体用复合材料制造。动能杀伤器在拦截并摧毁目标前与助推器分离。

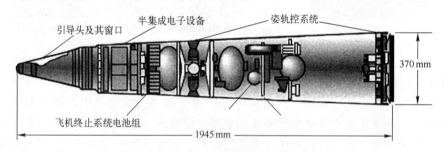

图8-10　萨德拦截弹动能杀伤器结构图

萨德拦截弹采用预测比例导引，到接近目标前2s转为比例导引。在助推段和中段提供弹道优化设计，用这种方法控制拦截器状态矢量，形成适宜的拦截关系，并保证导引头的窗口在设计要求之内。在大气层内导引头利用姿态控制提供气动升力机动，在大气层外利用轨控机动。姿轨控系统由普拉特·惠特尼公司研制，如图8-11所示。

轨控发动机通过拦截器重心，可提供的横向机动能力为$5g$。位于拦截器后部的4个俯仰偏航和4个滚转的姿态控制发动机在大气层内提供的气动力机动为$10g$。在惯性飞行阶段进行极限的姿态控制，在发射到拦截的全过程进行滚转控制。

图 8-11　萨德拦截弹姿轨控系统

固体火箭助推器由航空喷气公司研制，由推进装置、推力矢量控制系统和尾裙装置组成，如图 8-12 所示。

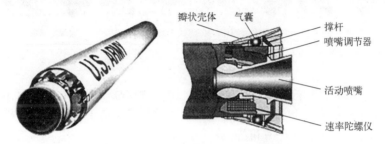

图 8-12　萨德拦截弹固体火箭助推器

助推器采用丁烯推进剂，固体含量为 87%。壳体为石墨/环氧树脂，外壳为软木绝缘体。总冲为 619.6kN·s，工作时间为 16s，熄火点速度 2.6~2.8km/s。助推器长度约 3.8m，直径 0.34m，总质量大于 300kg（对应小的起飞质量）。助推器后端有一个可向外扩张的尾裙，裙瓣安装有易于减小运弹箱的横截面。按照弹上计算机指令，尾裙可用一个金属气袋打开。位于助推器前边的级间段包含一个分离发动机。助推器提供初始推力，以便使动能杀伤器达到合适的拦截高度和姿态。

级间段是推进系统和动能杀伤器之间的过渡装置，包括电子部件、分离系统发动机和飞行终止系统。

萨德雷达为雷声公司负责研制的 X 波段固态相控阵雷达，主要用于探测、跟踪和识别目标，同时跟踪拦截弹并传送目标数据，提供修正的威胁目标图，如图 8-13 所示。雷达天线口径为 10~12m²，由大约 3 万个辐射单元组成，每个辐射单元的功率为 5~10W，作用距离为 500km，频带宽是"爱国者"雷达的 167 倍，抗干扰能力更强。

萨德指挥控制、作战管理和通信（CZBMC）

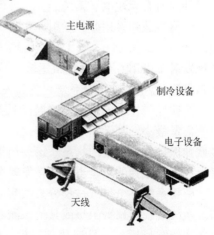

图 8-13　萨德系统的雷达

系统是一套分布式的、重复的、无节点的指挥和控制系统，主要功能是负责全面任务规划、评估威胁、对威胁排序确定最佳交战方案以及控制作战等，由战术作战中心（TOC）、发射控制站（LCS）和传感器系统接口（SSI）等组成。CZBMC 系统又称为火控与通信（FCC）系统，如图 8-14 所示。

图 8-14 萨德火控与通信 FCC 系统

战术作战中心是萨德连和营的神经中枢。由 2 辆作战车辆（1 部用于作战，1 部用于部队训练及作战备份）和 2 辆通信车组成，内部设备包括 1 台中央计算机、2 个操作台、数据存储器、打印机和传真机等。

传感器系统作为独立的车辆，与雷达远距离部署，为雷达和 CZBMC 间通信提供接口。根据作战或部队指控命令，传感器系统接口设备可为与其相连的雷达提供直接的任务分配和管理。对传感器系统接口进行传感器与跟踪管理，传输前通过过滤和处理雷达数据，使通信负荷最小，可通过管理传感器来实现侦察、任务控制、缓和或避免饱和、目标图像确定、作战监视与控制等功能。

发射控制站提供自动数字式数据传输和语音通信连接，完成 C2BMC 系统内无线电通信功能，还可提供传感器系统接口和发射装置之间的通信线路。内部设备包括除地面天线外的所有无线电子系统。

萨德拦截弹采用倾斜发射。发射车以美国陆运货盘式装弹系统和 M1075 卡车为基础设计，车高 3.25m，长 12m，每辆发射车可携带 8 枚萨德拦截弹，如图 8-15 所示。萨德发射车可用 C-17 运输机运输，符合萨德系统快速部署、发射和重新装弹要求。车上蓄电池/蓄电池充电分系统可支持发射车连续 12 天自动工作。

萨德导弹发射前由拦截弹装运箱提供保护，该装运箱用石墨/环氧树脂材料制造，以使质量最小。装运箱采用气密式密封，在拦截弹贮存或运输时提供保护，并能使萨德拦截弹保持检验合格的状态。该装运箱也起发射筒的作用，被紧固在有 8 枚拦截弹的托盘上。该拦截弹的托盘再安装在发射车上，拦截弹直接从装运箱中发射出去。

萨德系统整个作战过程分为侦察、威胁评估、目标分配、交战控制、导弹拦截等步骤。实战时，当预警卫星或其他探测器对敌方发射导弹发出预警后，首先用地基雷达在远距离搜索目标，一旦捕获到目标，即对其进行跟踪，并把跟踪数据传送给 C2BMC。在与其他跟踪数据进行相关处理后，指控系统制定出交战计划，确定拦截并分配拦截目

图 8-15 萨德发射车（左为箱式 8 联装，右为筒式 8 联装）

标，把目标数据传输到准备发射的拦截弹上，并下达发射命令。拦截弹发射后，首先按惯性制导飞行，随后指控系统指挥地基雷达向拦截弹传送修正的目标数据，对拦截弹进行中段飞行制导。拦截弹在飞向目标的过程中，可以接受一次或多次目标修正数据。拦截弹飞行 16s 后助推器关机，动能杀伤器与助推器分离并到达拦截目标的位置。然后，动能杀伤器进行主动寻的飞行，适时抛掉保护罩，杀伤器上导引头开始搜索和捕捉目标，导引头和姿轨控系统把杀伤器引导到目标附近。在拦截目标前，导引头处理目标图像、确定瞄准点、通过直接碰撞拦截并摧毁目标。地基雷达要观测整个拦截过程，并把观测数据提供给指控系统，以便评估拦截弹是否拦截到目标。C2BMC 系统进行杀伤评估，如目标未被摧毁，则进行二次拦截。如仍未摧毁，可由下层防御系统拦截。

2. 主要战术技术性能

THAAD 主要战术技术性能如表 8-4 所列。

表 8-4 THAAD 主要战术技术性能参数表

对付目标	携带化学、生物、核弹头及普通弹头的中近程、中远程弹道导弹
最大作战距离/km	200
最大作战高度/km	150
最小作战高度/km	40
最大速度马赫数	8.45
机动能力/g	10（大气层内），5（大气层外）
杀伤概率/%	88
制导体制	惯导+指令修正+红外成像
发射方式	8 联装倾斜发射
弹长/m	6.17
弹径/mm	370（杀伤器），340（助推器）
发射质量/kg	600
动力装置	单级固体火箭发动机
战斗部	直接碰撞动能杀伤

3. 技术特点

萨德系统最初设计主要用来防御射程大于600km的近程和中程弹道导弹，2002年年底美国退出《反导条约》后，美国导弹防御局开始改进萨德系统，使其防御能力扩大到对中程弹道导弹实施末段防御。萨德原称战区高层区域防御系统，2004年2月改名为末段高层区域防御系统。该计划由美国国防部通过弹道导弹防御局（现为导弹防御局）发起，由美国陆军战略防御司令部（现为空间与导弹防御司令部）负责管理。

目前，美国正在持续升级萨德系统软件以改善其应对先进威胁的能力。同时，这些改进还将提升萨德系统与其他系统之间的互操作性。2018财年预算修正版中增加了1.27亿美元，以升级萨德系统。升级后的萨德系统将具备3项新能力：一是使萨德系统的发射架具备远程发射能力，为系统提供更加灵活的部署方式，扩大保卫区；二是使萨德系统的雷达能够为"爱国者"系统提供目标跟踪数据，使"爱国者"系统在接收到来自萨德系统雷达的目标数据后，尽早发射拦截弹，使"爱国者"系统具备远程发射能力；三是使"爱国者"-3分段增强型（MSE）拦截弹与萨德系统集成，将"爱国者"-3MSE拦截弹纳入萨德导弹连。

为增大系统拦截范围，同时应对新兴的高超声速助推滑翔导弹威胁，洛克希德·马丁公司于2014年启动了增程型萨德（THAAD-ER）系统的研制工作。增程型萨德系统在原萨德系统的基础上，将拦截弹发动机由单级增加至两级，同时增大第一级发动机直径，由37cm增大至53cm，拦截弹的作战高度和飞行速度都将明显提高。导弹防御局已将基于萨德系统的改进型作为高超声速武器防御概念研发项目，由洛克希德·马丁公司研发。此外，萨德系统经改进后，还将成为美国国土分层防御的组成部分，拦截洲际弹道导弹。

思 考 题

1. С-300ПМУ-1地空导弹武器系统的技术特点有哪些？
2. С-300ПМУ-2地空导弹武器系统的技术特点有哪些？
3. С-400地空导弹武器系统的技术特点有哪些？
4. С-500地空导弹武器系统的技术特点有哪些？
5. PAC-3地空导弹武器系统的技术特点有哪些？

参 考 文 献

［1］娄寿春．面空导弹武器系统设备原理［M］．北京：国防工业出版社，2010．
［2］娄寿春．面空导弹武器系统分析［M］．北京：国防工业出版社，2013．
［3］何广军．地空导弹测试与维修技术［M］．西安：西北工业大学出版社，2022．
［4］王学智．地空导弹发射系统及其技术［M］．北京：国防工业出版社，2017．
［5］丁鹭飞，耿富录，陈建春．雷达原理［M］．5版．北京：电子工业出版社，2014．
［6］杨建军．地空导弹武器系统概论［M］．北京：国防工业出版社，2006．
［7］陈瑞源．地空导弹武器指挥控制通信系统［M］．北京：中国宇航出版社，1995．
［8］雷虎民．导弹制导与控制原理［M］．北京：国防工业出版社，2012．
［9］何广军．地空导弹武器系统设备原理［M］．北京：电子工业出版社，2017．
［10］冯刚．地空导弹武器系统及其技术［M］．北京：国防工业出版社，2023．